不连续动力系统：
流转换、周期流及应用模型

傅希林　张艳燕
　　　　　　　　　著
孙晓辉　郑莎莎

科 学 出 版 社

北 京

内 容 简 介

　　本书是一部关于不连续动力系统的专著, 旨在阐述关于不连续动力系统理论及应用的最新进展. 本书系统地阐述了动态域上不连续动力系统理论的基本内容, 包括关于不连续动力系统的流转换理论和映射动力学等. 作为应用, 本书详细阐述了若干具有重要实际背景的不连续动力系统模型(包括碰撞振动系统模型、摩擦振动系统模型、脉冲 VdP 系统模型等)的流转换、周期流及复杂动力学的最新研究结果, 还阐述了关于不连续动力系统具有奇异的互动及应用的研究结果.

　　本书适合高等院校应用数学、物理、机械工程、自动控制等专业的师生参考使用, 也适合有关微分方程动力系统研究的科技工作者参考使用.

图书在版编目(CIP)数据

不连续动力系统: 流转换、周期流及应用模型/傅希林等著. —北京: 科学出版社, 2018.11

　ISBN 978-7-03-059559-1

Ⅰ. ①不⋯　Ⅱ. ①傅⋯　Ⅲ. ①连续动力系统–研究　Ⅳ. ①O192

中国版本图书馆 CIP 数据核字(2018) 第 270211 号

责任编辑: 陈玉琢 / 责任校对: 邹慧卿
责任印制: 吴兆东 / 封面设计: 陈　敬

斜 学 出 版 社 出版
北京东黄城根北街 16 号
邮政编码: 100717
http://www.sciencep.com

北京中石油彩色印刷有限责任公司 印刷
科学出版社发行　各地新华书店经销
*
2018 年 11 月第　一　版　开本: 720×1000　B5
2023 年　7 月第三次印刷　印张: 13 1/2
字数: 260 000
定价: 89.00 元
(如有印装质量问题, 我社负责调换)

前　言

不连续动力系统是从动力学角度描述刻画客观现实中相互作用的若干物体的动力学模型. 现实世界中大量实际问题的对象往往不是单一、静止、孤立的, 而是多个、动态、相互作用的. 具有这样特征的实际问题数学模型往往可归结为不连续动力系统. 已有研究成果表明, 不连续动力系统在物理、力学、机械工程及现代科技各领域都有重要的应用. 不连续动力系统研究的历史可以追溯到 20 世纪 30 年代, 譬如 1931 年 den Hartog J P 的工作. 1964 年 Filippov A F 通过引入"微分包含""极值函数"概念建立了非光滑系统理论. 2005 年 Luo A C J 通过引入 G 函数提出了动态域上不连续动力系统理论, 从而掀起关于不连续动力系统研究的新浪潮. 不连续动力系统作为微分方程动力系统研究领域的一个新分支, 近年来其研究已取得一些成果和进展, 但目前尚缺乏对其最新研究成果进行系统阐述的著作. 本书将弥补这方面的不足.

本书阐述近年关于不连续动力系统的研究成果和新进展. 第 2, 3 章阐述了动态域上不连续动力系统理论的基本内容, 在此基础上重点阐述最新研究成果; 第 4 章碰撞振动系统的动力学; 第 5 章摩擦振动系统的动力学; 第 6 章脉冲 VdP 系统的动力学及第 7 章不连续动力系统的互动等都突出了近年的最新研究成果. 另外, 本书通过对精选的不连续动力系统实际问题模型的应用研究, 致力于展现运用动态域上不连续动力系统理论解决实际问题的全过程. 譬如连接问题为背景的斜碰振子周期流映射结构、具干摩擦的水平碰撞振子的流转换、脉冲 VdP 系统的建模及 Chatter 动力学、金属刀具切割模型的震颤机理、具脉冲影响的动力系统的离散时间同步等. 当然限于我们的水平, 本书定会有不当之处, 敬请读者指正.

本书撰写过程中得到了郭柏灵院士的支持和指导, 对此我们表示由衷的感谢. 科学出版社陈玉琢编辑对本书出版付出了辛勤劳动并给予了大力帮助, 在此表示深切的谢意. 本书的出版获得国家自然科学基金 (项目名称: "不连续动力系统理论及应用", 项目编号: 11571208)、山东省自然科学基金 (项目编号: ZR2016AB14) 和山东省高等学校科技计划项目 (编号: J17KA170) 的资助, 谨此致谢.

作　者

2018 年 9 月

目　　录

第1章 绪　　论

1.1 不连续动力系统

　　大千世界, 变化万千, 万物的变化是永恒的. 现实世界中, 两个或多个物体相互作用、相互制约地变化着, 这种现象也是普遍存在的. 譬如碰撞和摩擦是在机械工程中两个或多个物体之间相互作用的基本形式. 齿轮箱中每个齿轮相对于轴和轴承有自身的动力学行为, 但这里动力的传递及方向改变是通过齿轮的相互碰撞啮合来实现的. 因此将通过碰撞啮合作用的各个齿轮看作一个整体来探讨其在啮合下的动力学行为是更切合实际的. 我们熟知的汽车轮盘刹车系统中, 轮盘和刹车片在未接触时各自都有其自身的动力学行为, 但刹车作用是靠轮盘与刹车片二者摩擦接触而实现的. 因此将通过摩擦接触的轮盘和刹车片看作一个整体来探讨其在摩擦接触下的动力学行为是更有意义的.

　　瞬时突变现象 (即所谓脉冲现象) 在现实世界各领域的实际问题中是普遍存在的, 脉冲现象往往对实际问题的规律产生本质影响. 譬如电力传输系统中, 由于频率变化、电压不稳或开关转换等原因, 会引起系统状态出现瞬动, 这种瞬动在研究中是不能被忽视的. 又如非线性振动中经典的 Van der Pol(VdP) 振子方程是对电路中电流电压自激振荡现象的一种近似刻画. 实际上为保持这种自激振荡, 该电路极板上电子的发射速率会出现瞬时改变, 也就是说该电路中脉冲现象是客观存在的. 而在 20 世纪 20 年代 VdP 方程初始建立时并未考虑这一因素. 显然若考虑脉冲现象的影响, 会对这类自激振荡问题更精细地刻画和研究. 因此我们需要寻求更切实际的数学模型来近似刻画具有脉冲现象的实际问题, 还需要寻求更有效的方法来探索这类具有脉冲现象的实际问题的动力学规律与特征.

　　上述各类实际问题的数学模型往往可以用 "不连续动力系统" 来描述. 不连续动力系统是这样的动力系统: 一般而言, 在不同区域或不同时间区间上存在不同的连续子系统, 且不同的连续子系统的动力学性态都是不同的. 从相互作用、动态、统一的观点将各个不同区域或不同时间区间上存在的连续子系统, 连同各不同区域边界的特性 (譬如边界约束条件) 或不同时间区间端点的特性 (譬如传输率) 一起, 整体看作动态域上的不连续动力系统.

　　通常有两类不连续动力系统: 一类称作具边界转换的不连续动力系统, 是指在相空间中存在若干不同的区域, 在任何两相邻区域上都分别定义着连续子系统; 一旦子系统的流 "抵达" 相应区域的边界, 两相邻子系统之间的差异, 将通过边界上的流转换性来传达. 另一类称作具时间切换的不连续动力系统, 是指对于两相邻的不同的时间区间上对应有确定的动力系统; 一旦动力系统的流 "抵达" 时间区间端点 (切换时刻), 两相邻时间区间上动力系统的差异, 将通过切换时刻的传输率来传达.

从不连续动力系统的角度来考虑, 上述基于碰撞的齿轮箱的数学模型可归结为: 在未碰撞啮合前分别以每个齿轮及其相应的轴、轴承为连续子系统, 连同碰撞啮合时相应齿轮在其由啮合产生的随时间变化的共同啮合边界上的刻画, 整体构成近似刻画齿轮箱的具边界转换的不连续动力系统. 而上述基于摩擦的轮盘刹车系统的数学模型可归结为: 在摩擦接触前分别以轮盘装置及刹车片装置为连续子系统, 连同摩擦接触时轮盘与刹车片在其由摩擦产生的随时间变化的共同摩擦边界上的刻画, 整体构成近似刻画轮盘刹车系统的具边界转换的不连续动力系统.

滑模控制的大量实际问题的数学模型往往也可以从不连续动力系统的角度来描述. 譬如考虑由质量、弹簧和阻尼器组成的系统, 在质量上有周期性外力作用; 设为 x 质量的位移, $ax + b\dot{x} = c$ 为控制律 (a, b, c 为常量). 此实际问题的数学模型可归结为由相平面上基于控制律产生的斜线为分离边界的两个子域上连续子动力系统组成的不连续动力系统. 显然它就是一类具体的具边界转换的不连续动力系统. 在特定条件下, 由于存在不连续性, 流是不能穿越斜线边界的, 此时流只能在边界上滑动, 该滑动称为滑模运动. 通过不连续动力系统流的分析, 可得到该模型边界上产生滑模运动的充要条件[1].

许多实际问题的数学模型可以归结为这样一类具有切换时刻的切换动力系统: 有限个子系统在无限个时间区间上进行切换, 而在切换时刻 (区间端点) 满足传输律的系统. 从不连续动力系统的角度来看, 这类切换动力系统实质上是一类具体的具时间切换的不连续动力系统. 还有一些实际问题的数学模型可以归结为这样一类具有状态边界的切换动力系统: 当动力系统的某一个或多个状态 (如位移、速度、温度、压强等) 需要限制在一定范围时, 可以在该系统达到限值的瞬间对其进行切换, 使其立即回到规定运行范围而不越过边界. 系统的切换可以通过变阻尼、变刚度或变外激励等方式实现. 由于该系统的基本数学模型在切换过程中不发生本质改变, 因此该切换系统可以看作是由多个子系统组成在状态边界上切换的混合动力系统. 从不连续动力系统的角度来看, 这类具有状态边界的切换动力系统实质上是一类具体的具边界转换的不连续动力系统.

前面谈及的具有瞬时突变现象的实际问题的数学模型往往可以归结为具体的脉冲微分系统. 根据脉冲微分系统理论[2], 脉冲微分系统常见类型有两类: 一类是具有固定时刻脉冲的脉冲微分系统, 其特点是脉冲时刻与状态无关. 这类脉冲微分系统实质上是一类以脉冲时刻为切换时刻的具时间切换的不连续动力系统. 另一类是具有任意时刻脉冲的脉冲微分系统, 其特点是脉冲面依赖于状态. 这类脉冲微分系统实质上是一类以脉冲面为边界的具边界转换的不连续动力系统. 因此从不连续动力系统的角度来看, 具有瞬时突变现象的实际问题的数学模型往往可以归结为具体的不连续动力系统.

近年来关于多自主体系统的研究受到广泛关注, 形成了研究的热点问题. 自主体是具有一定独特性、特征各自可识别的多单元系统的个体; 所谓多自主体系统就是含有多个自主体的集合或群体, 它是一个有一定规则和秩序的群体, 它能够完成群体内单个个体不能完成的、比较复杂或艰巨的任务. 研究表明, 多自主体系统已成功应用于太空卫星群运行、信息网络拥塞、无人飞机的协同、机器人队列控制、网络游戏设计以及人群行为模拟等实际问题. 从不连续动力系统的角度来看, 多自主体系统实质上是以各个自主体为子系统的不连续动力系统.

1.2 动力学问题

不连续动力系统有两个特征: 其一是所考虑的不连续动力系统具有随时间变化的定义域. 换言之, 这里所考虑的是动态域上的不连续动力系统. 譬如上述齿轮箱中, 每两个相互啮合的齿轮仅通过碰撞来实现动力传递, 因而它们之间具有时变的共同边界及相应的时变的动态域. 又如上述轮盘刹车系统, 当轮盘与刹车片摩擦接触时它们之间具有一个随时间变化的共同边界, 从而产生了相应地随时间变化的定义域. 其二是所考虑的不连续动力系统具有关于边界或切换时刻的不连续性. 不同区域或不同区间上的动力系统不同, 整体不连续. 这种不连续性特别体现在边界上、切换时刻处.

需特别指出的是, 这里所考虑的动态域上由多个连续子系统组成的不连续动力系统通常不满足 Lipschitz 条件. 众所周知, 动力系统的存在唯一性定理等基本理论都是基于 Lipschitz 条件的. 基于 Lipschitz 条件的动力系统基本理论也被大量应用于工程与科技诸领域. 但是 Lipschitz 条件的假设对于不连续动力系统实际问题而言往往是太强了, 致使连续动力系统的传统理论在此就不能应用. 甚至当试图将连续动力系统的传统研究方法用于不连续动力系统时也难以奏效, 且往往使问题的解决变得更加复杂和困难. 因此基于 Lipschitz 条件来建立不连续动力系统的动力学基本理论是难以行得通的.

不连续动力系统的"动态域"与"不连续"特征对系统的动力学性态与规律往往会产生本质影响, 导致系统发生复杂动力学行为. 尤其是具边界转换的不连续动力系统在相邻区域共同边界的转换状态、具时间切换的不连续动力系统在切换时刻的切换状态都往往会出现不连续动力系统所特有的复杂动力学行为. 主要体现在如下三个方面:

第一方面, 体现在由不连续动力系统的"动态域"与"不连续"特征所导致的流转换或流切换的复杂性. 譬如考虑变速传送带上干摩擦振子[3]. 该摩擦振子的数学模型可归结为具边界转换的不连续动力系统, 其具体边界取决于振子和传送带之间的相对速度. 由于传送带是变速的, 边界是随时间变化的, 所以域也随之变化, 并在相应域上定义了不同的向量场. 对此摩擦振子的研究表明, 在刻画该振子的不连续动力系统边界上可以出现可穿越流、不可穿越流、滑模流、擦边流等; 进一步研究还揭示了该系统临界滑模运动发生裂碎的复杂动力学现象[4]. 又如源于机械工程连接问题的水平碰撞振子模型, 可以从不连续动力系统的角度将其刻画为具体的具边界转换的不连续动力系统[5]. 如果考虑振子 m 与底座 M 水平槽底面的摩擦, 该摩擦受制于振子与底座之间的相对速度, 而碰撞可瞬时改变振子的速度, 因而制约该模型动态域的因素更加复杂. 此时其边界可分为两类: 一类是速度边界, 对应于振子与底座的水平摩擦; 另一类是位移边界, 对应于振子对底座间隙左右壁的垂直碰撞. 对此具摩擦的水平碰撞振子的最新研究[5] 表明, 系统会发生两种黏合运动: 第一类黏合运动, 是指振子在间隙内运动时受到的摩擦力太大, 振子不能克服摩擦力从而与底座一起运动; 第二类黏合运动, 是指振子和以底座一样的速度到达间隙左右壁, 并意图穿越间隙左右壁, 由此振子与底座一起运动. 由本书第 5 章可以看到这类摩擦碰撞振子蕴含着引人入胜的复杂动力学现象.

　　第二方面, 体现在由不连续动力系统的 "动态域" 与 "不连续" 特征所导致的周期运动的复杂性. 文献 [6] 研究了一类阻尼参量 Duffing 振子模型的周期运动, 应用半解析法计算了该振子模型周期运动的周期结点, 论证和数值模拟了由具体周期运动的分支树趋于混沌的路径. 文献 [7] 考虑二自由度 VdP-Duffing 振子模型, 通过构造隐映射结构和相应的特征值分析, 研究了该振子模型的周期运动及相应分支, 揭示了该振子模型两独立的周期运动之间存在混沌运动或大幅跳跃现象. 另外, 在前述关于不连续动力系统周期流的研究中, 会出现所谓的分支树及复杂动力学现象.

　　第三方面, 体现在由不连续动力系统的 "动态域" 与 "不连续" 特征所导致的新的分支与碎裂. 譬如对于具边界转换的不连续动力系统, 可以出现穿越流的第一类转换分支 (亦称穿越流的滑模分支) 和穿越流的第二类转换分支 (亦称穿越流的源分支), 亦可以出现非穿越流的第一类碎裂分支 (亦称非穿越流的滑模碎裂分支) 和非穿越流的第二类碎裂分支[8] (亦称非穿越流的源碎裂分支). 这些所谓的 "转换分支" 都是具边界转换的不连续动力系统在其边界上流转换过程中所特有的分支现象; 这里所谓的 "碎裂" 就是由分支引起的复杂动力学现象. 究其发生的原因, 都是由不连续动力系统的 "动态域" 与 "不连续" 所引起的.

　　因此, 由不连续动力系统自身特征必然导致其动力学研究的新困难. 一方面是由 "动态域" 所带来的新困难. 由于 "区域" 或 "区间" 都是时变的, 相应的 "边界" 或 "切换时刻" 也是时变的. 这种时变千变万化, 没有一般规律, 只能根据实际问题的具体特征而定. 如具有固定时刻脉冲的脉冲微分系统实质上是一类具体的具时间切换的不连续动力系统, 其切换时刻就是脉冲时刻, 呈现无穷状态. 显见动态域情形比固定域情形复杂得多. 另一方面是由"不连续"所带来的新困难. 对不连续动力系统来说, 尽管其局部在"不同区域"或"不同区间"上通常都有连续子系统, 但就整体而言系统是不连续的, 这种不连续性往往导致在"边界"或"切换时刻"流的奇异性. 已有研究表明不连续动力系统在"边界"或"切换时刻"流的奇异性呈现出: 在"边界"或"切换时刻"附近流性态的复杂多样性、流结构的深度隐蔽性、以及流趋势的集合吸引性. 一言蔽之, 不连续动力系统动力学问题研究的最大挑战是如何对于"边界"或"切换时刻"附近流的奇异性进行精准地刻画、度量和分析? 如何将由"边界"或"切换时刻"附近流的奇异性导致的流的本质规律挖掘出来?

根据上述分析, 我们可以自然提出关于动态域上不连续动力系统研究的基本问题: 揭示在"动态域"与"不连续"情形下不连续动力系统流的奇异性规律; 寻求在"动态域"与"不连续"情形下不连续动力系统周期运动的特性; 探讨在"动态域"与"不连续"情形下不连续动力系统的分支性态及复杂动力学行为.

关于不连续动力系统研究的目标是: 紧紧围绕关于不连续动力系统研究的基本问题开展研究, 探讨由不连续动力系统自身"动态域"与"不连续"特征所导致的动力学规律, 揭示不连续动力系统的本质特性; 对于具体的不连续动力系统实际问题模型, 除了对上述基本问题开展研究外, 还要进一步进行数值仿真模拟, 以验证所得到的理论结果.

1.3 历史纵观

现从历史的角度纵观不连续动力系统研究所经历的自然过程, 试图从不连续动力系统研究的历史积淀和前人不懈探索的足迹来寻觅其自然趋势. 全面地讲述不连续动力系统研究的历史超出了本书的范围, 这里我们仅指出不连续动力系统研究的基本背景和几个关键趋势, 而不是提供其详细的历史. 可以认为, 关于不连续动力系统的研究迄今已经历了三次发展浪潮.

关于不连续动力系统的研究看似是一个新兴新颖的动力系统研究领域, 而事实上, 不连续动力系统研究的历史可以追溯到 20 世纪 30 年代. 在机械工程中基于"碰撞"或"摩擦"的不连续动力系统实际问题是普遍存在的. 对这些问题的动力学研究是机械工程研究领域最基本且又最重要的问题. 例如前述齿轮箱、轮盘刹车系统就是典型的具有"碰撞"或"摩擦"的动力系统. 1931 年 den Hartog[9] 就研究了这类问题, 主要研究了具有摩擦的、含有强迫外力的阻尼线性振子的周期运动. 1932 年 den Hartog 和 Mikina[10] 使用固定域上午阻尼的分段线性系统来研究齿轮啮合动力学. 1949 年 Levinson[11] 用分段线性模型研究了具有周期激励的 VdP 方程的周期运动. 1960 年 Levitan[12] 研究了具有周期激励的摩擦诱导振子的周期运动. 1970 年 Feigin[13] 对于分段连续系统运用 Floquet 理论研究了 C 分支. 1988 年 Ozguven 和 Houser[14] 用分段线性模型和碰撞模型来描述和研究啮合力学模型. 1991 年 Nordmark[15] 使用术语 "擦边" 对一个具体碰撞振子的擦边现象进行了描述并给出了擦边条件. 1992 年 Nusse 和 Yorke[16] 对于上述 Nordmark 碰撞振子基于离散映射进行了分析, 并从数值上观测到其分支现象 (后称之为 "边界碰撞分支"). 1998 年 Natsiavas[17] 研究了含有三个对称线性弹簧的分段线性系统的稳定性和周期分支. 这些关于机械工程中的不连续动力系统实际问题的前期研究工作都是在固定域上进行的, 大多是化作分段线性系统用连续动力系统的方法进行研究, 但是关于不连续边界上流的奇异性分析不够充分.

20 世纪 60 年代不连续动力系统研究的第二次浪潮很大程度上是伴随着 "微分包含" "极值函数" 概念的形成与相应非光滑理论的出现而掀起的. 1964 年 Filippov[18] 将库仑 (Coulomb) 摩擦振子模型视为右端不连续的微分方程, 通过引入 "微分包含" 和 "极值函数" 方法, 研究了该系统不连续边界的滑模运动, 并讨论了这类不连续动力系统 (非光滑系统可以看作是一类具体的不连续动力系统) 解的存在性和唯一性. 1974 年 Aizerman 和 Pyatnitskii[19,20] 拓展了 Filippov 的概念, 提出了非光滑系统的一般理论. 1976 年 Utkin[21] 基于 Filippov 非光滑系统理论发展了动力系统的控制方法, 即滑模控制. 2005 年 Renzi 和 Angelis[22] 使用滑模控制方法研究了变刚度动力系统动力学行为. 2000 年 Kunze M, Kupper T 和 Li Yong[23] 给出了非光滑系统的 Conley 指数定理, 并应用此定理得到了关于非光滑系统全局分支的研究结果. 2001 年黄立宏等[24] 阐述了右端不连续微分方程理论与应用, 给出了具有不连续激励函数的神经网络模型及具有不连续特征的生物学模型的研究结果. 2009 年 Liu X 和 Han Maoan[25] 研究了非光滑 Lienard 系统的 Hopf 分支. 2010 年 Han Maoan 和 Zhang Weinian[26] 得到了非光滑 planar 系统的 Hopf 分支研究结果. 这些工作的主要特点是突破了过去用连续动力系统的研究思想方法来研究不连续动力系统的局限, 运用 Filippov 非光滑系统理论来研究右端不连续的不连续动力系统. 但整体而言 Filippov 理论主要集中用于研究非光滑动力系统解的存在性与唯一性, 且仍是在固定域上来考虑的. 因此对于边界上流的奇异性尚需进一步研究.

脉冲微分系统作为一类具体的不连续动力系统, 对其研究可以追溯到 1960 年 Mil'man V D 和 Myshkis A D[27] 的工作. 自 20 世纪 80 年代对其研究日益活跃. 1989 年 Lakshmikantham V, Bainov D D 和 Simeonov P S[28] 总结了脉冲微分系统早期研究成果. 2002 年 Liu Xinzhi 和 Ballinger G[29] 研究了具有界滞量时滞的脉冲微分系统解的存在唯一性等. 1996 年 Yu Jianshe 和 Zhang Binggen[30] 建立了一阶脉冲时滞微分方程 3/2 稳定性判别准则. 2003 年 Zhang Binggen 和 Liu Yuji[31]

给出了一阶脉冲时滞微分方程零解全局吸引的充分条件, 并应用于脉冲时滞生态方程. 2002 年 Liu Bing 和 Yu Jianshe[32] 借助重合度延拓定理, 得到了二阶脉冲微分系统 m 点边值问题解的存在性定理. 1998 年 Shen Jianhua 和 Yan Jurang[33] 得到了脉冲泛函微分方程 Razumikhin 型稳定性定理. 1999 年 Fu Xilin, Qi Jiangang 和 Liu Yansheng[34] 通过构造具有脉冲积分限的积分函数, 给出了关于非线性脉冲微分系统周期轨存在的充要条件. 2002 年 Lin Wei[35] 研究了具有脉冲的 Lorenz 系统的 Lorenz 吸引子性态, 并探讨了因脉冲影响所导致的该系统的复杂动力学现象. 2008 年傅希林等 [36] 总结了关于非线性脉冲时滞微分系统的阶段性研究成果, 特别是给出了关于具无穷延滞的脉冲微分系统解的存在性、具实参数的脉冲自治微分系统奇点分类与分支的研究结果. 2009 年 Fu Xilin 和 Li Xiaodi[37] 研究了具任意时刻脉冲的非线性脉冲微分系统的脉动现象 (pulse phenomena), 得到了关于轨线碰撞脉冲曲面类型的判别及脉冲聚点的研究结果. 整体来看前期关于脉冲微分系统研究的特点是: 所用的方法主要还是基于研究连续系统的思想方法; 所研究的脉冲微分系统侧重于研究具固定时刻脉冲情形; 而对于具任意时刻脉冲的脉冲微分系统的研究, 基本上还是局限于轨线对脉冲面碰且仅碰一次的特殊情形.

不连续动力系统研究的第三次浪潮始于 2005 年的突破. Luo[38] 在该年度提出了动态域上不连续动力系统理论. 2006 年 Luo[39] 及 2008 年 Luo[40] 对此理论又作了进一步凝练和提升. 2005 年 Luo 和 Gegg[41] 采用流转换理论研究了含有干摩擦的线性振子. 2007 年 Luo 和 Thapa[42] 运用不连续动力系统的流转换理论研究了在周期激励作用下刹车系统的非线性动力学行为. 2012 年 Luo A C J[43] 系统阐述了动态域上不连续动力系统的流转换和转换分支理论, 提出了关于不连续动力系统的流障碍理论、多值向量场理论、棱转换理论等. 2009 年 Luo A C J[44] 将不连续动力系统的流转换理论用于 "同步" 的研究, 得到了 "弹簧" 振动系统与 "单摆" 振动系统同步的充要条件. 2014 年 Sun Xiaohui 和 Fu Xilin[45] 研究了弹簧振子模型与 VdP 振子模型的同步问题; 运用流转换理论建立了判断其同步开始出现和同步消失的切换条件, 并给出了其出现同步的解析条件. 2015 年 Fu Xilin 和 Zhang Yanyan[46] 运用流转换理论给出了在周期振动下倾斜碰撞振子模型黏合运动和擦边流的动力学新结果. 2017 年 Zhang Yanyan 和 Fu Xilin[47] 研究了具有干摩擦的水平碰撞振子模型的动力学行为; 运用不连续动力系统的理论得到了该模型分别在位移边界、速度边界发生的两类黏合运动及擦边流的复杂动力学结果. 2014 年 Fu Xilin 和 Zheng Shasha[48] 从 VdP 振子方程所描述的 LC 振荡电路问题出发, 具体给出了脉冲 VdP 系统的构建过程; 并运用不连续动力系统的理论得到了该模型关于 Chatter 动力学新结果. 2015 年 Zheng Shasha 和 Fu Xilin[49] 运用不连续动力系统的映射理论, 对脉冲 VdP 系统周期运动的动力学行为进行分析和预测, 并借助特征值理论得到其局部稳定性准则和分支结果. 2018 年 Sun Guanghui 和 Fu Xilin[50]

利用不连续动力系统理论研究了以悬架系统为实际背景的具有非对称阻尼性质的不连续动力系统的复杂动力学行为. 上述工作的特点是所考虑的不连续动力系统模型都是在动态域上来考虑的, 都运用了"G 函数"作为测度来"度量"不连续边界的奇异性, 并运用流转换理论具体分析了边界上流的转换性; 有些工作还运用映射动力学理论在"动态域"与"不连续"情形下研究了相应模型的周期运动.

1.4 动态域上不连续动力系统理论

动态域上不连续动力系统理论正是在不连续动力系统前期研究的基础上, 顺应不连续动力系统研究的历史趋势, 着眼于层出不穷的当代实际问题的挑战而产生的.

动态域上不连续动力系统理论的基本架构是: 以不连续动力系统流转换理论和不连续动力系统映射动力学为基本内容; 并由其自然派生拓展出不连续动力系统流转换分支理论、不连续动力系统流障碍理论、不连续动力系统多值向量场理论及 n 维不连续动力系统棱转换理论等, 搭建出动态域上不连续动力系统理论的基本架构[43].

作为动态域上不连续动力系统理论的基本内容之一的流转换理论的基本思想是: 受物理能量层启发, 针对不连续动力系统动边界提出了"G 函数"的概念, 并用 G 函数作为度量测度, 给出了不连续动力系统不连续边界上各类流转换的解析条件, 有效克服了不连续动力系统自身的"动态域""不连续"所带来的本质困难. 作为该理论另一基本内容的不连续动力系统映射动力学的基本思想是: 将动力系统符号动力学的思想应用于不连续动力系统, 针对各类不连续动力系统"边界"或"切换时刻"的特征构造相应的基本映射, 再通过基本映射的复合得到相应的映射结构, 进而可以研究不连续动力系统周期流的存在性、稳定性及分支, 也有效克服了不连续动力系统自身的"动态域""不连续边界"所带来的本质困难.

19 世纪 80 年代 Poincaré建立的连续动力系统的几何理论有两个显著特点: 一是从几何角度来看, 其整体拓扑结构直观. 这里不必去寻求动力系统的精确解或近似解, 而是另辟蹊径, 致力于给出在相空间中轨线分布的拓扑结构. 二是从分析角度来看, 其局部度量精细. 通过引入"无切线段""轨线上的极限点与极限集"以及"Poincaré映射"等作为度量工具, 可以将极限分析的思想方法得以有效应用, 从而使得精细分析轨线的拓扑结构成为可能. 而这里谈及的"动态域上不连续动力系统理论"也有类似的两个特点. 其一是几何直观. 动态域上不连续动力系统理论侧重于讨论相空间中动态域不同向量场各类流的分布、穿越与趋势, 而避免了寻求对各相关子系统流的精确或近似的繁杂表达. 其二是度量精细. G 函数实质上是借助极限工具在动边界任一点局部给出一种度量, 进而可以分析流在边界的走向和趋势.

也就是说 G 函数的引入可以将极限分析方法在动态边界局部得以有效应用, 从而使得精细研究动态边界上流的转换成为可能. 动态域上不连续动力系统理论蕴藏着"从整体到局部、从几何直观到极限分析"的深刻辩证内涵.

应用动态域上不连续动力系统理论可以较为有效地解决不连续动力系统因自身"动态域"与"不连续"所带来的困难. 该理论为不连续动力系统动力学研究提供了新的有效方法. 譬如对于所谓"百年不解高速旋转齿轮啮合噪声问题", 历史上大都是按固定域来考虑, 并借助传统连续动力系统的思想方法来研究的; 所得结果往往适于近似描述低速齿轮箱的动力学行为. 而当高速旋转时, 齿轮传递中的振动和噪音变得非常严重, 此时用传统方法难以有效揭示高速齿轮传递中产生振动和噪音的机理. 2007 年 Luo 和 O'Connor[51,52] 首次运用动态域上不连续动力系统理论研究了这一问题. 齿轮传动系统力学模型可以描述为一个周期外力作用下的振子位于另一个振子的两个齿之间. 由于两个振子在时变边界上发生相互作用, 因而其运动区域是随时间变化的, 从而可分为三个运动区域: 自由运动区域, 此时两个齿轮之间没有相互作用, 即两振子自由运动; 从动轮左端发生的啮合运动区; 从动轮右端发生的啮合运动区. 应用映射动力学对上述 3 类时变区域及相应边界构造基本映射, 再通过基本映射的复合可得相应映射结构, 从而可对啮合碰撞周期运动和非啮合碰撞周期运动进行解析预测, 并可以进行相应稳定性和分叉分析. 进一步还可以对混沌运动进行数值模拟, 能够模拟得到第一个振子和第二个振子的 Poincaré 映射转换点. 转换点描述了两个振子相互接触时的位移和速度, 形成了混沌运动的奇怪吸引子. 由此可见, 对于齿轮箱两个振子碰撞与啮合的动力学问题, 运用动态域上不连续动力系统理论能够有效分析其动力学机理, 并能将其如此复杂、丰富而又饶有趣味的动力学现象揭示出来. 又如 2009 年 Luo[44] 将动态域上不连续动力系统理论用于"同步"的研究, 得到了"弹簧"振动系统与"单摆"振动系统同步的充分必要条件. 而按传统方法考虑, 这两类系统似乎毫不相关, 是难以同步的. 另外, 不同于渐近性质下的同步, 此理论可研究有限时间内系统的完全同步和部分时间同步, 并建立转换条件. 再如 1907 年 Taylor[53] 曾研究的金属切削刀具震颤问题, 2014 年 Fu Xilin 和 Zheng Shasha[54] 将该问题的数学模型归结为一类具体的具任意时刻脉冲的脉冲 VdP 系统, 运用动态域上不连续动力系统理论得到了关于这类脉冲 VdP 系统 Chatter 动力学的新结果, 进而给出了关于金属切削刀具震颤发生与消失的新的判别准则.

1.5 本书概要

本书第 2 章介绍动态域上不连续动力系统的流转换理论. 首先阐述了具边界转换的不连续动力系统的概念及符号表示, 并介绍了这类不连续动力系统各种流的定义. 其次阐述了不连续动力系统流的局部奇异性的度量工具 ——G 函数的思想, 并介绍了零阶 G 函数与高阶 G 函数的定义. 然后介绍了具边界转换的不连续动力系统的流转换理论, 主要阐述了基于 G 函数度量的不连续边界上各种流存在的充要条件及穿越流、不可穿越流的转换分支条件.

第 3 章介绍动态域上不连续动力系统的映射动力学. 分别就两类动态域上不连续动力系统 —— 具边界转换的不连续动力系统和具时间切换的不连续动力系统 —— 阐述了相应的映射动力学, 包括相应的转换集、基本映射及通过基本映射复合的映射结构; 并进一步介绍运用动态域上不连续动力系统的映射动力学研究周期运动存在性、稳定性及参数分支的理论. 这里可以看到, 对周期运动稳定性及分支的解析预测可以借助所建立的周期流的相应的映射结构的雅可比矩阵和特征值来分析研究.

第 4 章阐述碰撞振动系统的动力学. 首先着重介绍了倾斜碰撞振子模型; 接着运用动态域上不连续动力系统的流转换理论得到了该振子模型黏合运动和擦边流发生的充要条件, 并给出了解析证明和数值模拟. 最后运用动态域上不连续动力系统的映射动力学研究了这类倾斜碰撞振子模型具有或不具有黏合运动的周期流问题, 得到了该振子周期流的一般映射结构, 并给出了其周期流稳定性和分支的理论分析结果和数值模拟. 需要指出的是, 本章指出了倾斜碰撞振子模型和水平碰撞振子模型动力学行为上的本质区别.

第 5 章阐述摩擦碰撞振动系统的动力学. 首先着重介绍了具有干摩擦的水平碰撞振子模型; 接着运用动态域上不连续动力系统的流转换理论得到了该模型的两类黏合运动发生或消失的充要条件, 还得到了速度边界上擦边流出现的充要条件和位移边界上擦边流出现的初步结果, 并用数值模拟加以验证. 最后运用动态域上不连续动力系统的映射动力学研究了这类摩擦碰撞振子模型的周期流问题, 利用基本映射不同顺序的组合给出了该振子周期流的一般映射结构, 并利用映射结构的 Jacobi 矩阵及其特征值到了周期流的稳定性及分支的理论分析结果. 注意本章指出了具有干摩擦的水平碰撞振子模型与不受摩擦力影响的水平碰撞振子模型动力学行为的本质差别.

第 6 章阐述脉冲 VdP 系统的动力学. 首先从 VdP 方程所描述的 LC 震荡电路问题出发, 在充分考虑该系统客观存在的瞬时突变现象的情形下, 给出了脉冲 VdP 系统的模型具体构建过程; 接着运用动态域上不连续动力系统理论得到了这类脉冲 VdP 系统 Chatter 动力学行为发生与不发生的解析条件. 最后将所得脉冲 VdP 系统动力学结果应用于金属车削刀具的震颤问题和双轮驱动刨煤机高速刨削的震颤问题.

第 7 章阐述不连续动力系统的互动理论及应用. 首先介绍了不连续动力系统具有奇异的互动问题, 包括对一种特殊的互动－同步的介绍; 接着给出了将动态域上不连续动力系统的流转换理论应用于弹簧振子与 VdP 振子同步问题的研究结果. 需要指出的是, 这里不仅给出了判定两振子同步的充要条件, 还进一步给出了判定两振子达到同步和结束同步的切换分支点的充要条件. 最后利用动态域上不连续动力系统映射动力学理论研究了两个具有脉冲影响的动力系统之间的离散时间同步问题, 得到了判定这两个动力系统离散同步的充要条件; 还给出了判定这两个动力系统达到同步和结束同步的切换分支点的充要条件.

1.6 挑战与展望

在现代工程与科学技术飞速发展的形势下, 不连续动力系统研究面临着新的挑战.

首先, 动态域上不连续动力系统理论仅是初步建立, 尚需不断发展与完善. 一方面, 针对不连续动力系统 "动态域" 与 "不连续" 等自身特征来揭示不连续动力系统本质规律的研究尚需进一步深入. ①关于不连续动力系统流转换理论: 目前不连续动力系统流转换理论主要是针对连通区域情形, 而对于更具一般性的非连通区域情形的研究尚未见到, 尚需寻求其他解决路径. 而不连续动力系统多值向量场理论、n 维不连续动力系统棱流转换理论等更是刚刚搭建起基本理论框架, 尚需进一步探讨、发展和完善. ②关于不连续动力系统周期运动: 关于不连续动力系统周期运动研究的主要工具分别是关于具时间切换的不连续动力系统的映射动力学和关于具边界转换的不连续动力系统的映射动力学. 这仅仅是研究不连续动力系统周期运动的基本工具. 从已有的研究工作可知, 由于 "动态域" 与 "不连续" 导致不连续动力系统周期运动研究的新困难, 尚需进一步从理论上寻求克服这些新困难的途径. ③关于不连续动力系统分支理论: 不连续动力系统分支理论的研究是不连续动力系统动力学研究的重要课题. 这里我们不但要一般地寻求当参数很小变化时不连续动力系统在相空间轨线分布的拓扑结构发生本质变化的规律, 还要专门致力于揭示由 "动态域" 和 "不连续" 所引起的不连续动力系统所特有的分支现象的特征. 显然可见, 当前关于不连续动力系统转换分支、有限与无限分支树等研究成果尚属不连续动力系统分支理论的初始工作. ④不连续动力系统复杂动力学: 已有的研究成果表明, 不连续动力系统的动力学行为通常比连续动力系统动力学行为更为复杂. 譬如流转换分支可以导致称之谓 "碎裂" 的复杂动力学现象; 又如关于不连续动力系统周期运动中的分支树可以导致混沌现象. 显然, 需要进一步深入探讨不连续动力系统因 "动态域" 和 "不连续" 引起的复杂动力学现象的内在机理和规律. 另一方面, 对于各类典型的不连续动力系统的研究亟待开拓新路径. ①切换动力系统: 切换动力系统属典型的不连续动力系统. 目前从不连续动力系统的角度对切换动力系统的研究还很初步, 且主要集中于具时间切换的切换动力系统; 而关于具状态切换的切换动力系统的研究工作尚很少见. 因此运用不连续动力系统理论发展切换动力系统的理论是十分必要的. ②脉冲微分系统: 脉冲微分系统也属于典型的不连续动力系统. 目前关于脉冲微分系统的研究主要集中于具固定时刻脉冲的脉冲微分系统, 且主要沿用研究连续动力系统的思想方法来研究. 因此从不连续动力系统的角度, 运用动态域上不连续动力系统理论来研究脉冲微分系统, 是发展脉冲微分系统理论的有效途径. ③多自主体系统: 作为典型不连续动力系统的多自主系统, 以往对其研究主要是从复杂网络的角度运用控制的方法进行的. 显然, 动态域上不连续动力系统理论可以成为研究多自主体系统的有力工具. ④连续动力系统: 连续动力系统可看作一类特殊的不连续动力系统, 并从不连续动力系统的角度来研究. 另外, 有时也可借助研究不连续动力系统的思想方法来研究连续动力系统. 譬如对于 Hamilton 系统而言, 其首次积分是存在的. 对应此首次积分, 在 Hamilton 系统的相空间存在所谓的 "分离边界". 于是有可能将研究不连续动力系统的思想方法应用于此, 从而为 Hamilton 系统动力学性态研究另辟蹊径.

其次, 现代工程与科学技术诸领域中可以用不连续动力系统来描述的实际问题大量涌现, 亟待解决. 现代最新研究成果表明, 不连续动力系统来源于实践、应用于实践, 在机械工程、自动控制、航天技术、机密通讯、生命科学、金融工程、复杂网络、人工智能等诸多领域都有着广阔的应用前景. 对现实中任何实际问题进行科学研究时, 往往首先试图对该实际问题建立数学模型. 若能够建立数学模型, 则只需对此数学模型进行定量分析、预测, 就有望近似得到原来实际问题的某些客观规律. 这里需强调两点: 一是这里的数学模型 (若能够建立的话) 的数学假定仅是人们头脑中对原来实际问题的某种近似. 人们不可能证明原来实际问题能够满足这个数学模型的数学假定; 这种近似与原来实际问题的差距是永不可知的, 正如任何科学理论只是对于未知真理的近似一样. 二是这种近似不是唯一的. 对同一个实际问题可能有多种数学模型来近似, 对其分析、预测的结果也可能不尽相同, 这是完全正常的. 另外, 每个数学模型往往试图重点近似描述实际问题的某个或某些方面, 因此根据不同的意图, 数学模型的选择也可以不同. 在当今大数据、互联网时代及即将到来的人工智能 + 时代, 呈现并将不断呈现出 "海量喷涌的数据量、层出不穷的模型规模、与日俱增的复杂度、日益苛求的精度要求" 的态势. 伴随着更强大的计算机、更大的数据集和能够训练更深网络的新技术、新方法的出现, 对当今时代的实际问题从动力系统角度建模、研究成为可能. 而不连续动力系统的自身特征及其研究的思想方法更侧重于从 "动态" 和 "相互作用" 角度来思考问题, 因而以不连续动力系统作为某些当代实际问题的数学模型可能实现更加有效的近似; 换言之, 可能实现更有效地描述、分析和预测.

展望未来, 关于不连续动力系统的探索必将顺应历史发展的潮势, 不断掀起新的浪潮. 关于不连续动力系统的科学研究亟需创新思辨、深入求真、进行本质探索;

对于不连续动力系统理论的不断发展与完善尚需艰辛付出、不懈努力. 从线性到非线性, 从连续到不连续, 也正映射出人类认识与探索客观世界的必由之路与辩证轨迹.

参 考 文 献

[1] Luo A C J. Global Transversality, Resonance and Chaotic Dynamics. Singapore: World Scientific, 2008.

[2] 傅希林, 闫宝强, 刘衍胜. 脉冲微分系统引论. 北京: 科学出版社, 2005 (现代数学基础丛书, No.96).

[3] Luo A C J, Gegg B C. Dynamics of a periodically excited oscillator with dry friction on a sinusoidally time-varying, traveling surface, International Journal of Bifurcation and Chaos, 2006, 16: 3539-3566.

[4] Luo A C J, Gegg B C. An analytical prediction of sliding motions along discontinuous boundary in non-smooth dynamical systems. Nonlinear Dynamics, 2007, 49: 401-424.

[5] 张艳燕. 源于碰撞和摩擦的不连续动力系统的周期流研究. 济南山东师范大学博士学位论文, 2016.

[6] Luo A C J, Ma Haolin. Bifurcation trees of periodic motions to chaos in a parametric Duffing oscillator. Int. J. Dynam. Control, 2017,

[7] Xu Yeyin, Luo A C J. A series of symmetric period-1 gmotions to chaos in a two-degree-of-freedom van der Pol-Duffing oscillator. Journal of Vibration Testing and System Dynamics, 2018, 2(2): 119-153.

[8] Luo A C J. Discontinuous Dynamical Systems. Beijing: Higher Education Press, and Berlin Heidelberg: Springer-Verlag 2012.

[9] den Hartog J P. Forced vibrations with Coulomb and viscous damping. Transactions of the American Society of Mechanical Engineers, 1931, 53: 107-115.

[10] den Hartog J P, Mikina S J. Forced vibrations with non-linear spring constants. ASME Journal of Applied Mechanics, 1932, 58: 157-164.

[11] Levinson N. A second order differential equation with singular solutions. Annals of Mathematics, 1949, 50: 127-153.

[12] Levitan E S. Forced oscillation of a spring-mass system having combined Coulomb and viscous damping. Journal of the Acoustical Society of America, 1960, 32: 1265-1269.

[13] Feigin M I. Doubling of the oscillation period with C-bifurcation in piecewise-continuous system. PMM, 1970, 34: 861-869.

[14] Ozguven H N, Houser D R. Mathematical models used in gear dynamics a review. Journal of Sound and Vibration, 1988, 121: 383-411.

[15]   Nordmark A B. Non-periodic motion caused by grazing incidence in an impact oscillator. Journal of Sound and Vibration, 1991, 145: 279-297.

[16]   Nusse H E, Yorke J A. Border-collision bifurcations including "period two to period three" for piecewise smooth systems. Physica D, 1992, 57: 39-57.

[17]   Natsiavas S. Stability of piecewise linear oscillators with viscous and dry friction damping. Journal of Sound and Vibration, 1998, 217: 507-522.

[18]   Filippov A F. Differential equations with discontinuous right-hand side. American Mathematical Society Translations, 1964, 42(2): 199-231.

[19]   Aizerman M A, Pyatnitskii E S. Foundation of a theory of discontinuous systems 1. Automatic and Remote Control, 1974, 35: 1066-1079.

[20]   Aizerman M A, Pyatnitskii E S. Foundation of a theory of discontinuous systems 2. Automatic and Remote Control, 1974, 35: 1241-1262.

[21]   Utkin V I. Variable structure systems with sliding modes. IEEE Transactions on Automatic Control, 1976, AC-22: 212-222.

[22]   Renzi E, Angelis M D. Optimal semi-active control and non-linear dynamics response of variable stiffness structures. Journal of Vibration and Control, 2005, 11: 1253-1289.

[23]   Kunze M, Kupper T, Li Yong. On conley index theory for non-smooth dynamical systems. Differential and Integral Equations, 2000, 13(4-6): 479-502.

[24]   黄立宏, 郭振远, 王佳伏. 右端不连续微分方程理论与应用. 北京: 科学出版社, 2011.

[25]   Liu X, Han Maoan. Hopf bifurcation for non-smooth Lienard systems. Internat. J. Bifur. Chaos Appl. Sci. Engrg., 2009, 19(7): 2401-2415.

[26]   Han Maoan, Zhang Weinian. On Hopf bifurcation in non-smooth planar systems. Journal of Differential Equations, 2010, 248: 2399-2416.

[27]   Mil'man V D, Myshkis A D. On the stability of motion in nonlinear mechanics. Sib. Math. J., 1960: 233-237.

[28]   Lakshmikantham V, Bainov D D, Simeonov P S. Theory of Impulsive Differential Equations, Singapore: World Scientific, 1989.

[29]   Liu Xinzhi, Ballinger G. Existence and continuability of solutions for differential equations with delays and state-dependent impulses. Nonlinear Analysis, 2002, 51: 633-647.

[30]   Yu Jianshe, Zhang Binggen. Stability theorem for delay differential equations with impulses. Journal of Mathematical Analysis and Applications, 1996, 199: 162-175.

[31]   Zhang Binggen, Liu Yuji. Global attractivity for certain impulsive delay differential equations. Nonlinear Analysis: Theoty, Methods & Applications, 2003, 52: 725-736.

[32]   Liu Bing, Yu Jianshe. Existence of solution for m-point boundary value problems of second-order differential systems with impulse. Applied Mathematics and Computation, 2002, 125(2-3): 155-175.

[33]   Shen Jianhua, Yan Jurang. Razumikhin type stability theorems for impulsive functional equations. Nonlinear Analysis, 1998, 33: 519-531.

[34] Fu Xilin, Qi Jiangang, Liu Yansheng. The existence of periodic orbits for nonlinear impulsive differential systems. Communications in Nonlinear Science and Numerical Simulation, 1999, 4(1): 50-53.

[35] 林伟. 复杂系统中的若干理论问题及其应用. 复旦大学博士学位论文, 2002.

[36] 傅希林, 闫宝强, 刘衍胜. 非线性脉冲微分系统. 北京: 科学出版社, 2008.

[37] Fu Xilin, Li Xiaodi. New results on pulse phenomena for impulsive differential systems with variable moments. Nonlinear Analysis: Theory, Methods & Applications, 2009, 71: 2976-2984.

[38] Luo A C J. A theory for non-smooth dynamical systems on connectable domains. Communications in Nonlinear Science and Numerical Simulation, 2005, 10: 1-55.

[39] Luo A C J. Singularity and Dynamics on Discontinuous Vector Fields. Amsterdam: Elsevier, 2006.

[40] Luo A C J. Global Transversality, Resonance and Chaotic Dynamics. Singapore: World Scientific, 2008.

[41] Luo A C J, Gegg B C. On the mechanism of stick and non-stick periodic motion in a forced oscillator including dry-friction. ASME Journal of Vibration and Acoustics, 2005, 128: 97-105.

[42] Luo A C J, Thapa S. On nonlinear dynamics of simplifild brake dynamical systems. Proceedings of IMECE2007, 2007 ASME International Mechanical Engineering Congress and Exposition, November 5-10, 2007, Seattle, Washington, USA. IMECE2007: 42349.

[43] Luo A C J, Discontinuous Dynamical Systems. Beijing: Higher Education Press, and Berlin Heidelberg: Springer-Verlag, 2012.

[44] Luo A C J. A theory for synchronization of dynamical systems. Communications in Nonlinear Science and Numerical Simulation, 2009, 14: 1901-1951.

[45] Sun Xiaohui, Fu Xilin. Synchronizaiton of two different dynamical systems under sinusoidal constraint. Journal of Applied Mathematics, 2014: 1-9.

[46] Fu Xilin, Zhang Yanyan. Stick motions and grazing flows in an inclined impact oscillator. Chaos, Solitons and Fractals, 2015, 76: 218-230.

[47] Zhang Yanyan, Fu Xilin. Flow switchability of motions in a horizontal impact pair with dry friction. Communications in Nonlinear Science and Numerical Simulation, 2017, 44: 89-107.

[48] Fu Xilin, Zheng Shasha. Chatter dynamic analysis for Van der Pol Equation with impulsive effect via the theory of flow switchability. Communications in Nonlinear Science and Numerical Simulation, 2014, 19: 3023-3035.

[49] Zheng Shasha, Fu Xilin. Periodic motion of the Van der Pol Equation with impulsive effect. International Journal of Bifurcation and Chaos, 2015, 25(9): 1550119.

[50] Sun Guanghui, Fu Xilin. Discontinuous dynamics of a class of oscillators with strongly nonlinear asymmetric damping under a periodic excitation. Communications in Non-

linear Science and Numerical Simulation, 2018, 23.

[51] Luo A C J, O' Connor D. Nonlinear dynamics of gear transmission system, Part Ⅰ: mechanism of impacting chatter with stick. Proceedings of IDETC' 07, 2007 ASME International Design Engineering Conferences and Exposition, September 4-7, 2007, Las Vegas, Nevada. IDETC2007: 34881.

[52] Luo A C J, O' Connor D. Nonlinear dynamics of gear transmission system, Part Ⅱ: periodic impacting chatter and stick. Proceedings of IMECE' 07, 2007 ASME International Mechanical Engineering Congress and Exposition, November 10-16, 2007, Seattle, Washington. IMECE2007: 43192.

[53] Taylor F W. On the art of cutting metals. Transactions of the ASME, 1907, 28: 31-350.

[54] Fu Xilin, Zheng Shasha. New approach in dynamics of regenerative chatter research of turning. Communications in Nonlinear Science and Numerical Simulation, 2014, 19: 4013-4023.

第2章 不连续动力系统的流转换理论

本章主要介绍不连续动力系统的流转换理论. 本章内容主要源自 Luo A C J 动态域上不连续动力系统理论. 第 2.1 节阐述不连续动力系统的概念及各类全局流的定义; 第 2.2 节介绍用于分析不连续动力系统流的局部奇异性的度量工具 ——G 函数; 第 2.3 节介绍不连续动力系统的流转换理论, 主要阐述基于 G 函数度量的不连续边界上各种流存在的充要条件及穿越流和不可穿越流的转换分支条件.

2.1 不连续动力系统的全局流

为阐述不连续动力系统的概念, 需先介绍如下定义和记号.

考虑一个 n 维动力系统, 其定义域为 $\Omega \subset \mathbf{R}^n$. 首先区域 Ω 被分成若干不同的子域 $\Omega_j \subset \Omega (j \in \{1, 2, \cdots, M\})$. 在每个子域 Ω_j 上, 该系统可能有定义, 也可能没有定义. 在有定义的子域上, 即可得到原系统的一个子系统. 而不同子域上, 得到的子系统可以是不同的. 因此, 原系统是由若干个不同的子系统构成的. 下面对此类性质的子域 Ω_j 给出相应的定义.

定义 2.1.1 在相空间中, 如果在一个子域 Ω_j 上定义了一个具体的连续动力系统, 则称该子域 Ω_j 为可接近域.

定义 2.1.2 在相空间中, 如果在一个子域上没有定义任何动力系统, 则称该子域为不可接近域.

下面将所有可接近域记为 $\Omega_j (j \in J, J = \{1, 2, \cdots, N\})$, 不可接近域记为 Ω_0, 于是相空间中的区域可以看作由所有可接近域 Ω_j 和不可接近域 Ω_0 的并组成, 即整个域可表示为 $\Omega = \left(\bigcup\limits_{j=1}^{N} \Omega_j \right) \cup \Omega_0$. 不可接近域 Ω_0 可以看作所有可接近域并集的补集, 即 $\Omega_0 = \Omega \setminus \bigcup\limits_{j=1}^{N} \Omega_j$.

定义 2.1.3 如果相空间中一个域的所有可接近域都能够相连, 且没有不可接近域, 则称该域为可连通域.

定义 2.1.4 如果相空间中一个域的可接近域被不可接近域分开, 则称该域为不可连通域.

为了简便起见, 用 n_1 维子向量 $\boldsymbol{x}_{n_1}$ 和 $n - n_1$ 维子向量 $\boldsymbol{x}_{n-n_1}$ 来描述其相空

间, 那么可连通域和不可连通域可见图 2.1, 图中 (a) 是可连通域, (b) 是不可连通域. 对于不可连通域, 在可接近域之间至少存在一个不可接近域, 所有不可接近域的并集称为 "不可接近海", 可接近域也称为 "岛".

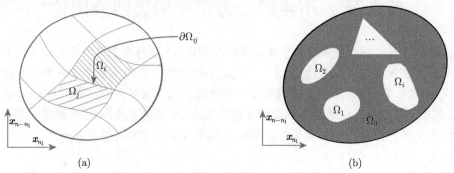

图 2.1 相空间

(a) 可连通域; (b) 不可连通域

假设在第 i 个开的可接近子域 $\Omega_i(\alpha \in \{1, 2, \cdots, N\})$ 上, 存在一个 C^{r_i} 连续系统

$$\dot{\boldsymbol{x}}^{(i)} = \boldsymbol{F}^{(i)}(\boldsymbol{x}^{(i)}, t, \boldsymbol{p}_i), \tag{2.1.1}$$

其中 $\boldsymbol{x}^{(i)} = (x_1^{(i)}, x_2^{(i)}, \cdots, x_n^{(i)})^{\mathrm{T}} \in \Omega_i$, 向量场 $\boldsymbol{F}^{(i)}(\boldsymbol{x}^{(i)}, t, p_i)$ 关于状态向量 $\boldsymbol{x}^{(i)}$ 和时间 t 是 C^{r_i} 连续的 $(r_i \geqslant 1)$, $\boldsymbol{p}_i$ 为参数向量. 在方程 (2.1.1) 中, $\boldsymbol{x}^{(i)}(t) = \boldsymbol{\Phi}^{(i)}(\boldsymbol{x}^{(i)}(t_0), t, \boldsymbol{p}_i)$ 为系统的连续流, 且是 C^{r_i+1} 连续的, 相应初始条件为 $\boldsymbol{x}^{(i)}(t_0) = \boldsymbol{\Phi}^{(i)}(\boldsymbol{x}^{(i)}(t_0), t_0, \boldsymbol{p}_i)$.

为了研究包含若干子系统 (2.1.1) 的不连续动力系统, 考虑下列假设:

(H2.1) 两个相邻子系统之间流的转换关于时间 t 是连续的.

(H2.2) 假设一个可接近域 Ω_i 是无界的, 则存在一个开域 $D_i \subset \Omega_i$, 该子系统的向量场和流是有界的. 也就是说, 在域 D_i 内, 当 $t \in [0, \infty)$ 时, 存在两个常数 K_1 和 K_2 使得下列不等式

$$\|\boldsymbol{F}^{(i)}\| \leqslant K_1 \quad \text{和} \quad \|\boldsymbol{\Phi}^{(i)}\| \leqslant K_2$$

成立.

(H2.3) 假设一个可接近域 Ω_i 是有界的, 则存在一个开域 $D_i \subset \Omega_i$, 该子系统的向量场有界, 但子系统的流可以无界. 也就是说, 在域 D_i 内, 当 $t \in [0, \infty)$ 时, 存在常数 K_1 使得下列不等式

$$\|\boldsymbol{F}^{(i)}\| \leqslant K_1 \quad \text{和} \quad \|\boldsymbol{\Phi}^{(i)}\| < \infty$$

成立.

为了构建不同子域之间流的动力学性质的相互联系, 对于可连通域的两个相邻可接近域 Ω_i 与 Ω_j 可以定义子域之间的边界

$$\partial\Omega_{ij} = \bar{\Omega}_i \cap \bar{\Omega}_j = \{\boldsymbol{x}|\varphi_{ij}(\boldsymbol{x},t)=0\} \subset R^{n-1}, \tag{2.1.2}$$

其中边界约束函数 φ_{ij} 是 $C^r(r \geqslant 1)$ 连续的.

图 2.2 中相邻域 Ω_i 和 Ω_j 之间的边界表示为 $\partial\Omega_{ij} = \bar{\Omega}_i \cap \bar{\Omega}_j$, 即边界 $\partial\Omega_{ij}$ 由 Ω_i 和 Ω_j 的闭域的交集形成, 也称为子域 Ω_i 和 Ω_j 之间的动态分离边界. 根据边界定义, 有 $\partial\Omega_{ij} = \partial\Omega_{ji}$. 通常情况下, $\partial\Omega_{ij}$ 是相对于域 Ω_i 而言的 Ω_i 和 Ω_j 的边界, 而 $\partial\Omega_{ji}$ 是相对于域 Ω_j 而言的 Ω_j 和 Ω_i 的边界.

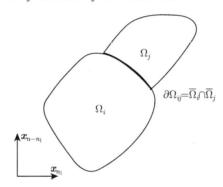

图 2.2　两相邻子域 Ω_i, Ω_j 及其边界 $\partial\Omega_{ij}$

以边界为定义域, 相应动力系统记为

$$\dot{\boldsymbol{x}}^{(0)} = \boldsymbol{F}^{(0)}(\boldsymbol{x}^{(0)}, t, \boldsymbol{p}_0), \tag{2.1.3}$$

其中 $\boldsymbol{x}^{(0)} = (x_1^{(0)}, x_2^{(0)}, \cdots, x_n^{(0)})^{\mathrm{T}}$ 满足边界约束条件, 边界流的向量场 $\boldsymbol{F}^{(0)}(\boldsymbol{x}^{(0)}, t, \boldsymbol{p}_0)$ 关于状态向量 $\boldsymbol{x}^{(0)}$ 和时间 t 是 $C^r(r \geqslant 1)$ 连续的, $\boldsymbol{p}_0$ 为参数向量. 在方程 (5.2.10) 中, $\boldsymbol{x}^{(0)}(t) = \boldsymbol{\Phi}^{(0)}(\boldsymbol{x}^{(0)}(t_0), t, \boldsymbol{p}_0)$ 为系统的边界流, 是 C^{r+1} 连续的, 相应初始条件为 $\boldsymbol{x}^{(0)}(t_0) = \boldsymbol{\Phi}^{(0)}(\boldsymbol{x}^{(0)}(t_0), t_0, \boldsymbol{p}_0)$.

现给出具边界转换的不连续动力系统的定义.

定义 2.1.5　在相空间中, 对于定义在各个子域 $\Omega_i (i \in \{1,2,\cdots,N\})$ 内的连续系统 (2.1.1) 及定义在各个边界 $\partial\Omega_{ij}(i,j \in \{1,2,\cdots,N\})$ 上的边界系统 (2.1.3), 在边界约束函数 (2.1.2) 的共同作用下形成一个整体不连续的动力系统, 且满足假设 (H2.1)—(H2.3), 则称系统 (2.1.1)—(2.1.3) 为具边界转换的不连续动力系统.

下面介绍不连续动力系统各类全局流的概念以及判定条件. 首先给出以下记号, 令 $t_{m\pm\varepsilon} = t_m \pm \varepsilon, t_{m\pm} = t_m \pm 0$, 这表示此时刻对应的 $\boldsymbol{x}^{(i)}(t_m \pm \varepsilon)$ 和 $\boldsymbol{x}^{(i)}(t_{m\pm})$ 为子域内子系统的流.

定义 2.1.6　考虑不连续动力系统 (2.1.1)—(2.1.3), t_m 时刻在两个相邻子域 $\Omega_\alpha(\alpha = i, j)$ 的边界 $\partial\Omega_{ij}$ 上点为 $\boldsymbol{x}(t_m) = \boldsymbol{x}_m \in \partial\Omega_{ij}$. 对任意 $\varepsilon > 0$, 存在两个时间区间 $[t_{m-\varepsilon}, t_m)$ 和 $(t_m, t_{m+\varepsilon}]$. 假设 $\boldsymbol{x}^{(i)}(t_{m-}) = \boldsymbol{x}_m = \boldsymbol{x}^{(j)}(t_{m+})$. 如果两个子域内的流 $\boldsymbol{x}^{(\alpha)}(t)(\alpha = i, j)$ 在边界 $\partial\Omega_{ij}$ 的邻域内满足如下性质

$$\left.\begin{array}{l} \boldsymbol{n}_{\partial\Omega_{ij}}^{\mathrm{T}} \cdot [\boldsymbol{x}^{(i)}(t_{m-}) - \boldsymbol{x}^{(i)}(t_{m-\varepsilon})] > 0, \\ \boldsymbol{n}_{\partial\Omega_{ij}}^{\mathrm{T}} \cdot [\boldsymbol{x}^{(j)}(t_{m+\varepsilon}) - \boldsymbol{x}^{(j)}(t_{m+})] > 0, \end{array}\right\} \text{当 } \boldsymbol{n}_{\partial\Omega_{ij}} \to \Omega_j \text{ 时,}$$

或

$$\left.\begin{array}{l} \boldsymbol{n}_{\partial\Omega_{ij}}^{\mathrm{T}} \cdot [\boldsymbol{x}^{(i)}(t_{m-}) - \boldsymbol{x}^{(i)}(t_{m-\varepsilon})] < 0, \\ \boldsymbol{n}_{\partial\Omega_{ij}}^{\mathrm{T}} \cdot [\boldsymbol{x}^{(j)}(t_{m+\varepsilon}) - \boldsymbol{x}^{(j)}(t_{m+})] < 0, \end{array}\right\} \text{当 } \boldsymbol{n}_{\partial\Omega_{ij}} \to \Omega_i \text{ 时,} \left.\vphantom{\begin{array}{l}1\\1\\1\\1\end{array}}\right\} \tag{2.1.4}$$

则称两个流 $\boldsymbol{x}^{(\alpha)}(t)(\alpha = i, j)$ 的合成流为在 $\boldsymbol{x}_m$ 处从域 Ω_i 到域 Ω_j 的半穿越流.

上面定义中的 $\boldsymbol{n}$ 表示 $\partial\Omega_{ij}$ 在 $\boldsymbol{x}_m$ 处的法向量, 即

$$\boldsymbol{n}_{\partial\Omega_{ij}} = \nabla\varphi_{ij}|_{\boldsymbol{x}=\boldsymbol{x}_m} = \left(\frac{\partial\varphi_{ij}}{\partial x_1}, \frac{\partial\varphi_{ij}}{\partial x_2}, \cdots, \frac{\partial\varphi_{ij}}{\partial x_n}\right)^{\mathrm{T}}\bigg|_{\boldsymbol{x}=\boldsymbol{x}_m}. \tag{2.1.5}$$

$\boldsymbol{n}_{\partial\Omega_{ij}} \to \Omega_j$ 表示在 t_m 时刻边界 $\boldsymbol{x}_m$ 处的法方向指向 Ω_j, 并把半穿越流从 Ω_i 穿越到 Ω_j 的对应边界称为半穿越边界 (记为 $\overrightarrow{\partial\Omega_{ij}}$). 如图 2.3 所示, (a) 中 Ω_i 与 Ω_j 之间的粗线表示边界 $\overrightarrow{\partial\Omega_{ij}}$, 此时系统区域内的流从 Ω_i 穿越边界进入 Ω_j 内. 类似地, (b) 中 Ω_i 与 Ω_j 之间的粗线表示边界 $\overleftarrow{\partial\Omega_{ij}}$, 此时系统区域内的流从 Ω_j 穿越边界进入 Ω_i 内.

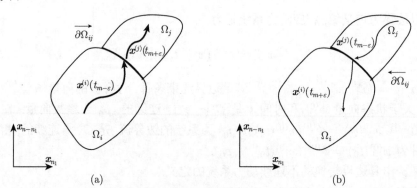

图 2.3　半穿越流

(a) 从 Ω_i 到 Ω_j; (b) 从 Ω_j 到 Ω_i

根据半穿越流的定义以及子域内系统流的可微性, 可以得出合成流是半穿越流的充要条件.

引理 2.1.1　对于不连续动力系统 (2.1.1)—(2.1.3), 在 t_m 时刻, $\boldsymbol{x}(t_m) = \boldsymbol{x}_m \in \partial\Omega_{ij}$. 对于任意小的 $\varepsilon > 0$, 存在两个时间区间 $[t_{m-\varepsilon}, t_m)$ 和 $(t_m, t_{m+\varepsilon}]$. 假设

$\boldsymbol{x}^{(i)}(t_{m-}) = \boldsymbol{x}_m = \boldsymbol{x}^{(j)}(t_{m+})$. 流 $\boldsymbol{x}^{(i)}(t)$ 和 $\boldsymbol{x}^{(j)}(t)$ 关于时间 t 分别是 $C^{r_i}_{[t_{m-\varepsilon},t_m)}$ 和 $C^{r_j}_{(t_m,t_{m+\varepsilon}]}(r_\alpha \geqslant 2, \alpha = i,j)$ 连续的, 且 $\left\|\dfrac{\mathrm{d}^{r_\alpha}\boldsymbol{x}^{(\alpha)}}{\mathrm{d}t^{r_\alpha}}\right\| < \infty (\alpha = i,j)$. 区域内的流 $\boldsymbol{x}^{(i)}(t)$ 和流 $\boldsymbol{x}^{(j)}(t)$ 相对于边界 $\partial\Omega_{ij}$ 是从域 Ω_i 到域 Ω_j 的半穿越流的充要条件为

$$\left.\begin{array}{l} \left.\begin{array}{l} \boldsymbol{n}^{\mathrm{T}}_{\partial\Omega_{ij}} \cdot \dot{\boldsymbol{x}}^{(i)}(t_{m-}) > 0, \\ \boldsymbol{n}^{\mathrm{T}}_{\partial\Omega_{ij}} \cdot \dot{\boldsymbol{x}}^{(j)}(t_{m+}) > 0, \end{array}\right\} \quad \text{当 } \boldsymbol{n}_{\partial\Omega_{ij}} \to \Omega_j \text{ 时}, \\ \text{或} \\ \left.\begin{array}{l} \boldsymbol{n}^{\mathrm{T}}_{\partial\Omega_{ij}} \cdot \dot{\boldsymbol{x}}^{(i)}(t_{m-}) < 0, \\ \boldsymbol{n}^{\mathrm{T}}_{\partial\Omega_{ij}} \cdot \dot{\boldsymbol{x}}^{(j)}(t_{m+}) < 0, \end{array}\right\} \quad \text{当 } \boldsymbol{n}_{\partial\Omega_{ij}} \to \Omega_i \text{ 时}. \end{array}\right\} \quad (2.1.6)$$

子域内的流满足相应的动力系统, 所以引理中的条件可以用系统的向量场进行表示.

引理 2.1.2 对于不连续动力系统 (2.1.1)—(2.1.3), 在 t_m 时刻, $\boldsymbol{x}(t_m) = \boldsymbol{x}_m \in \partial\Omega_{ij}$. 对于任意小的 $\varepsilon > 0$, 存在两个时间区间 $[t_{m-\varepsilon}, t_m)$ 和 $(t_m, t_{m+\varepsilon}]$. 假设 $\boldsymbol{x}^{(i)}(t_{m-}) = \boldsymbol{x}_m = \boldsymbol{x}^{(j)}(t_{m+})$. 两个向量场 $\boldsymbol{F}^{(i)}(\boldsymbol{x},t,\boldsymbol{p}_i)$ 和 $\boldsymbol{F}^{(j)}(\boldsymbol{x},t,\boldsymbol{p}_j)$ 关于时间 t 分别是 $C^{r_i}_{[t_{m-\varepsilon},t_m)}$ 和 $C^{r_j}_{(t_m,t_{m+\varepsilon}]}(r_\alpha \geqslant 1, \alpha = i,j)$ 连续的, 且 $\left\|\dfrac{\mathrm{d}^{r_\alpha+1}\boldsymbol{x}^{(\alpha)}}{\mathrm{d}t^{r_\alpha+1}}\right\| < \infty (\alpha = i,j)$. 区域内的流 $\boldsymbol{x}^{(i)}(t)$ 和流 $\boldsymbol{x}^{(j)}(t)$ 相对于边界 $\partial\Omega_{ij}$ 是从域 Ω_i 到域 Ω_j 的半穿越流的充要条件为

$$\left.\begin{array}{l} \left.\begin{array}{l} \boldsymbol{n}^{\mathrm{T}}_{\partial\Omega_{ij}} \cdot \boldsymbol{F}^{(i)}(t_{m-}) > 0, \\ \boldsymbol{n}^{\mathrm{T}}_{\partial\Omega_{ij}} \cdot \boldsymbol{F}^{(j)}(t_{m+}) > 0, \end{array}\right\} \quad \text{当 } \boldsymbol{n}_{\partial\Omega_{ij}} \to \Omega_j \text{ 时}, \\ \text{或} \\ \left.\begin{array}{l} \boldsymbol{n}^{\mathrm{T}}_{\partial\Omega_{ij}} \cdot \boldsymbol{F}^{(i)}(t_{m-}) < 0, \\ \boldsymbol{n}^{\mathrm{T}}_{\partial\Omega_{ij}} \cdot \boldsymbol{F}^{(j)}(t_{m+}) < 0, \end{array}\right\} \quad \text{当 } \boldsymbol{n}_{\partial\Omega_{ij}} \to \Omega_i \text{ 时}, \end{array}\right\} \quad (2.1.7)$$

其中 $\boldsymbol{F}^{(i)}(t_{m-}) = \boldsymbol{F}^{(i)}(\boldsymbol{x}_m, t_{m-}, \boldsymbol{p}_i), \boldsymbol{F}^{(j)}(t_{m+}) = \boldsymbol{F}^{(j)}(\boldsymbol{x}_m, t_{m+}, \boldsymbol{p}_j)$.

定义 2.1.7 考虑不连续动力系统 (2.1.1)—(2.1.3), t_m 时刻在两个相邻区域 $\Omega_\alpha(\alpha = i,j)$ 的边界 $\partial\Omega_{ij}$ 上点为 $\boldsymbol{x}(t_m) = \boldsymbol{x}_m \in \partial\Omega_{ij}$. 对任意 $\varepsilon > 0$, 存在时间区间 $[t_{m-\varepsilon}, t_m)$. 假设 $\boldsymbol{x}^{(\alpha)}(t_{m-}) = \boldsymbol{x}_m$. 如果两个区域内的流 $\boldsymbol{x}^{(\alpha)}(t)(\alpha = i,j)$ 在边界 $\partial\Omega_{ij}$ 的邻域内满足如下性质

$$\left.\begin{array}{l} \boldsymbol{n}_{\partial\Omega_{ij}}^{\mathrm{T}} \cdot [\boldsymbol{x}^{(i)}(t_{m-}) - \boldsymbol{x}^{(i)}(t_{m-\varepsilon})] > 0, \\ \boldsymbol{n}_{\partial\Omega_{ij}}^{\mathrm{T}} \cdot [\boldsymbol{x}^{(j)}(t_{m-}) - \boldsymbol{x}^{(j)}(t_{m-\varepsilon})] < 0, \end{array}\right\} \text{当} \boldsymbol{n}_{\partial\Omega_{ij}} \to \Omega_j \text{时,}$$

或

$$\left.\begin{array}{l} \boldsymbol{n}_{\partial\Omega_{ij}}^{\mathrm{T}} \cdot [\boldsymbol{x}^{(i)}(t_{m-}) - \boldsymbol{x}^{(i)}(t_{m-\varepsilon})] < 0, \\ \boldsymbol{n}_{\partial\Omega_{ij}}^{\mathrm{T}} \cdot [\boldsymbol{x}^{(j)}(t_{m-}) - \boldsymbol{x}^{(j)}(t_{m-\varepsilon})] > 0, \end{array}\right\} \text{当} \boldsymbol{n}_{\partial\Omega_{ij}} \to \Omega_i \text{时,}$$

$$\tag{2.1.8}$$

则称两个流 $\boldsymbol{x}^{(\alpha)}(t)(\alpha = i, j)$ 为在 $\boldsymbol{x}_m$ 处关于边界 $\partial\Omega_{ij}$ 的第一类不可穿越流.

第一类不可穿越流也称为 "汇流" 或 "滑动流", 此时系统的流在边界上形成滑动模态 (滑模).

定义 2.1.8　考虑不连续动力系统 (2.1.1)—(2.1.3), t_m 时刻在两个相邻区域 $\Omega_{\alpha}(\alpha = i, j)$ 的边界 $\partial\Omega_{ij}$ 上点为 $\boldsymbol{x}(t_m) = \boldsymbol{x}_m \in \partial\Omega_{ij}$. 对任意 $\varepsilon > 0$, 存在时间区间 $[t_m, t_{m+\varepsilon}]$. 假设 $\boldsymbol{x}^{(\alpha)}(t_{m+}) = \boldsymbol{x}_m$. 如果两个区域内的流 $\boldsymbol{x}^{(\alpha)}(t)(\alpha = i, j)$ 在边界 $\partial\Omega_{ij}$ 的邻域内满足如下性质

$$\left.\begin{array}{l} \boldsymbol{n}_{\partial\Omega_{ij}}^{\mathrm{T}} \cdot [\boldsymbol{x}^{(i)}(t_{m+\varepsilon}) - \boldsymbol{x}^{(i)}(t_{m+})] < 0, \\ \boldsymbol{n}_{\partial\Omega_{ij}}^{\mathrm{T}} \cdot [\boldsymbol{x}^{(j)}(t_{m+\varepsilon}) - \boldsymbol{x}^{(j)}(t_{m+})] > 0, \end{array}\right\} \text{当} \boldsymbol{n}_{\partial\Omega_{ij}} \to \Omega_j \text{时,}$$

或

$$\left.\begin{array}{l} \boldsymbol{n}_{\partial\Omega_{ij}}^{\mathrm{T}} \cdot [\boldsymbol{x}^{(i)}(t_{m+\varepsilon}) - \boldsymbol{x}^{(i)}(t_{m+})] > 0, \\ \boldsymbol{n}_{\partial\Omega_{ij}}^{\mathrm{T}} \cdot [\boldsymbol{x}^{(j)}(t_{m+\varepsilon}) - \boldsymbol{x}^{(j)}(t_{m+})] < 0, \end{array}\right\} \text{当} \boldsymbol{n}_{\partial\Omega_{ij}} \to \Omega_i \text{时,}$$

$$\tag{2.1.9}$$

则称两个流 $\boldsymbol{x}^{(\alpha)}(t)(\alpha = i, j)$ 为在 $\boldsymbol{x}_m$ 处关于边界 $\partial\Omega_{ij}$ 的第二类不可穿越流.

第二类不可穿越流也称为 "源流", 此时系统的流不会在边界形成滑模.

$\boldsymbol{x}^{(\alpha)}(t)(\alpha = i, j)$ 在 $\boldsymbol{x}_m$ 处为汇流时, 对应的边界 $\partial\Omega_{ij}$ 称为第一类不可穿越边界, 记为 $\widetilde{\partial\Omega}_{ij}$ (表示 Ω_i 和 Ω_j 之间的汇边界). $\boldsymbol{x}^{(\alpha)}(t)(\alpha = i, j)$ 在 $\boldsymbol{x}_m$ 处为关于边界 $\partial\Omega_{ij}$ 的源流时, 对应边界 $\partial\Omega_{ij}$ 称为第二类不可穿越边界, 记为 $\widehat{\partial\Omega}_{ij}$ (表示 Ω_i 和 Ω_j 之间的源边界). 如图 2.4 所示.

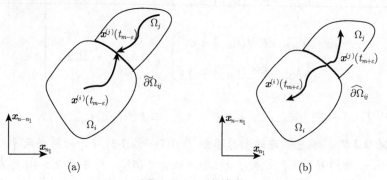

图 2.4　不可穿越流

(a) 汇流;　(b) 源流

类似半穿越流的判别条件, 汇流和源流也可用流的形式和系统向量场的形式分别给出判别条件.

引理 2.1.3 对于不连续动力系统 (2.1.1)—(2.1.3), 在 t_m 时刻, $\boldsymbol{x}(t_m) = \boldsymbol{x}_m \in \partial\Omega_{ij}$. 对于任意小的 $\varepsilon > 0$, 存在时间区间 $[t_{m-\varepsilon}, t_m)$. 假定 $\boldsymbol{x}^{(\alpha)}(t_{m-}) = \boldsymbol{x}_m$. 区域内的流 $\boldsymbol{x}^{(\alpha)}(t)$ 关于时间 t 是 $C^{r_\alpha}_{[t_{m-\varepsilon}, t_m)}$ 连续的, 且 $\left\|\dfrac{\mathrm{d}^{r_\alpha}\boldsymbol{x}^{(\alpha)}}{\mathrm{d}t^{r_\alpha}}\right\| < \infty (r_\alpha \geqslant 2)$. 区域内的流 $\boldsymbol{x}^{(i)}(t)$ 和流 $\boldsymbol{x}^{(j)}(t)$ 相对于边界 $\partial\Omega_{ij}$ 是第一类不可穿越流 (汇流) 的充要条件为

$$\left.\begin{array}{l}\left.\begin{array}{l}\boldsymbol{n}^{\mathrm{T}}_{\partial\Omega_{ij}} \cdot \dot{\boldsymbol{x}}^{(i)}(t_{m-}) > 0, \\ \boldsymbol{n}^{\mathrm{T}}_{\partial\Omega_{ij}} \cdot \dot{\boldsymbol{x}}^{(j)}(t_{m-}) < 0,\end{array}\right\} \quad \text{当} \boldsymbol{n}_{\partial\Omega_{ij}} \to \Omega_j \text{时}, \\ \text{或} \\ \left.\begin{array}{l}\boldsymbol{n}^{\mathrm{T}}_{\partial\Omega_{ij}} \cdot \dot{\boldsymbol{x}}^{(i)}(t_{m-}) < 0, \\ \boldsymbol{n}^{\mathrm{T}}_{\partial\Omega_{ij}} \cdot \dot{\boldsymbol{x}}^{(j)}(t_{m-}) > 0,\end{array}\right\} \quad \text{当} \boldsymbol{n}_{\partial\Omega_{ij}} \to \Omega_i \text{时}.\end{array}\right\} \quad (2.1.10)$$

引理 2.1.4 对于不连续动力系统 (2.1.1)—(2.1.3), 在 t_m 时刻, $\boldsymbol{x}(t_m) = \boldsymbol{x}_m \in \partial\Omega_{ij}$. 对于任意小的 $\varepsilon > 0$, 存在时间区间 $[t_{m-\varepsilon}, t_m)$. 假定 $\boldsymbol{x}^{(\alpha)}(t_{m-}) = \boldsymbol{x}_m$. 区域内的流 $\boldsymbol{x}^{(\alpha)}(t)$ 关于时间 t 是 $C^{r_\alpha}_{[t_{m-\varepsilon}, t_m)}$ 连续的, 且 $\left\|\dfrac{\mathrm{d}^{r_\alpha+1}\boldsymbol{x}^{(\alpha)}}{\mathrm{d}t^{r_\alpha+1}}\right\| < \infty (r_\alpha \geqslant 1)$. 区域内的流 $\boldsymbol{x}^{(i)}(t)$ 和流 $\boldsymbol{x}^{(j)}(t)$ 相对于边界 $\partial\Omega_{ij}$ 是第一类不可穿越流 (汇流) 的充要条件为

$$\left.\begin{array}{l}\left.\begin{array}{l}\boldsymbol{n}^{\mathrm{T}}_{\partial\Omega_{ij}} \cdot \boldsymbol{F}^{(i)}(t_{m-}) > 0, \\ \boldsymbol{n}^{\mathrm{T}}_{\partial\Omega_{ij}} \cdot \boldsymbol{F}^{(j)}(t_{m-}) < 0,\end{array}\right\} \quad \text{当} \boldsymbol{n}_{\partial\Omega_{ij}} \to \Omega_j \text{时}, \\ \text{或} \\ \left.\begin{array}{l}\boldsymbol{n}^{\mathrm{T}}_{\partial\Omega_{ij}} \cdot \boldsymbol{F}^{(i)}(t_{m-}) < 0, \\ \boldsymbol{n}^{\mathrm{T}}_{\partial\Omega_{ij}} \cdot \boldsymbol{F}^{(j)}(t_{m-}) > 0,\end{array}\right\} \quad \text{当} \boldsymbol{n}_{\partial\Omega_{ij}} \to \Omega_i \text{时},\end{array}\right\} \quad (2.1.11)$$

其中 $\boldsymbol{F}^{(\alpha)}(t_{m-}) = \boldsymbol{F}^{(\alpha)}(\boldsymbol{x}, t_{m-}, \boldsymbol{p}_\alpha)(\alpha \in \{i, j\})$.

引理 2.1.5 对于不连续动力系统 (2.1.1)—(2.1.3), 在 t_m 时刻, $\boldsymbol{x}(t_m) = \boldsymbol{x}_m \in \partial\Omega_{ij}$. 对任意小的 $\varepsilon > 0$, 存在时间区间 $(t_m, t_{m+\varepsilon}]$. 假定 $\boldsymbol{x}^{(\alpha)}(t_{m+}) = \boldsymbol{x}_m$. 区域内的流 $\boldsymbol{x}^{(\alpha)}(t)$ 关于时间 t 是 $C^{r_\alpha}_{(t_m, t_{m+\varepsilon}]}$ 连续的, 且 $\left\|\dfrac{\mathrm{d}^{r_\alpha}\boldsymbol{x}^{(\alpha)}}{\mathrm{d}t^{r_\alpha}}\right\| < \infty (r_\alpha \geqslant 2)$. 区域内的流 $\boldsymbol{x}^{(i)}(t)$ 和流 $\boldsymbol{x}^{(j)}(t)$ 相对于边界 $\partial\Omega_{ij}$ 是第二类不可穿越流 (源流) 的充要条件为

$$
\left.
\begin{array}{l}
\boldsymbol{n}_{\partial\Omega_{ij}}^{\mathrm{T}} \cdot \dot{\boldsymbol{x}}^{(i)}(t_{m+}) < 0, \\[2mm]
\boldsymbol{n}_{\partial\Omega_{ij}}^{\mathrm{T}} \cdot \dot{\boldsymbol{x}}^{(j)}(t_{m+}) > 0,
\end{array}
\right\} \quad \text{当 } \boldsymbol{n}_{\partial\Omega_{ij}} \to \Omega_j \text{ 时,}
$$

或

$$
\left.
\begin{array}{l}
\boldsymbol{n}_{\partial\Omega_{ij}}^{\mathrm{T}} \cdot \dot{\boldsymbol{x}}^{(i)}(t_{m+}) > 0, \\[2mm]
\boldsymbol{n}_{\partial\Omega_{ij}}^{\mathrm{T}} \cdot \dot{\boldsymbol{x}}^{(j)}(t_{m+}) < 0,
\end{array}
\right\} \quad \text{当 } \boldsymbol{n}_{\partial\Omega_{ij}} \to \Omega_i \text{ 时.}
\tag{2.1.12}
$$

引理 2.1.6   对于不连续动力系统 (2.1.1)—(2.1.3), 在 t_m 时刻, $\boldsymbol{x}(t_m) = \boldsymbol{x}_m \in \partial\Omega_{ij}$. 对于任意小的 $\varepsilon > 0$, 存在时间区间 $[t_{m-\varepsilon}, t_m)$. 假定 $\boldsymbol{x}^{(\alpha)}(t_{m-}) = \boldsymbol{x}_m$. 区域内的流 $\boldsymbol{x}^{(\alpha)}(t)$ 关于时间 t 是 $C_{[t_{m-\varepsilon}, t_m)}^{r_\alpha}$ 连续的, 且 $\left\| \dfrac{\mathrm{d}^{r_\alpha+1} \boldsymbol{x}^{(\alpha)}}{\mathrm{d}t^{r_\alpha+1}} \right\| < \infty (r_\alpha \geqslant 1)$. 区域内的流 $\boldsymbol{x}^{(i)}(t)$ 和流 $\boldsymbol{x}^{(j)}(t)$ 相对于边界 $\partial\Omega_{ij}$ 是第二类不可穿越流 (源流) 的充要条件为

$$
\left.
\begin{array}{l}
\boldsymbol{n}_{\partial\Omega_{ij}}^{\mathrm{T}} \cdot \boldsymbol{F}^{(i)}(t_{m+}) < 0, \\[2mm]
\boldsymbol{n}_{\partial\Omega_{ij}}^{\mathrm{T}} \cdot \boldsymbol{F}^{(j)}(t_{m+}) > 0,
\end{array}
\right\} \quad \text{当 } \boldsymbol{n}_{\partial\Omega_{ij}} \to \Omega_j \text{ 时,}
$$

或

$$
\left.
\begin{array}{l}
\boldsymbol{n}_{\partial\Omega_{ij}}^{\mathrm{T}} \cdot \boldsymbol{F}^{(i)}(t_{m+}) > 0, \\[2mm]
\boldsymbol{n}_{\partial\Omega_{ij}}^{\mathrm{T}} \cdot \boldsymbol{F}^{(j)}(t_{m+}) < 0,
\end{array}
\right\} \quad \text{当 } \boldsymbol{n}_{\partial\Omega_{ij}} \to \Omega_i \text{ 时,}
\tag{2.1.13}
$$

其中 $\boldsymbol{F}^{(\alpha)}(t_{m+}) = \boldsymbol{F}^{(\alpha)}(\boldsymbol{x}, t_{m+}, \boldsymbol{p}_\alpha)(\alpha \in \{i, j\})$.

除了半穿越流、源流和汇流外, 当系统的流在区域的边界有奇异性时, 可以定义流在边界上的临界状态并得到充要条件.

定义 2.1.9   考虑不连续动力系统 (2.1.1)—(2.1.3), t_m 时刻在两个相邻子域 $\Omega_\alpha(\alpha = i, j)$ 的边界 $\partial\Omega_{ij}$ 上点为 $\boldsymbol{x}(t_m) = \boldsymbol{x}_m \in \partial\Omega_{ij}$. 对任意 $\varepsilon > 0$, 存在两个时间区间 $[t_{m-\varepsilon}, t_m)$ 和 $(t_m, t_{m+\varepsilon})$. 假设有 $\boldsymbol{x}^{(\alpha)}(t_{m\pm}) = \boldsymbol{x}_m(\alpha \in \{i, j\})$. 如果区域内的流 $\boldsymbol{x}^{(\alpha)}(t)(\alpha = i, j)$ 是 $C_{[t_{m-\varepsilon}, t_m)}^{r_\alpha}(r_\alpha \geqslant 2)$. 若有

$$
\boldsymbol{n}_{\partial\Omega_{ij}}^{\mathrm{T}} \cdot \boldsymbol{x}^{(\alpha)}(t_{m-}) = 0 \text{ 和 (或) } \boldsymbol{n}_{\partial\Omega_{ij}}^{\mathrm{T}} \cdot \boldsymbol{x}^{(\alpha)}(t_{m+}) = 0,
\tag{2.1.14}
$$

则称边界上的点 $\boldsymbol{x}_m$ 关于流 $\boldsymbol{x}^{(\alpha)}(t)$ 是临界的.

引理 2.1.7   对于不连续动力系统 (2.1.1)—(2.1.3), 在 t_m 时刻, $\boldsymbol{x}(t_m) = \boldsymbol{x}_m \in \partial\Omega_{ij}$. 对于任意小的 $\varepsilon > 0$, 存在两个时间区间 $[t_{m-\varepsilon}, t_m)$ 和 $(t_m, t_{m+\varepsilon})$. 假定 $\boldsymbol{x}^{(i)}(t_{m\pm}) = \boldsymbol{x}_m$. 流 $\boldsymbol{x}^{(\alpha)}(t)$ 关于时间 t 分别是 $C_{[t_{m-\varepsilon}, t_m)}^{r_\alpha}$ 和 (或)$C_{(t_m, t_{m+\varepsilon})}^{r_\alpha}(r_\alpha \geqslant 2, \alpha = i, j)$ 连续的. 向量场 $\boldsymbol{F}^{(\alpha)}(\boldsymbol{x}, t, \boldsymbol{p}_\alpha)$ 是 $C_{[t_{m-\varepsilon}, t_m)}^{r_\alpha-1}$ 和 (或)$C_{(t_m, t_{m+\varepsilon})}^{r_\alpha-1}(r_\alpha \geqslant 2, \alpha = i, j)$ 连续的, 且 $\left\| \dfrac{\mathrm{d}^{r_\alpha+1} \boldsymbol{x}^{(\alpha)}}{\mathrm{d}t^{r_\alpha+1}} \right\| < \infty$. 边界 $\partial\Omega_{ij}$ 上的点 $\boldsymbol{x}_m$ 关于流 $\boldsymbol{x}^{(\alpha)}(t)$ 是临界的充要条件为

$$\boldsymbol{n}_{\partial\Omega_{ij}}^{\mathrm{T}} \cdot \boldsymbol{F}^{(\alpha)}(t_{m-}) = 0 \ \text{和（或）} \ \boldsymbol{n}_{\partial\Omega_{ij}}^{\mathrm{T}} \cdot \boldsymbol{F}^{(\alpha)}(t_{m+}) = 0. \tag{2.1.15}$$

区域 Ω_α 内的流 $\boldsymbol{x}^{(\alpha)}(t_{m\pm})$ 的切向量与边界 $\partial\Omega_{ij}(\alpha \in \{i,j\})$ 的法方向是垂直的，所以此时区域内的流与相应边界是相切的. 因此有以下定义.

定义 2.1.10　对于不连续动力系统 (2.1.1)—(2.1.3)，在 t_m 时刻，$\boldsymbol{x}(t_m) = \boldsymbol{x}_m \in \partial\Omega_{ij}$. 对于任意小的 $\varepsilon > 0$，存在两个时间区间 $[t_{m-\varepsilon}, t_m)$ 和 $(t_m, t_{m+\varepsilon}]$. 假定 $\boldsymbol{x}^{(\alpha)}(t_{m\pm}) = \boldsymbol{x}_m(\alpha \in \{i,j\})$. 流 $\boldsymbol{x}^{(\alpha)}(t)$ 关于时间 t 是 $C^{r_\alpha}_{[t_{m-\varepsilon}, t_m)}$ 和 $C^{r_\alpha}_{(t_m, t_{m+\varepsilon}]}(r_\alpha \geqslant 1)$ 连续的. 若有以下条件成立

$$\left.\begin{array}{l} \boldsymbol{n}_{\partial\Omega_{ij}}^{\mathrm{T}} \cdot \dot{\boldsymbol{x}}^{(\alpha)}(t_{m\pm}) = 0; \\[4pt] \left.\begin{array}{l} \boldsymbol{n}_{\partial\Omega_{ij}}^{\mathrm{T}} \cdot [\boldsymbol{x}^{(\alpha)}(t_{m-}) - \boldsymbol{x}^{(\alpha)}(t_{m-\varepsilon})] > 0, \\[3pt] \boldsymbol{n}_{\partial\Omega_{ij}}^{\mathrm{T}} \cdot [\boldsymbol{x}^{(\alpha)}(t_{m+\varepsilon}) \quad \boldsymbol{x}^{(\alpha)}(t_{m+})] < 0, \end{array}\right\} \text{当} \boldsymbol{n}_{\partial\Omega_{ij}} \to \Omega_\beta \text{时,} \\[12pt] \text{或} \\[6pt] \left.\begin{array}{l} \boldsymbol{n}_{\partial\Omega_{ij}}^{\mathrm{T}} \cdot [\boldsymbol{x}^{(\alpha)}(t_{m-}) - \boldsymbol{x}^{(\alpha)}(t_{m-\varepsilon})] < 0, \\[3pt] \boldsymbol{n}_{\partial\Omega_{ij}}^{\mathrm{T}} \cdot [\boldsymbol{x}^{(\alpha)}(t_{m+\varepsilon}) - \boldsymbol{x}^{(\alpha)}(t_{m+})] > 0, \end{array}\right\} \text{当} \boldsymbol{n}_{\partial\Omega_{ij}} \to \Omega_\alpha \text{时,} \end{array}\right\} \tag{2.1.16}$$

则称区域 Ω_α 内的流 $\boldsymbol{x}^{(\alpha)}(t)$ 在点 $\boldsymbol{x}_m$ 与边界相切，其中 $\alpha, \beta \in \{i,j\}$，但 $\beta \neq \alpha$.

此时系统的流也称为"相切流"或"擦边流". 以下是两种形式的判别条件.

引理 2.1.8　对于不连续动力系统 (2.1.1)—(2.1.3)，在 t_m 时刻，$\boldsymbol{x}(t_m) = \boldsymbol{x}_m \in \partial\Omega_{ij}$. 对于任意小的 $\varepsilon > 0$，存在两个时间区间 $[t_{m-\varepsilon}, t_m)$ 和 $(t_m, t_{m+\varepsilon}]$. 假定 $\boldsymbol{x}^{(i)}(t_{m\pm}) = \boldsymbol{x}_m$. 流 $\boldsymbol{x}^{(\alpha)}(t)$ 关于时间 t 分别是 $C^{r_\alpha}_{[t_{m-\varepsilon}, t_m)}$ 和 $C^{r_\alpha}_{(t_m, t_{m+\varepsilon}]}(r_\alpha \geqslant 2, \alpha = i, j)$ 连续的，并且 $\left\|\dfrac{\mathrm{d}^{r_\alpha}\boldsymbol{x}^{(\alpha)}}{\mathrm{d}t^{r_\alpha}}\right\| < \infty$. 区域 Ω_α 内的流 $\boldsymbol{x}^{(\alpha)}(t)$ 在点 $\boldsymbol{x}_m$ 与边界相切的充要条件为

$$\left.\begin{array}{l} \boldsymbol{n}_{\partial\Omega_{ij}}^{\mathrm{T}} \cdot \dot{\boldsymbol{x}}^{(\alpha)}(t_{m\pm}) = 0; \\[4pt] \left.\begin{array}{l} \boldsymbol{n}_{\partial\Omega_{ij}}^{\mathrm{T}} \cdot \dot{\boldsymbol{x}}^{(\alpha)}(t_{m-\varepsilon}) > 0, \\[3pt] \boldsymbol{n}_{\partial\Omega_{ij}}^{\mathrm{T}} \cdot \dot{\boldsymbol{x}}^{(\alpha)}(t_{m+\varepsilon}) < 0, \end{array}\right\} \text{当} \boldsymbol{n}_{\partial\Omega_{ij}} \to \Omega_\beta \text{时,} \\[12pt] \text{或} \\[6pt] \left.\begin{array}{l} \boldsymbol{n}_{\partial\Omega_{ij}}^{\mathrm{T}} \cdot \dot{\boldsymbol{x}}^{(\alpha)}(t_{m-\varepsilon}) < 0, \\[3pt] \boldsymbol{n}_{\partial\Omega_{ij}}^{\mathrm{T}} \cdot \dot{\boldsymbol{x}}^{(\alpha)}(t_{m+\varepsilon}) > 0, \end{array}\right\} \text{当} \boldsymbol{n}_{\partial\Omega_{ij}} \to \Omega_\alpha \text{时,} \end{array}\right\} \tag{2.1.17}$$

其中 $\alpha, \beta \in \{i,j\}$，但 $\beta \neq \alpha$.

引理 2.1.9　对于不连续动力系统 (2.1.1)—(2.1.13)，在 t_m 时刻，$\boldsymbol{x}(t_m) = \boldsymbol{x}_m \in \partial\Omega_{ij}$. 对于任意小的 $\varepsilon > 0$，存在两个时间区间 $[t_{m-\varepsilon}, t_m)$ 和 $(t_m, t_{m+\varepsilon}]$. 假定 $\boldsymbol{x}^{(i)}(t_{m\pm}) = \boldsymbol{x}_m$. 向量场 $\boldsymbol{F}^{(\alpha)}(\boldsymbol{x}, t, \boldsymbol{p}_\alpha)$ 关于时间 t 分别是 $C^{r_\alpha}_{[t_{m-\varepsilon}, t_m)}$ 和

$C^{r_\alpha}_{(t_m,t_{m+\varepsilon}]}(r_\alpha \geqslant 1, \alpha = i,j)$ 连续的, 且 $\left\|\dfrac{\mathrm{d}^{r_\alpha+1}\boldsymbol{x}^{(\alpha)}}{\mathrm{d}t^{r_\alpha+1}}\right\| < \infty$. 区域 Ω_α 内的流 $\boldsymbol{x}^{(\alpha)}(t)$ 在点 $\boldsymbol{x}_m$ 与边界相切的充要条件为

$$
\left.
\begin{aligned}
\boldsymbol{n}^{\mathrm{T}}_{\partial\Omega_{ij}} \cdot \boldsymbol{F}^{(\alpha)}(t_{m\pm}) &= 0; \\
\left.\begin{aligned}
\boldsymbol{n}^{\mathrm{T}}_{\partial\Omega_{ij}} \cdot \boldsymbol{F}^{(\alpha)}(t_{m-\varepsilon}) &> 0, \\
\boldsymbol{n}^{\mathrm{T}}_{\partial\Omega_{ij}} \cdot \boldsymbol{F}^{(\alpha)}(t_{m+\varepsilon}) &< 0,
\end{aligned}\right\} \quad &\text{当 } \boldsymbol{n}_{\partial\Omega_{ij}} \to \Omega_\beta \text{ 时,} \\
\text{或} \qquad\qquad\qquad & \\
\left.\begin{aligned}
\boldsymbol{n}^{\mathrm{T}}_{\partial\Omega_{ij}} \cdot \boldsymbol{F}^{(\alpha)}(t_{m-\varepsilon}) &< 0, \\
\boldsymbol{n}^{\mathrm{T}}_{\partial\Omega_{ij}} \cdot \boldsymbol{F}^{(\alpha)}(t_{m+\varepsilon}) &> 0,
\end{aligned}\right\} \quad &\text{当 } \boldsymbol{n}_{\partial\Omega_{ij}} \to \Omega_\alpha \text{ 时,}
\end{aligned}
\right\} \tag{2.1.18}
$$

其中 $\alpha, \beta \in \{i,j\}$, 但 $\beta \neq \alpha$.

为方便起见, 假设不连续动力系统在状态空间中的边界是 $n-1$ 维平面. 下面考虑与 $n-1$ 维平面相切的情形. 此时, $n-1$ 维平面边界的法方向 $\boldsymbol{n}_{\partial\Omega_{ij}}$ 不会随着位置的变化而变化, 那么流与这种平面边界相切的条件能有助于理解流与一般边界相切的概念. 与一般边界相切的情形后面进行讨论.

引理 2.1.10　对于不连续动力系统 $(2.1.1)$—$(2.1.3)$, 在 t_m 时刻, $n-1$ 维平面上的点 $\boldsymbol{x}(t_m) = \boldsymbol{x}_m \in \partial\Omega_{ij}$. 对于任意小的 $\varepsilon > 0$, 存在两个时间区间 $[t_{m-\varepsilon},t_m)$ 和 $(t_m,t_{m+\varepsilon}]$. 假定 $\boldsymbol{x}^{(i)}(t_{m\pm}) = \boldsymbol{x}_m$. 流 $\boldsymbol{x}^{(\alpha)}(t)$ 关于时间 t 分别是 $C^{r_\alpha}_{[t_{m-\varepsilon},t_m)}$ 和 $C^{r_\alpha}_{(t_m,t_{m+\varepsilon}]}(r_\alpha \geqslant 3, \alpha = i,j)$ 连续的, 且 $\left\|\dfrac{\mathrm{d}^{r_\alpha}\boldsymbol{x}^{(\alpha)}}{\mathrm{d}t^{r_\alpha}}\right\| < \infty$. 区域 Ω_α 内的流 $\boldsymbol{x}^{(\alpha)}(t)$ 在点 $\boldsymbol{x}_m$ 与 $(n-1)$ 维平面边界相切的充要条件为

$$
\left.
\begin{aligned}
\boldsymbol{n}^{\mathrm{T}}_{\partial\Omega_{ij}} \cdot \dot{\boldsymbol{x}}^{(\alpha)}(t_{m\pm}) &= 0; \\
\boldsymbol{n}^{\mathrm{T}}_{\partial\Omega_{ij}} \cdot \ddot{\boldsymbol{x}}^{(\alpha)}(t_{m-\varepsilon}) &< 0, \quad \text{当 } \boldsymbol{n}_{\partial\Omega_{ij}} \to \Omega_\beta \text{ 时,} \\
\text{或} \qquad\qquad\qquad\qquad & \\
\boldsymbol{n}^{\mathrm{T}}_{\partial\Omega_{ij}} \cdot \ddot{\boldsymbol{x}}^{(\alpha)}(t_{m-\varepsilon}) &> 0, \quad \text{当 } \boldsymbol{n}_{\partial\Omega_{ij}} \to \Omega_\alpha \text{ 时,}
\end{aligned}
\right\} \tag{2.1.19}
$$

其中 $\alpha, \beta \in \{i,j\}$, 但 $\beta \neq \alpha$.

引理 2.1.11　对于不连续动力系统 $(2.1.1)$—$(2.1.3)$, 在 t_m 时刻, $n-1$ 维平面上的点 $\boldsymbol{x}(t_m) = \boldsymbol{x}_m \in \partial\Omega_{ij}$. 对于任意小的 $\varepsilon > 0$, 存在两个时间区间 $[t_{m-\varepsilon},t_m)$ 和 $(t_m,t_{m+\varepsilon}]$. 假定 $\boldsymbol{x}^{(i)}(t_{m\pm}) = \boldsymbol{x}_m$. 向量场 $\boldsymbol{F}^{(\alpha)}(\boldsymbol{x},t,\boldsymbol{p}_\alpha)$ 关于时间 t 分别是 $C^{r_\alpha}_{[t_{m-\varepsilon},t_m)}$ 和 $C^{r_\alpha}_{(t_m,t_{m+\varepsilon}]}(r_\alpha \geqslant 2, \alpha = i,j)$ 连续的, 且 $\left\|\dfrac{\mathrm{d}^{r_\alpha+1}\boldsymbol{x}^{(\alpha)}}{\mathrm{d}t^{r_\alpha+1}}\right\| < \infty$. 区域 Ω_α 内的流 $\boldsymbol{x}^{(\alpha)}(t)$

在点 $\boldsymbol{x}_m$ 与 $n-1$ 维平面边界相切的充要条件为

$$
\left.\begin{array}{c}
\boldsymbol{n}_{\partial\Omega_{ij}}^{\mathrm{T}} \cdot \boldsymbol{F}^{(\alpha)}(t_{m\pm}) = 0; \\[2mm]
\boldsymbol{n}_{\partial\Omega_{ij}}^{\mathrm{T}} \cdot D\boldsymbol{F}^{(\alpha)}(t_{m\pm}) < 0, \quad \text{当 } \boldsymbol{n}_{\partial\Omega_{ij}} \to \Omega_\beta \text{ 时}, \\[3mm]
\boldsymbol{n}_{\partial\Omega_{ij}} \cdot D\boldsymbol{F}^{(\alpha)}(t_{m\pm}) > 0, \quad \text{当 } \boldsymbol{n}_{\partial\Omega_{ij}} \to \Omega_\alpha \text{ 时},
\end{array}\right\}
\tag{2.1.20}
$$

或

其中 $\alpha, \beta \in \{i, j\}$ 但 $\beta \neq \alpha$, 且有全导数 $(p, q \in \{1, 2, \cdots, n\})$

$$
D\boldsymbol{F}^{(\alpha)}(t_{m\pm}) = \left\{ \left[\frac{\partial \boldsymbol{F}_p^{(\alpha)}(\boldsymbol{x}, t, p_\alpha)}{\partial x_q}\right]_{n \times n} \boldsymbol{F}^{(\alpha)}(t_{m\pm}) + \frac{\partial \boldsymbol{F}^{(\alpha)}(\boldsymbol{x}, t, p_\alpha)}{\partial t} \right\}\Big|_{(\boldsymbol{x}_m, t_{m\pm})}.
$$

定义 2.1.11 对于不连续动力系统 (2.1.1)—(2.1.3), 在 t_m 时刻, $n-1$ 维平面上的点 $\boldsymbol{x}(t_m) = \boldsymbol{x}_m \in \partial\Omega_{ij}$. 对于任意小的 $\varepsilon > 0$, 存在两个时间区间 $[t_{m-\varepsilon}, t_m)$ 和 $(t_m, t_{m+\varepsilon}]$. 假定 $\boldsymbol{x}^{(i)}(t_{m\pm}) = \boldsymbol{x}_m (\alpha = i, j)$. 流 $\boldsymbol{x}^{(\alpha)}(t)$ 关于时间 t 分别是 $C_{[t_{m-\varepsilon}, t_m)}^{r_\alpha}$ 和 $C_{(t_m, t_{m+\varepsilon}]}^{r_\alpha} (r_\alpha \geqslant 2l_\alpha, l_\alpha \geqslant 1)$ 连续的. 若有以下条件成立

$$
\left.\begin{array}{c}
\boldsymbol{n}_{\partial\Omega_{ij}}^{\mathrm{T}} \cdot \dfrac{\mathrm{d}^{k_\alpha} \boldsymbol{x}^{(\alpha)}(t)}{\mathrm{d} t^{k_\alpha}}\Big|_{t=t_{m\pm}} = 0, \quad k_\alpha = 1, 2, \cdots, 2l_\alpha - 1; \\[3mm]
\boldsymbol{n}_{\partial\Omega_{ij}}^{\mathrm{T}} \cdot \dfrac{\mathrm{d}^{2l_\alpha} \boldsymbol{x}^{(\alpha)}(t)}{\mathrm{d} t^{2l_\alpha}}\Big|_{t=t_{m\pm}} \neq 0; \\[3mm]
\left.\begin{array}{l}
\boldsymbol{n}_{\partial\Omega_{ij}}^{\mathrm{T}} \cdot [\boldsymbol{x}^{(\alpha)}(t_{m-}) - \boldsymbol{x}^{(\alpha)}(t_{m-\varepsilon})] > 0, \\[2mm]
\boldsymbol{n}_{\partial\Omega_{ij}}^{\mathrm{T}} \cdot [\boldsymbol{x}^{(\alpha)}(t_{m+\varepsilon}) - \boldsymbol{x}^{(\alpha)}(t_{m+})] < 0,
\end{array}\right\} \quad \text{当 } \boldsymbol{n}_{\partial\Omega_{ij}} \to \Omega_\beta \text{ 时}, \\[4mm]
\left.\begin{array}{l}
\boldsymbol{n}_{\partial\Omega_{ij}}^{\mathrm{T}} \cdot [\boldsymbol{x}^{(\alpha)}(t_{m-}) - \boldsymbol{x}^{(\alpha)}(t_{m-\varepsilon})] < 0, \\[2mm]
\boldsymbol{n}_{\partial\Omega_{ij}}^{\mathrm{T}} \cdot [\boldsymbol{x}^{(\alpha)}(t_{m+\varepsilon}) - \boldsymbol{x}^{(\alpha)}(t_{m+})] > 0,
\end{array}\right\} \quad \text{当 } \boldsymbol{n}_{\partial\Omega_{ij}} \to \Omega_\alpha \text{ 时},
\end{array}\right\}
\tag{2.1.21}
$$

或

则称区域 Ω_α 内的流 $\boldsymbol{x}^{(\alpha)}(t)$ 在点 $\boldsymbol{x}_m$ 与边界 $2l_\alpha - 1$ 阶相切, 其中 $\alpha, \beta \in \{i, j\}$ 但 $\beta \neq \alpha$.

2.2 不连续动力系统的边界奇异性

本节阐述用于分析不连续动力系统流的局部奇异性的度量工具 ——G 函数的定义及其思想.

在研究非线性动力系统流的复杂行为时, 通常会利用性质良好的动力系统进行比较. 这种性质良好的动力系统的流称为参照流, 并假设参照流总是处于由性质良好的动力系统所定义的一个特殊曲面 (称为参照面) 上. 要研究的动力系统的流称

为比较流. 在一个小的时间范围内, 参照流与比较流之间的差在参照面法方向上的时间变化率是非常重要的研究指标, 需要用一种新的函数来进行度量. 这种新的度量函数就称为 G 函数. 下面简单介绍 G 函数的思想.

对于任意小的正数 ε, 在任意时刻 t 给定两个时间区间 $[t-\varepsilon, t)$ 和 $(t, t+\varepsilon]$, 在定义域 Ω_α $(\alpha = i, j)$ 内的流由方程 (2.1.1) 确定, 边界上的流由方程 (2.1.3) 确定. 不同时刻的区域内的流与边界流位移向量的差分别表示为 $\boldsymbol{x}_{t-\varepsilon}^{(\alpha)} - \boldsymbol{x}_{t-\varepsilon}^{(0)}$, $\boldsymbol{x}_t^{(\alpha)} - \boldsymbol{x}_t^{(0)}$, $\boldsymbol{x}_{t+\varepsilon}^{(\alpha)} - \boldsymbol{x}_{t+\varepsilon}^{(0)}$. 不同时刻的边界流 $\boldsymbol{x}^{(0)}(t)$ 处相应的法向量为 ${}^{t-\varepsilon}\boldsymbol{n}_{\partial\Omega_{ij}}$, ${}^t\boldsymbol{n}_{\partial\Omega_{ij}}$ 和 ${}^{t+\varepsilon}\boldsymbol{n}_{\partial\Omega_{ij}}$, 并且边界流 $\boldsymbol{x}^{(0)}(t)$ 的切方向分别表示为 ${}^{t-\varepsilon}\boldsymbol{t}_{\partial\Omega_{ij}}$, ${}^t\boldsymbol{t}_{\partial\Omega_{ij}}$ 和 ${}^{t+\varepsilon}\boldsymbol{t}_{\partial\Omega_{ij}}$. 定义不同时刻的区域内的流和边界流的位移向量差与法向量的乘积为

$$\left.\begin{aligned}
\mathrm{d}_{t-\varepsilon}^{(\alpha)} &= {}^{t-\varepsilon}\boldsymbol{n}_{\partial\Omega_{ij}}^{\mathrm{T}} \cdot (\boldsymbol{x}_{t-\varepsilon}^{(\alpha)} - \boldsymbol{x}_{t-\varepsilon}^{(0)}), \\
\mathrm{d}_t^{(\alpha)} &= {}^t\boldsymbol{n}_{\partial\Omega_{ij}}^{\mathrm{T}} \cdot (\boldsymbol{x}_t^{(\alpha)} - \boldsymbol{x}_t^{(0)}), \\
\mathrm{d}_{t+\varepsilon}^{(\alpha)} &= {}^{t+\varepsilon}\boldsymbol{n}_{\partial\Omega_{ij}}^{\mathrm{T}} \cdot (\boldsymbol{x}_{t+\varepsilon}^{(\alpha)} - \boldsymbol{x}_{t+\varepsilon}^{(0)}),
\end{aligned}\right\}$$

其中在 t 时刻边界 $\partial\Omega_{ij}$ 上 $\boldsymbol{x}^{(0)}(t)$ 处相应的法向量为

$$ {}^t\boldsymbol{n}_{\partial\Omega_{ij}}(\boldsymbol{x}^{(0)}(t), t, \boldsymbol{\lambda}) = \left(\frac{\partial\varphi_{ij}}{\partial x_1^{(0)}}, \frac{\partial\varphi_{ij}}{\partial x_2^{(0)}}, \cdots, \frac{\partial\varphi_{ij}}{\partial x_n^{(0)}}\right)_{(t, \boldsymbol{x}^{(0)})}^{\mathrm{T}}. \tag{2.2.1}$$

如果此刻的法向量是单位向量, 则位移向量差和法向量的乘积就是位移向量差在法方向上的投影. 因此, 区域内的流与边界流的差在法方向上的变化率是度量区域内的流与边界流关系的重要指标. 下面首先阐述 G 函数的概念.

定义 2.2.1　对于不连续动力系统 (2.1.1)—(2.1.3), 假设在域 $\Omega_\alpha(\alpha \in \{i, j\})$ 内满足初始条件 $(t_0, \boldsymbol{x}_0^{(\alpha)})$ 的流为 $\boldsymbol{x}_t^{(\alpha)} = \boldsymbol{\Phi}(t_0, \boldsymbol{x}_0^{(\alpha)}, \boldsymbol{p}_\alpha, t)$. 在边界 $\partial\Omega_{ij}$ 上满足初始条件 $(t_0, \boldsymbol{x}_0^{(0)})$ 的边界流为 $\boldsymbol{x}_t^{(0)} = \boldsymbol{\Phi}(t_0, \boldsymbol{x}_0^{(0)}, \boldsymbol{\lambda}, t)$. 对于任意小的 $\varepsilon > 0$, 存在两个时间区间 $[t-\varepsilon, t)$ 和 $(t, t+\varepsilon]$, 那么区域内的流 $\boldsymbol{x}_t^{(\alpha)}$ 和边界流 $\boldsymbol{x}_t^{(0)}$ 在边界 $\partial\Omega_{ij}$ 法方向上的零阶 G 函数定义为

$$\left.\begin{aligned}
&G_{\partial\Omega_{ij}}^{(0,\alpha)}(\boldsymbol{x}_t^{(0)}, t_-, \boldsymbol{x}_{t_-}^{(\alpha)}, \boldsymbol{p}_\alpha, \boldsymbol{\lambda}) \\
&= \lim_{\varepsilon \to 0} \frac{1}{\varepsilon}\Big[{}^t\boldsymbol{n}_{\partial\Omega_{ij}}^{\mathrm{T}} \cdot (\boldsymbol{x}_{t_-}^{(\alpha)} - \boldsymbol{x}_t^{(0)}) - {}^{t-\varepsilon}\boldsymbol{n}_{\partial\Omega_{ij}}^{\mathrm{T}} \cdot (\boldsymbol{x}_{t-\varepsilon}^{(\alpha)} - \boldsymbol{x}_{t-\varepsilon}^{(0)})\Big], \\
&G_{\partial\Omega_{ij}}^{(0,\alpha)}(\boldsymbol{x}_t^{(0)}, t_+, \boldsymbol{x}_{t_+}^{(\alpha)}, \boldsymbol{p}_\alpha, \boldsymbol{\lambda}) \\
&= \lim_{\varepsilon \to 0} \frac{1}{\varepsilon}\Big[{}^{t+\varepsilon}\boldsymbol{n}_{\partial\Omega_{ij}}^{\mathrm{T}} \cdot (\boldsymbol{x}_{t+\varepsilon}^{(\alpha)} - \boldsymbol{x}_{t+\varepsilon}^{(0)}) - {}^t\boldsymbol{n}_{\partial\Omega_{ij}}^{\mathrm{T}} \cdot (\boldsymbol{x}_{t_+}^{(\alpha)} - \boldsymbol{x}_t^{(0)})\Big],
\end{aligned}\right\} \tag{2.2.2}$$

其中 $t_\pm = t \pm 0$ 表示流在区域内而不在区域的边界上.

由于流 $\boldsymbol{x}_t^{(\alpha)}$ 和 $\boldsymbol{x}_t^{(0)}$ 分别是方程 (2.1.1) 和 (2.1.3) 的解, 所以它们的导数存在. 利用 Taylor 级数进行展开, (2.2.2) 式变为

$$G_{\partial\Omega_{ij}}^{(0,\alpha)}(\boldsymbol{x}_t^{(0)}, t_\pm, \boldsymbol{x}_{t_\pm}^{(\alpha)}, \boldsymbol{p}_\alpha, \boldsymbol{\lambda}) = D_{\boldsymbol{x}_t^{(0)}}{}^t\boldsymbol{n}_{\partial\Omega_{ij}}^{\mathrm{T}} \cdot (\boldsymbol{x}_{t_\pm}^{(\alpha)} - \boldsymbol{x}_t^{(0)}) + {}^t\boldsymbol{n}_{\partial\Omega_{ij}}^{\mathrm{T}} \cdot (\dot{\boldsymbol{x}}_{t_\pm}^{(\alpha)} - \dot{\boldsymbol{x}}_t^{(0)}), \tag{2.2.3}$$

其中 $D_{\boldsymbol{x}_t^{(0)}}(\cdot) = \dfrac{\partial(\cdot)}{\partial \boldsymbol{x}_t^{(0)}} \dot{\boldsymbol{x}}_t^{(0)} + \dfrac{\partial(\cdot)}{\partial t}$ 为全导数.

对于不连续动力系统 (2.1.1)—(2.1.3), 如果区域内的流 $\boldsymbol{x}^{(\alpha)}(t)$ 在 t_m 时刻与其边界流零阶接触, 即满足条件 $\boldsymbol{x}^{(\alpha)}(t_{m\pm}) = \boldsymbol{x}_m = \boldsymbol{x}^{(0)}(t_m)$, 则相应的零阶 G 函数的表达形式为

$$
\begin{aligned}
& G_{\partial\Omega_{ij}}^{(0,\alpha)}(\boldsymbol{x}_m^{(0)}, t_{m\pm}, \boldsymbol{x}_{t_{m\pm}}^{(\alpha)}, \boldsymbol{p}_\alpha, \boldsymbol{\lambda}) \\
& = G_{\partial\Omega_{ij}}^{(0,\alpha)}(\boldsymbol{x}_m, t_{m\pm}, \boldsymbol{p}_\alpha, \boldsymbol{\lambda}) \\
& = \boldsymbol{n}_{\partial\Omega_{ij}}^T(\boldsymbol{x}_m^{(0)}, t_{m\pm}, \boldsymbol{\lambda}) \cdot (\dot{\boldsymbol{x}}_{t_{m\pm}}^{(\alpha)} - \dot{\boldsymbol{x}}_{t_m}^{(0)}) \\
& = \boldsymbol{n}_{\partial\Omega_{ij}}^T(\boldsymbol{x}_m^{(0)}, t_{m\pm}, \boldsymbol{\lambda}) \cdot \left(\boldsymbol{F}^{(\alpha)}(\boldsymbol{x}_{t_{m\pm}}^{(\alpha)}, t_{m\pm}, \boldsymbol{p}_\alpha) - \boldsymbol{F}^{(0)}(\boldsymbol{x}_{t_{m\pm}}^{(0)}, t_{m\pm}, \boldsymbol{\lambda}) \right).
\end{aligned}
\tag{2.2.4}
$$

可以看出, $G_{\partial\Omega_{ij}}^{(0,\alpha)}\left(\boldsymbol{x}_m, t_{m\pm}, \boldsymbol{x}_{t_{m\pm}}^{(\alpha)}, \boldsymbol{p}_\alpha, \boldsymbol{\lambda}\right)$ 是位移差与法向量 $\boldsymbol{n}_{\partial\Omega_{ij}}(\boldsymbol{x}_m, t_m, \boldsymbol{\lambda})$ 内积的时间变化率. 如果不连续动力系统的流穿过边界 $\partial\Omega_{ij}$ 时, $G_{\partial\Omega_{ij}}^{(0,i)} \neq G_{\partial\Omega_{ij}}^{(0,j)}$. 但是没有边界时动力系统是连续的, 则 $G_{\partial\Omega_{ij}}^{(0,i)} = G_{\partial\Omega_{ij}}^{(0,j)}$. 相关理论可参考文献 [6].

零阶 G 函数表示的位移差在法方向上的时间变化率也可以被称为是法方向上流的相对速度. 那么要研究这种相对速度关于时间的变化率, 就需要用到如下的高阶 G 函数.

定义 2.2.2 对于不连续动力系统 (2.1.1)—(2.1.3), 假设在域 $\Omega_\alpha(\alpha \in \{i, j\}$ 内满足初始条件 $(t_0, \boldsymbol{x}_0^{(\alpha)})$ 的流为 $\boldsymbol{x}_t^{(\alpha)} = \boldsymbol{\Phi}(t_0, \boldsymbol{x}_0^{(\alpha)}, \boldsymbol{p}_\alpha, t)$. 在边界 $\partial\Omega_{ij}$ 上满足初始条件 $(t_0, \boldsymbol{x}_0^{(0)})$ 的边界流为 $\boldsymbol{x}_t^{(0)} = \boldsymbol{\Phi}(t_0, \boldsymbol{x}_0^{(0)}, \boldsymbol{\lambda}, t)$. 对于任意小的 $\varepsilon > 0$, 存在两个时间区间 $[t-\varepsilon, t)$ 和 $(t, t+\varepsilon]$. 在 $[t-\varepsilon, t)$ 上存在流 $\boldsymbol{x}_t^{(\alpha)}$ $(\alpha \in \{i, j\})$, 在 $(t, t+\varepsilon]$ 上存在流 $\boldsymbol{x}_t^{(\beta)}$ $(\beta \in \{i, j\})$. $\boldsymbol{F}^{(\alpha)}(\boldsymbol{x}^{(\alpha)}, t, \boldsymbol{p}_\alpha)$ 和 $\boldsymbol{F}^{(0)}(\boldsymbol{x}^{(0)}, t, \boldsymbol{\lambda})$ 关于时间 t 是 $C_{[t-\varepsilon, t+\varepsilon]}^{r_\alpha}$ $(r_\alpha \geqslant k+1)$ 连续的. 区域内的流 $\boldsymbol{x}_t^{(\alpha)}$ $(\alpha \in \{i, j\})$ 和边界流 $\boldsymbol{x}_t^{(0)}$ 关于时间 t 是 $C_{[t-\varepsilon, t)}^{r_\alpha+1}$ 或 $C_{(t, t+\varepsilon]}^{r_\alpha+1}$ 连续的, 且分别满足 $\left\| \dfrac{\mathrm{d}^{r_\alpha+1}\boldsymbol{x}_t^{(\alpha)}}{\mathrm{d}t^{r_\alpha+1}} \right\| < \infty$ 和 $\left\| \dfrac{\mathrm{d}^{r_\alpha+1}\boldsymbol{x}_t^{(0)}}{\mathrm{d}t^{r_\alpha+1}} \right\| < \infty$.

那么区域内的流 $\boldsymbol{x}_t^{(\alpha)}$ 和边界流 $\boldsymbol{x}_t^{(0)}$ 在边界 $\partial\Omega_{ij}$ 法方向上的 k 阶 G 函数定义为

$$
\begin{aligned}
& G_{\partial\Omega_{ij}}^{(k,\alpha)}(\boldsymbol{x}_t^{(0)}, t_-, \boldsymbol{x}_{t_-}^{(\alpha)}, \boldsymbol{p}_\alpha, \boldsymbol{\lambda}) \\
& = \lim_{\varepsilon \to 0} \frac{(-1)^{k+2}}{\varepsilon^{k+1}} \Big[{}^t\boldsymbol{n}_{\partial\Omega_{ij}}^T \cdot (\boldsymbol{x}_{t_-}^{(\alpha)} - \boldsymbol{x}_t^{(0)}) - {}^{t-\varepsilon}\boldsymbol{n}_{\partial\Omega_{ij}}^T \cdot (\boldsymbol{x}_{t-\varepsilon}^{(\alpha)} - \boldsymbol{x}_{t-\varepsilon}^{(0)}) \\
& \quad + \sum_{s=0}^{k-1} G_{\partial\Omega_{ij}}^{(s,\alpha)}(\boldsymbol{x}_t^{(0)}, t_-, \boldsymbol{x}_{t_-}^{(\alpha)}, \boldsymbol{p}_\alpha, \boldsymbol{\lambda})(-\varepsilon)^{s+1} \Big], \\
& G_{\partial\Omega_{ij}}^{(k,\alpha)}(\boldsymbol{x}_t^{(0)}, t_+, \boldsymbol{x}_{t_+}^{(\alpha)}, \boldsymbol{p}_\alpha, \boldsymbol{\lambda}) \\
& = \lim_{\varepsilon \to 0} \frac{1}{\varepsilon^{k+1}} \Big[{}^{t+\varepsilon}\boldsymbol{n}_{\partial\Omega_{ij}}^T \cdot (\boldsymbol{x}_{t+\varepsilon}^{(\alpha)} - \boldsymbol{x}_{t+\varepsilon}^{(0)}) - {}^t\boldsymbol{n}_{\partial\Omega_{ij}}^T \cdot (\boldsymbol{x}_{t_+}^{(\alpha)} - \boldsymbol{x}_t^{(0)})
\end{aligned}
$$

$$- \sum_{s=0}^{k-1} G_{\partial\Omega_{ij}}^{(s,\alpha)}(\boldsymbol{x}_t^{(0)}, t_+, \boldsymbol{x}_{t_+}^{(\alpha)}, \boldsymbol{p}_\alpha, \boldsymbol{\lambda}) \varepsilon^{s+1} \Big]. \tag{2.2.5}$$

再次对上述方程进行 Talor 级数展开, 得到如下表达式

$$G_{\partial\Omega_{ij}}^{(k,\alpha)}(\boldsymbol{x}_t^{(0)}, t_\pm, \boldsymbol{x}_{t_\pm}^{(\alpha)}, \boldsymbol{p}_\alpha, \boldsymbol{\lambda})$$

$$= \sum_{s=0}^{k+1} C_{k+1}^s D_{\boldsymbol{x}_t^{(0)}}^{k+1-s} \,{}^t\boldsymbol{n}_{\partial\Omega_{ij}}^{\mathrm{T}} \cdot \left(\frac{\mathrm{d}^s \boldsymbol{x}_t^{(\alpha)}}{\mathrm{d}t^s} - \frac{\mathrm{d}^s \boldsymbol{x}_t^{(0)}}{\mathrm{d}t^s} \right) \Big|_{(\boldsymbol{x}_t^{(0)}, \boldsymbol{x}_{t_\pm}^{(\alpha)}, t_\pm)},$$

其中 $C_{k+1}^s = (k+1)k(k-1)\cdots(k+2-s)/s!$, $C_{k+1}^0 = 1$, $s! = 1 \times 2 \times \cdots \times s$. $k+1$ 阶 G 函数 $G_{\partial\Omega_{ij}}^{(k+1,\alpha)}$ 是 k 阶 G 函数 $G_{\partial\Omega_{ij}}^{(k,\alpha)}$ 的导函数.

如果在 t_m 时刻流 $\boldsymbol{x}^{(\alpha)}(t)$ 与边界流零阶接触, 即 $\boldsymbol{x}^{(\alpha)}(t_{m\pm}) = \boldsymbol{x}_m = \boldsymbol{x}^{(0)}(t_m)$, 且将边界法向量表示为 ${}^t\boldsymbol{n}_{\partial\Omega_{ij}}^{\mathrm{T}} = \boldsymbol{n}_{\partial\Omega_{ij}}^{\mathrm{T}}$, 则相应的 k 阶 G 函数变为

$$G_{\partial\Omega_{ij}}^{(k,\alpha)}(\boldsymbol{x}_m, t_{m\pm}, \boldsymbol{p}_\alpha, \boldsymbol{\lambda})$$

$$= \sum_{s=1}^{k+1} C_{k+1}^s D_{\boldsymbol{x}_t^{(0)}}^{k+1-s} \boldsymbol{n}_{\partial\Omega_{ij}}^{\mathrm{T}} \cdot \left(\frac{\mathrm{d}^s \boldsymbol{x}_t^{(\alpha)}}{\mathrm{d}t^s} - \frac{\mathrm{d}^s \boldsymbol{x}_t^{(0)}}{\mathrm{d}t^s} \right) \Big|_{(\boldsymbol{x}_m, t_{m\pm})}.$$

如果边界 $\partial\Omega_{ij}$ 是一条直线或与时间无关, 即 $D\boldsymbol{n}_{\partial\Omega_{ij}}^{\mathrm{T}} = 0$ 且 $\boldsymbol{n}_{\partial\Omega_{ij}}^{\mathrm{T}} \cdot \dot{\boldsymbol{x}}_t^{(0)} = 0$, 那么区域内的流 $\boldsymbol{x}_t^{(\alpha)}$ 和边界流 $\boldsymbol{x}_t^{(0)}$ 在边界 $\partial\Omega_{ij}$ 法向量方向上的 $k(k=0,1,2)$ 阶 G 函数可定义为

$$G_{\partial\Omega_{ij}}^{(0,\alpha)}(\boldsymbol{x}_m, t_{m\pm}, \boldsymbol{p}_\alpha, \boldsymbol{\lambda}) = \boldsymbol{n}_{\partial\Omega_{ij}}^{\mathrm{T}} \cdot \dot{\boldsymbol{x}}_t^{(\alpha)} |_{(\boldsymbol{x}_m, t_{m\pm})},$$

$$G_{\partial\Omega_{ij}}^{(1,\alpha)}(\boldsymbol{x}_m, t_{m\pm}, \boldsymbol{p}_\alpha, \boldsymbol{\lambda}) = \boldsymbol{n}_{\partial\Omega_{ij}}^{\mathrm{T}} \cdot \ddot{\boldsymbol{x}}_t^{(\alpha)} |_{(\boldsymbol{x}_m, t_{m\pm})}, \tag{2.2.6}$$

$$G_{\partial\Omega_{ij}}^{(2,\alpha)}(\boldsymbol{x}_m, t_{m\pm}, \boldsymbol{p}_\alpha, \boldsymbol{\lambda}) = \boldsymbol{n}_{\partial\Omega_{ij}}^{\mathrm{T}} \cdot (\boldsymbol{x}_t^{(\alpha)})^{(3)} |_{(\boldsymbol{x}_m, t_{m\pm})}.$$

今后当 $k=0$ 时, 令 $G_{\partial\Omega_{ij}}^{(0,\alpha)}(\boldsymbol{x}_m, t_{m\pm}, \boldsymbol{p}_\alpha, \boldsymbol{\lambda}) = G_{\partial\Omega_{ij}}^{(\alpha)}(\boldsymbol{x}_m, t_{m\pm}, \boldsymbol{p}_\alpha, \boldsymbol{\lambda})$.

为更好地理解 G 函数的概念, 下面通过具体例子进行说明. 取具有扰动的二维非线性 Hamilton 系统

$$\begin{cases} \dot{x} = F_1(x, y, t, p) = f_1(x, y, \mu) + g_1(x, y, t, \pi), \\ \dot{y} = F_2(x, y, t, p) = f_2(x, y, \mu) + g_2(x, y, t, \pi), \end{cases} \tag{2.2.7}$$

其中两个参数满足 $\mu \in \mathbf{R}^{m_1}$, $\pi \in \mathbf{R}^{m_2}$.

对应的无扰动的 Hamilton 系统为

$$\begin{cases} \dot{\bar{x}} = f_1(\bar{x}, \bar{y}, \mu), \\ \dot{\bar{y}} = f_2(\bar{x}, \bar{y}, \mu). \end{cases} \tag{2.2.8}$$

系统 (2.2.8) 有 Hamilton 函数 $H_0(\bar{x}, \bar{y}, \mu)$, 并且有以下关系式

$$\dot{\bar{x}} = \frac{\partial H_0(\bar{x}, \bar{y}, \mu)}{\partial \bar{y}}, \quad \dot{\bar{y}} = -\frac{\partial H_0(\bar{x}, \bar{y}, \mu)}{\partial \bar{x}}.$$

对于给定的初值条件 $(\bar{x}_0, \bar{y}_0, t_0)$, 相应的 Hamilton 函数为

$$H_0(\bar{x}, \bar{y}, \mu) = H_0(\bar{x}_0, \bar{y}_0, \mu) \equiv E_0.$$

根据能量守恒, 无扰动 Hamilton 系统关于时间的变化率为 0, 即有以下关系

$$\frac{\partial H_0(\bar{x}, \bar{y}, \mu)}{\partial \bar{y}} \cdot \dot{\bar{x}} + \frac{\partial H_0(\bar{x}, \bar{y}, \mu)}{\partial \bar{x}} \cdot \dot{\bar{y}} = 0.$$

所以, Hamilton 函数 $H_0(\bar{x}, \bar{y}, \mu)$ 是动力系统 (2.2.8) 的首次积分流形, 即 $H_0(\bar{x}, \bar{y}, \mu)$ $= F'(\bar{x}, \bar{y}, \mu)$. 如果系统 (2.2.7) 的无扰动系统至少有一个双曲平衡点, 则存在包围着双曲平衡点的分隔流形

$$H_0(\bar{x}, \bar{y}, \mu) = E_s.$$

Hamilton 能量曲面 S_a(即 $H_0(\bar{x}, \bar{y}, \mu) = E_a$) 的法向量定义为

$$\boldsymbol{n}_{S_a} = \left(\frac{\partial H_0}{\partial \bar{x}}, \frac{\partial H_0}{\partial \bar{y}} \right)^{\mathrm{T}} = (-f_2(\bar{x}, \bar{y}), f_1(\bar{x}, \bar{y}))^{\mathrm{T}}.$$

扰动向量场为

$$\boldsymbol{F}(x, y, t, p) = \big(F_1(x, y, t, p), F_2(x, y, t, p) \big)^{\mathrm{T}}.$$

扰动向量场在 Hamilton 能量曲面 (或首次积分流形曲面) 的法方向上的分量 ($\bar{x} = x, \bar{y} = y$) 为

$$\boldsymbol{n}_{S_a}^{\mathrm{T}} \cdot \boldsymbol{F}(x, y, t, p) = f_1(\bar{x}, \bar{y}, \mu) \cdot F_2(x, y, t, p) - f_2(\bar{x}, \bar{y}, \mu) \cdot F_1(x, y, t, p).$$

于是, 根据 G 函数的定义, 该系统对于 $\bar{x} = x, \bar{y} = y$ 时的零阶 G 函数为

$$\begin{aligned}
G_a(x, y, t, p) &= f_1(\bar{x}, \bar{y}, \mu) \cdot F_2(x, y, t, p) - f_2(\bar{x}, \bar{y}, \mu) \cdot F_1(x, y, t, p) \\
&= f_1(\bar{x}, \bar{y}, \mu) \cdot g_2(x, y, t, \pi) - f_2(\bar{x}, \bar{y}, \mu) \cdot g_1(x, y, t, \pi). \quad (2.2.9)
\end{aligned}$$

该系统对于 $\bar{x} = x, \bar{y} = y$ 时的一阶 G 函数为

$$\begin{aligned}
G_a^{(1)}(x, y, t, p) =\ & 2D_{\bar{x}} f_1(\bar{x}, \bar{y}, \mu) \cdot g_2(x, y, t, \pi) \\
& - 2D_{\bar{x}} f_2(\bar{x}, \bar{y}, \mu) \cdot g_1(x, y, t, \pi) \\
& + f_1(\bar{x}, \bar{y}, \mu) \cdot [D_x F_2(x, y, t, p) - D_{\bar{x}} f_2(\bar{x}, \bar{y}, \mu)] \\
& - f_2(\bar{x}, \bar{y}, \mu) \cdot [D_x F_1(x, y, t, p) - D_{\bar{x}} f_1(\bar{x}, \bar{y}, \mu)], \quad (2.2.10)
\end{aligned}$$

其中全微分为 $(\sigma = 1, 2)$

$$D_{\bar{x}} f_\sigma(\bar{x}, \bar{y}, \mu) = \left[\frac{\partial f_\sigma(\bar{x}, \bar{y}, \mu)}{\partial \bar{x}} \cdot f_1(\bar{x}, \bar{y}, \mu) + \frac{\partial f_\sigma(\bar{x}, \bar{y}, \mu)}{\partial \bar{y}} \cdot f_2(\bar{x}, \bar{y}, \mu) \right],$$

$$\begin{aligned} D_x F_\sigma(x, y, t, p) = & \left[\frac{\partial F_\sigma(x, y, t, p)}{\partial x} \cdot F_1(x, y, t, p) \right. \\ & \left. + \frac{\partial F_\sigma(x, y, t, p)}{\partial y} \cdot F_2(x, y, t, p) + \frac{\partial g_\sigma(x, y, t, \pi)}{\partial t} \right]. \end{aligned}$$

由定义可知, 一阶 G 函数是零阶 G 函数关于时间的变化率. 换句话说, 一阶 G 函数是扰动向量场在 Hamilton 能量曲面法方向上的分量关于时间的变化率.

通过上述具体例子的分析, 我们对 G 函数的概念进行了进一步的阐述, 并具体给出了零阶 G 函数和一阶 G 函数的表达形式, 这有助于对 G 函数的深刻理解.

2.3　不连续动力系统的流转换

本节首先利用区域内的流与边界流再次阐述不连续动力系统各种流的定义, 并利用 G 函数介绍各种流的判定条件. 然后重点介绍在边界附近的半穿越流、两类不可穿越流和擦边流发生的充要条件及边界上的穿越流和不可穿越流的互相转换分支的判定条件.

在本章第一节中, 已经利用相邻区域内两个子系统流的关系定义了半穿越流 (定义 2.1.6)、汇流 (定义 2.1.7)、源流 (定义 2.1.8) 以及相切流 (或擦边流 (定义 2.1.10)). 第二节中又阐述了用于分析不连续动力系统流的局部奇异性的度量工具——G 函数. 为便于使用 G 函数这一工具, 下面首先利用区域内的流和边界流来重新阐述一下各种流的定义.

定义 2.3.1　考虑不连续动力系统 (2.1.1)—(2.1.3), t_m 时刻在两个相邻区域 $\Omega_\alpha (\alpha = i, j)$ 的边界 $\partial \Omega_{ij}$ 上点为 $x^{(0)}(t_m) = x_m \in \partial \Omega_{ij}$. 对任意 $\varepsilon > 0$, 存在两个时间区间 $[t_{m-\varepsilon}, t_m)$ 和 $(t_m, t_{m+\varepsilon}]$. 假设 $x^{(i)}(t_{m-}) = x_m = x^{(j)}(t_{m+})$. 如果两个区域内的流 $x^{(\alpha)}(t) (\alpha = i, j)$ 满足如下性质:

$$\left. \begin{aligned} & n_{\partial \Omega_{ij}}^{\mathrm{T}}(x_{m-\varepsilon}^{(0)}) \cdot [x_{m-\varepsilon}^{(0)} - x_{m-\varepsilon}^{(i)}] > 0, \\ & n_{\partial \Omega_{ij}}^{\mathrm{T}}(x_{m+\varepsilon}^{(0)}) \cdot [x_{m+\varepsilon}^{(j)} - x_{m+\varepsilon}^{(0)}] > 0, \end{aligned} \right\} \text{当} n_{\partial \Omega_{ij}} \to \Omega_j \text{时,}$$

或

$$\left. \begin{aligned} & n_{\partial \Omega_{ij}}^{\mathrm{T}}(x_{m-\varepsilon}^{(0)}) \cdot [x_{m-\varepsilon}^{(0)} - x_{m-\varepsilon}^{(i)}] < 0, \\ & n_{\partial \Omega_{ij}}^{\mathrm{T}}(x_{m+\varepsilon}^{(0)}) \cdot [x_{m+\varepsilon}^{(j)} - x_{m+\varepsilon}^{(0)}] < 0, \end{aligned} \right\} \text{当} n_{\partial \Omega_{ij}} \to \Omega_i \text{时,}$$

$$\tag{2.3.1}$$

则称两个流 $x^{(i)}(t)$ 和 $x^{(j)}(t)$ 关于边界 $\partial \Omega_{ij}$ 是从 Ω_i 到 Ω_j 的半穿越流.

因为在 $\boldsymbol{x}_m$ 处, 流在区域 Ω_i 和 Ω_j 中的性质是不同的, 即对于边界 $\partial\Omega_{ij}$ 总有 $G_{\partial\Omega_{ij}}^{(i)} \neq G_{\partial\Omega_{ij}}^{(j)}$. 下面给出在边界 $\partial\Omega_{ij}$ 上从 Ω_i 到 Ω_j 的半穿越流的 G 函数形式判别条件.

引理 2.3.1 对于不连续动力系统 $(2.1.1)$—$(2.1.3)$, t_m 时刻在两个相邻区域 $\Omega_\alpha(\alpha = i,j)$ 的边界 $\partial\Omega_{ij}$ 上点为 $\boldsymbol{x}^{(0)}(t_m) = \boldsymbol{x}_m \in \partial\Omega_{ij}$. 对于任意小的 $\varepsilon > 0$, 存在两个时间区间 $[t_{m-\varepsilon}, t_m)$ 和 $(t_m, t_{m+\varepsilon}]$. 假定 $\boldsymbol{x}^{(i)}(t_{m-}) = \boldsymbol{x}_m = \boldsymbol{x}^{(j)}(t_{m+})$. 区域内的流 $\boldsymbol{x}^{(i)}(t)$ 和 $\boldsymbol{x}^{(j)}(t)$ 关于时间 t 分别是 $C_{[t_{m-\varepsilon}, t_m)}^r$ 和 $C_{(t_m, t_{m+\varepsilon}]}^r (r \geqslant 1)$ 连续的, 且 $\left\| \dfrac{\mathrm{d}^{r+1}\boldsymbol{x}^{(\alpha)}}{\mathrm{d}t^{r+1}} \right\| < \infty (\alpha \in \{i,j\})$. 区域内的流 $\boldsymbol{x}^{(i)}(t)$ 和流 $\boldsymbol{x}^{(j)}(t)$ 相对于边界 $\partial\Omega_{ij}$ 是从域 Ω_i 到域 Ω_j 的半穿越流的充要条件为

$$
\left.
\begin{array}{l}
\left.
\begin{array}{l}
G_{\partial\Omega_{ij}}^{(i)}(\boldsymbol{x}_m, t_{m-}, \boldsymbol{p}_i, \boldsymbol{\lambda}) > 0, \\
G_{\partial\Omega_{ij}}^{(j)}(\boldsymbol{x}_m, t_{m+}, \boldsymbol{p}_j, \boldsymbol{\lambda}) > 0,
\end{array}
\right\} \quad \text{当} \, \boldsymbol{n}_{\partial\Omega_{ij}} \to \Omega_j \, \text{时,} \\
\text{或} \\
\left.
\begin{array}{l}
G_{\partial\Omega_{ij}}^{(i)}(\boldsymbol{x}_m, t_{m-}, \boldsymbol{p}_i, \boldsymbol{\lambda}) < 0, \\
G_{\partial\Omega_{ij}}^{(j)}(\boldsymbol{x}_m, t_{m+}, \boldsymbol{p}_j, \boldsymbol{\lambda}) < 0,
\end{array}
\right\} \quad \text{当} \, \boldsymbol{n}_{\partial\Omega_{ij}} \to \Omega_i \, \text{时.}
\end{array}
\right\}
\tag{2.3.2}
$$

定义 2.3.2 考虑不连续动力系统 $(2.1.1)$—$(2.1.3)$, t_m 时刻在两个相邻区域 $\Omega_\alpha(\alpha = i,j)$ 的边界 $\partial\Omega_{ij}$ 上点为 $\boldsymbol{x}^{(0)}(t_m) = \boldsymbol{x}_m \in \partial\Omega_{ij}$. 对任意 $\varepsilon > 0$, 存在时间区间 $[t_{m-\varepsilon}, t_m)$. 假设 $\boldsymbol{x}^{(\alpha)}(t_{m-}) = \boldsymbol{x}_m$. 如果两个区域内的流 $\boldsymbol{x}^{(\alpha)}(t)(\alpha = i,j)$ 满足如下性质:

$$
\left.
\begin{array}{l}
\left.
\begin{array}{l}
\boldsymbol{n}_{\partial\Omega_{ij}}^{\mathrm{T}}(\boldsymbol{x}_{m-\varepsilon}^{(0)}) \cdot [\boldsymbol{x}_{m-\varepsilon}^{(0)} - \boldsymbol{x}_{m-\varepsilon}^{(i)}] > 0, \\
\boldsymbol{n}_{\partial\Omega_{ij}}^{\mathrm{T}}(\boldsymbol{x}_{m-\varepsilon}^{(0)}) \cdot [\boldsymbol{x}_{m-\varepsilon}^{(0)} - \boldsymbol{x}_{m-\varepsilon}^{(j)}] < 0,
\end{array}
\right\} \quad \text{当} \, \boldsymbol{n}_{\partial\Omega_{ij}} \to \Omega_j \, \text{时,} \\
\text{或} \\
\left.
\begin{array}{l}
\boldsymbol{n}_{\partial\Omega_{ij}}^{\mathrm{T}}(\boldsymbol{x}_{m-\varepsilon}^{(0)}) \cdot [\boldsymbol{x}_{m-\varepsilon}^{(0)} - \boldsymbol{x}_{m-\varepsilon}^{(i)}] < 0, \\
\boldsymbol{n}_{\partial\Omega_{ij}}^{\mathrm{T}}(\boldsymbol{x}_{m-\varepsilon}^{(0)}) \cdot [\boldsymbol{x}_{m-\varepsilon}^{(0)} - \boldsymbol{x}_{m-\varepsilon}^{(j)}] > 0,
\end{array}
\right\} \quad \text{当} \, \boldsymbol{n}_{\partial\Omega_{ij}} \to \Omega_i \, \text{时,}
\end{array}
\right\}
\tag{2.3.3}
$$

则称两个流 $\boldsymbol{x}^{(i)}(t)$ 和 $\boldsymbol{x}^{(j)}(t)$ 关于边界 $\partial\Omega_{ij}$ 是第一类不可穿越流 (汇流、滑动流).

引理 2.3.2 对于不连续动力系统 $(2.1.1)$—$(2.1.3)$, t_m 时刻在两个相邻区域 $\Omega_\alpha(\alpha = i,j)$ 的边界 $\partial\Omega_{ij}$ 上点为 $\boldsymbol{x}^{(0)}(t_m) = \boldsymbol{x}_m \in \partial\Omega_{ij}$. 对于任意小的 $\varepsilon > 0$, 存在时间区间 $[t_{m-\varepsilon}, t_m)$. 假定 $\boldsymbol{x}^{(i)}(t_{m-}) = \boldsymbol{x}_m = \boldsymbol{x}^{(j)}(t_{m-})$. 区域内的流 $\boldsymbol{x}^{(i)}(t)$ 和流 $\boldsymbol{x}^{(j)}(t)$ 在区间 $[t_{m-\varepsilon}, t_m)$ 上都是 $C^{r_\alpha} \, (r_\alpha \geqslant 1)$ 连续的, 且 $\left\| \dfrac{\mathrm{d}^{r_\alpha+1}\boldsymbol{x}^{(\alpha)}}{\mathrm{d}t^{r_\alpha+1}} \right\| < \infty (\alpha \in \{i,j\})$. 区域内的流 $\boldsymbol{x}^{(i)}(t)$ 和 $\boldsymbol{x}^{(j)}(t)$ 相对于边界 $\partial\Omega_{ij}$ 是第一类不可穿越流 (汇流)

的充要条件为

$$
\left.
\begin{aligned}
G^{(i)}_{\partial\Omega_{ij}}(\boldsymbol{x}_m, t_{m-}, \boldsymbol{p}_i, \boldsymbol{\lambda}) > 0, \\
G^{(j)}_{\partial\Omega_{ij}}(\boldsymbol{x}_m, t_{m-}, \boldsymbol{p}_j, \boldsymbol{\lambda}) < 0,
\end{aligned}
\right\}
\quad \text{当 } \boldsymbol{n}_{\partial\Omega_{ij}} \to \Omega_j \text{ 时,}
$$

或

$$
\left.
\begin{aligned}
G^{(i)}_{\partial\Omega_{ij}}(\boldsymbol{x}_m, t_{m-}, \boldsymbol{p}_i, \boldsymbol{\lambda}) < 0, \\
G^{(j)}_{\partial\Omega_{ij}}(\boldsymbol{x}_m, t_{m-}, \boldsymbol{p}_j, \boldsymbol{\lambda}) > 0,
\end{aligned}
\right\}
\quad \text{当 } \boldsymbol{n}_{\partial\Omega_{ij}} \to \Omega_i \text{ 时.}
\tag{2.3.4}
$$

定义 2.3.3　考虑不连续动力系统 (2.1.1), t_m 时刻在两个相邻区域 $\Omega_\alpha(\alpha = i, j)$ 的边界 $\partial\Omega_{ij}$ 上点为 $\boldsymbol{x}^{(0)}(t_m) = \boldsymbol{x}_m \in \partial\Omega_{ij}$. 对任意 $\varepsilon > 0$, 存在时间区间 $(t_m, t_{m+\varepsilon})$. 假设 $\boldsymbol{x}^{(\alpha)}(t_{m+}) = \boldsymbol{x}_m$. 如果两个区域内的流 $\boldsymbol{x}^{(\alpha)}(t)(\alpha = i, j)$ 满足如下性质

$$
\left.
\begin{aligned}
\boldsymbol{n}^{\mathrm{T}}_{\partial\Omega_{ij}}(\boldsymbol{x}^{(0)}_{m+\varepsilon}) \cdot [\boldsymbol{x}^{(i)}_{m+\varepsilon} - \boldsymbol{x}^{(0)}_{m+\varepsilon}] < 0, \\
\boldsymbol{n}^{\mathrm{T}}_{\partial\Omega_{ij}}(\boldsymbol{x}^{(0)}_{m+\varepsilon}) \cdot [\boldsymbol{x}^{(j)}_{m+\varepsilon} - \boldsymbol{x}^{(0)}_{m+\varepsilon}] > 0,
\end{aligned}
\right\}
\quad \text{当 } \boldsymbol{n}_{\partial\Omega_{ij}} \to \Omega_j \text{ 时,}
$$

或

$$
\left.
\begin{aligned}
\boldsymbol{n}^{\mathrm{T}}_{\partial\Omega_{ij}}(\boldsymbol{x}^{(0)}_{m+\varepsilon}) \cdot [\boldsymbol{x}^{(i)}_{m+\varepsilon} - \boldsymbol{x}^{(0)}_{m+\varepsilon}] > 0, \\
\boldsymbol{n}^{\mathrm{T}}_{\partial\Omega_{ij}}(\boldsymbol{x}^{(0)}_{m+\varepsilon}) \cdot [\boldsymbol{x}^{(j)}_{m+\varepsilon} - \boldsymbol{x}^{(0)}_{m+\varepsilon}] < 0,
\end{aligned}
\right\}
\quad \text{当 } \boldsymbol{n}_{\partial\Omega_{ij}} \to \Omega_i \text{ 时,}
\tag{2.3.5}
$$

则称两个流 $\boldsymbol{x}^{(i)}(t)$ 和 $\boldsymbol{x}^{(j)}(t)$ 关于边界 $\partial\Omega_{ij}$ 是第二类不可穿越流 (源流).

引理 2.3.3　对于不连续动力系统 (2.1.1), t_m 时刻在两个相邻区域 $\Omega_\alpha(\alpha = i, j)$ 的边界 $\partial\Omega_{ij}$ 上点为 $\boldsymbol{x}^{(0)}(t_m) = \boldsymbol{x}_m \in \partial\Omega_{ij}$. 对于任意小的 $\varepsilon > 0$, 存在时间区间 $(t_m, t_{m+\varepsilon})$. 假定 $\boldsymbol{x}^{(\alpha)}(t_{m+}) = \boldsymbol{x}_m$. 区域内的流 $\boldsymbol{x}^{(\alpha)}(t)(\alpha = i, j)$ 关于时间 t 都是 $C^{r_\alpha}_{(t_m, t_{m+\varepsilon})}$ $(r_\alpha \geqslant 1)$ 连续的, 且 $\left\| \dfrac{\mathrm{d}^{r_\alpha+1} \boldsymbol{x}^{(\alpha)}}{\mathrm{d} t^{r_\alpha+1}} \right\| < \infty$ $(\alpha \in \{i, j\})$. 区域内的流 $\boldsymbol{x}^{(i)}(t)$ 和 $\boldsymbol{x}^{(j)}(t)$ 相对于边界 $\partial\Omega_{ij}$ 是第二类不可穿越流 (源流) 的充要条件为

$$
\left.
\begin{aligned}
G^{(i)}_{\partial\Omega_{ij}}(\boldsymbol{x}_m, t_{m+}, \boldsymbol{p}_i, \boldsymbol{\lambda}) < 0, \\
G^{(j)}_{\partial\Omega_{ij}}(\boldsymbol{x}_m, t_{m+}, \boldsymbol{p}_j, \boldsymbol{\lambda}) > 0,
\end{aligned}
\right\}
\quad \text{当 } \boldsymbol{n}_{\partial\Omega_{ij}} \to \Omega_j \text{ 时,}
$$

或

$$
\left.
\begin{aligned}
G^{(i)}_{\partial\Omega_{ij}}(\boldsymbol{x}_m, t_{m+}, \boldsymbol{p}_i, \boldsymbol{\lambda}) > 0, \\
G^{(j)}_{\partial\Omega_{ij}}(\boldsymbol{x}_m, t_{m+}, \boldsymbol{p}_j, \boldsymbol{\lambda}) < 0,
\end{aligned}
\right\}
\quad \text{当 } \boldsymbol{n}_{\partial\Omega_{ij}} \to \Omega_i \text{ 时.}
\tag{2.3.6}
$$

关于相切流前面已进行过讨论, 并给出了定义, 但是上述结论主要是针对边界是平面的情形, 现在对相切流的情况进行推广. 前述相切流概念中边界是平面, $(n-1)$ 维边界在接触位置的法方向保持不变, 不随接触位置的不同而不同. 但是, 一般情况下, 边界是 $(n-1)$ 维曲面, 那么随着接触位置的不同, 对应的边界的法方向是不同的, 所以下面对相切流进行推广, 给出相应的定义及判定条件.

定义 2.3.4 考虑不连续动力系统 (2.1.1)—(2.1.3), t_m 时刻在两个相邻区域 $\Omega_\alpha(\alpha = i, j)$ 的边界 $\partial\Omega_{ij}$ 上点为 $\boldsymbol{x}^{(0)}(t_{m\pm}) = \boldsymbol{x}_m(\alpha \in \{i, j\})$. 假设 $\boldsymbol{x}^{(\alpha)}(t_{m\pm}) = \boldsymbol{x}_m$. 对任意 $\varepsilon > 0$, 存在时间区间 $[t_{m-\varepsilon}, t_{m+\varepsilon}]$. 如果区域内的流 $\boldsymbol{x}^{(\alpha)}(t)(\alpha = i, j)$ 是 $C^{r_\alpha}_{[t_{m-\varepsilon}, t_{m+\varepsilon}]}$ $(r_\alpha \geqslant 2)$ 连续的, 并且满足如下条件

$$
\left.
\begin{aligned}
& G^{(0,\alpha)}_{\partial\Omega_{ij}}(\boldsymbol{x}_m, t_m, \boldsymbol{p}_\alpha, \boldsymbol{\lambda}) = 0 \text{ 且 } G^{(1,\alpha)}_{\partial\Omega_{ij}}(\boldsymbol{x}_m, t_m, \boldsymbol{p}_\alpha, \boldsymbol{\lambda}) \neq 0; \\[4pt]
& \left.
\begin{aligned}
\boldsymbol{n}^{\mathrm{T}}_{\partial\Omega_{ij}}(\boldsymbol{x}^{(0)}_{m-\varepsilon}) \cdot [\boldsymbol{x}^{(0)}_{m-\varepsilon} - \boldsymbol{x}^{(\alpha)}_{m-\varepsilon}] > 0, \\
\boldsymbol{n}^{\mathrm{T}}_{\partial\Omega_{ij}}(\boldsymbol{x}^{(0)}_{m+\varepsilon}) \cdot [\boldsymbol{x}^{(\alpha)}_{m+\varepsilon} - \boldsymbol{x}^{(0)}_{m+\varepsilon}] < 0,
\end{aligned}
\right\} \text{ 当 } \boldsymbol{n}_{\partial\Omega_{ij}} \to \Omega_\beta \text{ 时,} \\[10pt]
& \text{或} \\[4pt]
& \left.
\begin{aligned}
\boldsymbol{n}^{\mathrm{T}}_{\partial\Omega_{ij}}(\boldsymbol{x}^{(0)}_{m-\varepsilon}) \cdot [\boldsymbol{x}^{(0)}_{m-\varepsilon} - \boldsymbol{x}^{(\alpha)}_{m-\varepsilon}] < 0, \\
\boldsymbol{n}^{\mathrm{T}}_{\partial\Omega_{ij}}(\boldsymbol{x}^{(0)}_{m+\varepsilon}) \cdot [\boldsymbol{x}^{(\alpha)}_{m+\varepsilon} - \boldsymbol{x}^{(0)}_{m+\varepsilon}] > 0,
\end{aligned}
\right\} \text{ 当 } \boldsymbol{n}_{\partial\Omega_{ij}} \to \Omega_\alpha \text{ 时,}
\end{aligned}
\right\} \tag{2.3.7}
$$

则称区域 Ω_α 内的流 $\boldsymbol{x}^{(\alpha)}(t)$ 是相切于边界 $\partial\Omega_{ij}$ 的 (相切流、擦边流).

引理 2.3.4 对于不连续动力系统 (2.1.1)—(2.1.3), t_m 时刻在两个相邻区域 $\Omega_\alpha(\alpha = i, j)$ 的边界 $\partial\Omega_{ij}$ 上点为 $\boldsymbol{x}^{(0)}(t_{m\pm}) = \boldsymbol{x}_m(\alpha \in \{i, j\})$. 假定 $\boldsymbol{x}^{(\alpha)}(t_{m\pm}) = \boldsymbol{x}_m(\alpha \in \{i, j\})$, 对于任意小的 $\varepsilon > 0$, 存在时间区间 $[t_{m-\varepsilon}, t_{m+\varepsilon}]$. 流 $\boldsymbol{x}^{(\alpha)}(t)$ 关于时间 t 是 $C^{r_\alpha}_{[t_{m-\varepsilon}, t_{m+\varepsilon}]}$ 连续的且 $\left\| \dfrac{\mathrm{d}^{r_\alpha+1}\boldsymbol{x}^{(\alpha)}}{\mathrm{d}t^{r_\alpha+1}} \right\| < \infty$ $(r_\alpha \geqslant 2, \alpha \in \{i, j\})$. 区域 Ω_α 内的流 $\boldsymbol{x}^{(\alpha)}(t)$ 相对于边界 $\partial\Omega_{ij}$ 是相切流的充要条件为

$$
\left.
\begin{aligned}
& G^{(0,\alpha)}_{\partial\Omega_{ij}}(\boldsymbol{x}_m, t_m, \boldsymbol{p}_\alpha, \boldsymbol{\lambda}) = 0, \qquad \text{且} \\[4pt]
& G^{(1,\alpha)}_{\partial\Omega_{ij}}(\boldsymbol{x}_m, t_m, \boldsymbol{p}_\alpha, \boldsymbol{\lambda}) < 0, \quad \text{当 } \boldsymbol{n}_{\partial\Omega_{ij}} \to \Omega_\beta \text{ 时,} \\[4pt]
& \text{或} \\[4pt]
& G^{(1,\alpha)}_{\partial\Omega_{ij}}(\boldsymbol{x}_m, t_m, \boldsymbol{p}_\alpha, \boldsymbol{\lambda}) > 0, \quad \text{当 } \boldsymbol{n}_{\partial\Omega_{ij}} \to \Omega_\alpha \text{ 时.}
\end{aligned}
\right\} \tag{2.3.8}
$$

符号 $\overrightarrow{\partial\Omega_{ij}}$ 表示在边界 $\partial\Omega_{ij}$ 上从域 Ω_i 内出发的流可以穿越到域 Ω_j 的半穿越边界, 符号 $\widetilde{\partial\Omega_{ij}}$ 表示边界 $\partial\Omega_{ij}$ 上的第一类不可穿越边界.

定义 2.3.5 考虑不连续动力系统 (2.1.1), t_m 时刻在两个相邻区域 $\Omega_\alpha(\alpha = i, j)$ 的边界 $\partial\Omega_{ij}$ 上点为 $\boldsymbol{x}^{(0)}(t_{m\pm}) = \boldsymbol{x}_m(\alpha \in \{i, j\})$. 假设 $\boldsymbol{x}^{(\alpha)}(t_{m\pm}) = \boldsymbol{x}_m$.

对任意 $\varepsilon > 0$, 存在时间区间 $[t_{m-\varepsilon}, t_{m+\varepsilon}]$. 如果区域内的流 $\boldsymbol{x}^{(\alpha)}(t)(\alpha = i, j)$ 是 $C^{r_\alpha}_{[t_{m-\varepsilon}, t_{m+\varepsilon}]}$ $(r_\alpha \geqslant k_\alpha + 1)$ 连续的且 $\left\| \dfrac{\mathrm{d}^{r_\alpha+1}\boldsymbol{x}^{(\alpha)}}{\mathrm{d}t^{r_\alpha+1}} \right\| < \infty$. 如果满足如下条件

$$
\left.
\begin{aligned}
&G^{(s_\alpha,\alpha)}_{\partial\Omega_{ij}}(\boldsymbol{x}_m, t_m, \boldsymbol{p}_\alpha, \boldsymbol{\lambda}) = 0, \ \ s_\alpha = 0, 1, \cdots, 2k_\alpha - 2; \\
&G^{(2k_\alpha-1,\alpha)}_{\partial\Omega_{ij}}(\boldsymbol{x}_m, t_m, \boldsymbol{p}_\alpha, \boldsymbol{\lambda}) \neq 0; \\
&\left.
\begin{aligned}
\boldsymbol{n}^{\mathrm{T}}_{\partial\Omega_{ij}}(\boldsymbol{x}^{(0)}_{m-\varepsilon}) \cdot [\boldsymbol{x}^{(0)}_{m-\varepsilon} - \boldsymbol{x}^{(\alpha)}_{m-\varepsilon}] > 0, \\
\boldsymbol{n}^{\mathrm{T}}_{\partial\Omega_{ij}}(\boldsymbol{x}^{(0)}_{m+\varepsilon}) \cdot [\boldsymbol{x}^{(\alpha)}_{m+\varepsilon} - \boldsymbol{x}^{(0)}_{m+\varepsilon}] < 0,
\end{aligned}
\right\} \text{当 } \boldsymbol{n}_{\partial\Omega_{ij}} \to \Omega_\beta \text{ 时,} \\
\text{或} \\
&\left.
\begin{aligned}
\boldsymbol{n}^{\mathrm{T}}_{\partial\Omega_{ij}}(\boldsymbol{x}^{(0)}_{m-\varepsilon}) \cdot [\boldsymbol{x}^{(0)}_{m-\varepsilon} - \boldsymbol{x}^{(\alpha)}_{m-\varepsilon}] < 0, \\
\boldsymbol{n}^{\mathrm{T}}_{\partial\Omega_{ij}}(\boldsymbol{x}^{(0)}_{m+\varepsilon}) \cdot [\boldsymbol{x}^{(\alpha)}_{m+\varepsilon} - \boldsymbol{x}^{(0)}_{m+\varepsilon}] > 0,
\end{aligned}
\right\} \text{当 } \boldsymbol{n}_{\partial\Omega_{ij}} \to \Omega_\alpha \text{ 时,}
\end{aligned}
\right\}
\tag{2.3.9}
$$

则称区域 Ω_α 内的流 $\boldsymbol{x}^{(\alpha)}(t)$ 与边界 $\partial\Omega_{ij}$ 是 $(2k_\alpha - 1)$ 阶相切的.

引理 2.3.5 对于不连续动力系统 (2.1.1)—(2.1.3), t_m 时刻在两个相邻区域 $\Omega_\alpha(\alpha = i, j)$ 的边界 $\partial\Omega_{ij}$ 上点为 $\boldsymbol{x}^{(0)}(t_{m\pm}) = \boldsymbol{x}_m(\alpha \in \{i, j\})$. 假设 $\boldsymbol{x}^{(\alpha)}(t_{m\pm}) = \boldsymbol{x}_m$. 对任意 $\varepsilon > 0$, 存在时间区间 $[t_{m-\varepsilon}, t_{m+\varepsilon}]$. 如果区域内的流 $\boldsymbol{x}^{(\alpha)}(t)(\alpha = i, j)$ 是 $C^{r_\alpha}_{[t_{m-\varepsilon}, t_{m+\varepsilon}]}$ $(r_\alpha \geqslant k_\alpha + 1)$ 连续的且 $\left\| \dfrac{\mathrm{d}^{r_\alpha+1}\boldsymbol{x}^{(\alpha)}}{\mathrm{d}t^{r_\alpha+1}} \right\| < \infty$. 流 $\boldsymbol{x}^{(\alpha)}(t)$ 与边界 $\partial\Omega_{ij}$ 是 $(2k_\alpha - 1)$ 阶相切的充要条件是

$$
\left.
\begin{aligned}
&G^{(s_\alpha,\alpha)}_{\partial\Omega_{ij}}(\boldsymbol{x}_m, t_m, \boldsymbol{p}_\alpha, \boldsymbol{\lambda}) = 0, \ \ s_\alpha = 0, 1, \cdots, 2k_\alpha - 2; \\
&G^{(2k_\alpha-1,\alpha)}_{\partial\Omega_{ij}}(\boldsymbol{x}_m, t_m, \boldsymbol{p}_\alpha, \boldsymbol{\lambda}) < 0, \quad \text{当 } \boldsymbol{n}_{\partial\Omega_{ij}} \to \Omega_\beta \text{ 时,} \\
\text{或} \\
&G^{(2k_\alpha-1,\alpha)}_{\partial\Omega_{ij}}(\boldsymbol{x}_m, t_m, \boldsymbol{p}_\alpha, \boldsymbol{\lambda}) > 0, \quad \text{当 } \boldsymbol{n}_{\partial\Omega_{ij}} \to \Omega_\alpha \text{ 时.}
\end{aligned}
\right\}
\tag{2.3.10}
$$

定义 2.3.5 给出了边界具有高阶奇性时相对于边界的相切流的定义, 引理 2.3.5 建立了此类相切流的判别条件. 边界是平面时对应的相切条件是此条件的特殊情况, 因此定理对于边界是平面并且具有高阶接触的情形同样成立.

定义 2.3.6 考虑不连续动力系统 (2.1.1)—(2.1.3), t_m 时刻在两个相邻区域 $\Omega_\alpha(\alpha = i, j)$ 的边界 $\partial\Omega_{ij}$ 上点为 $\boldsymbol{x}^{(0)}(t_m) = \boldsymbol{x}_m(\alpha \in \{i, j\})$. 假设 $\boldsymbol{x}^{(i)}(t_{m-}) = \boldsymbol{x}_m = \boldsymbol{x}^{(j)}(t_{m\pm})$. 对任意 $\varepsilon > 0$, 存在时间区间 $[t_{m-\varepsilon}, t_m)$ 和 $(t_m, t_{m+\varepsilon}]$. 如果区域内的流 $\boldsymbol{x}^{(i)}(t)$ 和 $\boldsymbol{x}^{(j)}(t)$ 分别是 $C^{r_i}_{[t_{m-\varepsilon}, t_m)}$ 和 $C^{r_j}_{[t_{m-\varepsilon}, t_{m+\varepsilon}]}$ $(r_\alpha \geqslant 2, \alpha = i, j)$ 连续的且 $\left\| \dfrac{\mathrm{d}^{r_\alpha+1}\boldsymbol{x}^{(\alpha)}}{\mathrm{d}t^{r_\alpha+1}} \right\| < \infty$. 如果满足如下条件:

$$
\left.\begin{aligned}
&G^{(j)}_{\partial\Omega_{ij}}(\boldsymbol{x}_m, t_{m\pm}, \boldsymbol{p}_j, \boldsymbol{\lambda}) = 0, \\
&G^{(i)}_{\partial\Omega_{ij}}(\boldsymbol{x}_m, t_{m-}, \boldsymbol{p}_i, \boldsymbol{\lambda}) \neq 0, \\
&G^{(1,j)}_{\partial\Omega_{ij}}(\boldsymbol{x}_m, t_{m\pm}, \boldsymbol{p}_j, \boldsymbol{\lambda}) \neq 0;
\end{aligned}\right.
$$

$$
\left.\begin{aligned}
\boldsymbol{n}^{\mathrm{T}}_{\partial\Omega_{ij}}(\boldsymbol{x}^{(0)}_{m-\varepsilon}) \cdot [\boldsymbol{x}^{(0)}_{m-\varepsilon} - \boldsymbol{x}^{(i)}_{m-\varepsilon}] > 0, \\
\boldsymbol{n}^{\mathrm{T}}_{\partial\Omega_{ij}}(\boldsymbol{x}^{(0)}_{m-\varepsilon}) \cdot [\boldsymbol{x}^{(0)}_{m-\varepsilon} - \boldsymbol{x}^{(j)}_{m-\varepsilon}] < 0, \\
\boldsymbol{n}^{\mathrm{T}}_{\partial\Omega_{ij}}(\boldsymbol{x}^{(0)}_{m+\varepsilon}) \cdot [\boldsymbol{x}^{(j)}_{m+\varepsilon} - \boldsymbol{x}^{(0)}_{m+\varepsilon}] > 0,
\end{aligned}\right\} \text{当 } \boldsymbol{n}_{\partial\Omega_{ij}} \to \Omega_j \text{ 时,}
$$

或

$$
\left.\begin{aligned}
\boldsymbol{n}^{\mathrm{T}}_{\partial\Omega_{ij}}(\boldsymbol{x}^{(0)}_{m-\varepsilon}) \cdot [\boldsymbol{x}^{(0)}_{m-\varepsilon} - \boldsymbol{x}^{(i)}_{m-\varepsilon}] < 0, \\
\boldsymbol{n}^{\mathrm{T}}_{\partial\Omega_{ij}}(\boldsymbol{x}^{(0)}_{m-\varepsilon}) \cdot [\boldsymbol{x}^{(0)}_{m-\varepsilon} - \boldsymbol{x}^{(j)}_{m-\varepsilon}] > 0, \\
\boldsymbol{n}^{\mathrm{T}}_{\partial\Omega_{ij}}(\boldsymbol{x}^{(0)}_{m+\varepsilon}) \cdot [\boldsymbol{x}^{(j)}_{m+\varepsilon} - \boldsymbol{x}^{(0)}_{m+\varepsilon}] < 0,
\end{aligned}\right\} \text{当 } \boldsymbol{n}_{\partial\Omega_{ij}} \to \Omega_i \text{ 时,}
$$

$$(2.3.11)$$

则称流 $\boldsymbol{x}^{(j)}(t)$ 在边界 $\overrightarrow{\partial\Omega_{ij}}$ 上点 $\boldsymbol{x}_m$ 处的切分支为第一类不可穿越流的转换分支 (或称为滑模分支).

引理 2.3.6 对于不连续动力系统 (2.1.1)—(2.1.3), t_m 时刻在两个相邻区域 $\Omega_\alpha(\alpha = i, j)$ 的边界 $\partial\Omega_{ij}$ 上点为 $\boldsymbol{x}^{(0)}(t_m) = \boldsymbol{x}_m(\alpha \in \{i, j\})$. 假设 $\boldsymbol{x}^{(i)}(t_{m-}) = \boldsymbol{x}_m = \boldsymbol{x}^{(j)}(t_{m\pm})$. 对于任意 $\varepsilon > 0$, 存在两个时间区间 $[t_{m-\varepsilon}, t_m)$ 和 $(t_m, t_{m+\varepsilon}]$. 区域内的流 $\boldsymbol{x}^{(i)}(t)$ 和 $\boldsymbol{x}^{(j)}(t)$ 关于 t 分别是 $C^{r_i}_{[t_{m-\varepsilon}, t_m)}$ 和 $C^{r_j}_{(t_{m-\varepsilon}, t_{m+\varepsilon}]}$ 连续的, 且 $\left\|\dfrac{\mathrm{d}^{r_\alpha+1}\boldsymbol{x}^{(\alpha)}}{\mathrm{d}t^{r_\alpha+1}}\right\| < \infty (r_\alpha \geqslant 2, \alpha \in \{i, j\})$. 在边界 $\overrightarrow{\partial\Omega_{ij}}$ 上的点 $\boldsymbol{x}_m$ 处由半穿越流 $\boldsymbol{x}^{(i)}(t)$ 和 $\boldsymbol{x}^{(j)}(t)$ 转换成第一类不可穿越流的滑模分支 (或可穿越流滑模分支) 发生的充要条件为

$$
\left.\begin{aligned}
&G^{(j)}_{\partial\Omega_{ij}}(\boldsymbol{x}_m, t_{m\pm}, \boldsymbol{p}_j, \boldsymbol{\lambda}) = 0, \quad\text{且}\\
&\left.\begin{aligned}
G^{(i)}_{\partial\Omega_{ij}}(\boldsymbol{x}_m, t_{m-}, \boldsymbol{p}_i, \boldsymbol{\lambda}) > 0, \\
G^{(1,j)}_{\partial\Omega_{ij}}(\boldsymbol{x}_m, t_{m\pm}, \boldsymbol{p}_j, \boldsymbol{\lambda}) > 0,
\end{aligned}\right\} \text{当 } \boldsymbol{n}_{\partial\Omega_{ij}} \to \Omega_j \text{ 时,}
\end{aligned}\right.
$$

或

$$
\left.\begin{aligned}
G^{(i)}_{\partial\Omega_{ij}}(\boldsymbol{x}_m, t_{m-}, \boldsymbol{p}_i, \boldsymbol{\lambda}) < 0, \\
G^{(1,j)}_{\partial\Omega_{ij}}(\boldsymbol{x}_m, t_{m\pm}, \boldsymbol{p}_j, \boldsymbol{\lambda}) < 0,
\end{aligned}\right\} \text{当 } \boldsymbol{n}_{\partial\Omega_{ij}} \to \Omega_i \text{ 时.}
$$

$$(2.3.12)$$

定义 2.3.7 考虑不连续动力系统 (2.1.1)—(2.1.3), t_m 时刻在两个相邻区域 $\Omega_\alpha(\alpha = i, j)$ 的边界 $\partial\Omega_{ij}$ 上点为 $\boldsymbol{x}^{(0)}(t_m) = \boldsymbol{x}_m(\alpha \in \{i, j\})$. 假设 $\boldsymbol{x}^{(i)}(t_{m\pm}) = \boldsymbol{x}_m = \boldsymbol{x}^{(j)}(t_{m+})$. 对任意 $\varepsilon > 0$, 存在时间区间 $[t_{m-\varepsilon}, t_m)$ 和 $(t_m, t_{m+\varepsilon}]$. 如果区域内的流 $\boldsymbol{x}^{(i)}(t)$ 和 $\boldsymbol{x}^{(j)}(t)$ 分别是 $C^{r_i}_{[t_{m-\varepsilon}, t_{m+\varepsilon}]}$ 和 $C^{r_j}_{[t_{m-\varepsilon}, t_m)}$ $(r_\alpha \geqslant 2, \alpha = i, j)$ 连续的且

$\left\|\dfrac{\mathrm{d}^{r_\alpha+1}\boldsymbol{x}^{(\alpha)}}{\mathrm{d}t^{r_\alpha+1}}\right\| < \infty.$ 如果满足如下条件

$$
\left.
\begin{aligned}
&G^{(j)}_{\partial\Omega_{ij}}(\boldsymbol{x}_m, t_{m\pm}, \boldsymbol{p}_j, \boldsymbol{\lambda}) = 0, \\
&G^{(i)}_{\partial\Omega_{ij}}(\boldsymbol{x}_m, t_{m-}, \boldsymbol{p}_i, \boldsymbol{\lambda}) \neq 0, \\
&G^{(1,j)}_{\partial\Omega_{ij}}(\boldsymbol{x}_m, t_{m\pm}, \boldsymbol{p}_j, \boldsymbol{\lambda}) \neq 0;
\end{aligned}
\right.
$$

$$
\left.
\begin{aligned}
\boldsymbol{n}^T_{\partial\Omega_{ij}}(\boldsymbol{x}^{(0)}_{m-\varepsilon}) \cdot [\boldsymbol{x}^{(0)}_{m-\varepsilon} - \boldsymbol{x}^{(i)}_{m-\varepsilon}] > 0, \\
\boldsymbol{n}^T_{\partial\Omega_{ij}}(\boldsymbol{x}^{(0)}_{m-\varepsilon}) \cdot [\boldsymbol{x}^{(0)}_{m-\varepsilon} - \boldsymbol{x}^{(j)}_{m-\varepsilon}] < 0, \\
\boldsymbol{n}^T_{\partial\Omega_{ij}}(\boldsymbol{x}^{(0)}_{m+\varepsilon}) \cdot [\boldsymbol{x}^{(j)}_{m+\varepsilon} - \boldsymbol{x}^{(0)}_{m+\varepsilon}] > 0,
\end{aligned}
\right\} \text{当 } \boldsymbol{n}_{\partial\Omega_{ij}} \to \Omega_j \text{ 时,}
$$

或

$$
\left.
\begin{aligned}
\boldsymbol{n}^T_{\partial\Omega_{ij}}(\boldsymbol{x}^{(0)}_{m-\varepsilon}) \cdot [\boldsymbol{x}^{(0)}_{m-\varepsilon} - \boldsymbol{x}^{(i)}_{m-\varepsilon}] < 0, \\
\boldsymbol{n}^T_{\partial\Omega_{ij}}(\boldsymbol{x}^{(0)}_{m-\varepsilon}) \cdot [\boldsymbol{x}^{(0)}_{m-\varepsilon} - \boldsymbol{x}^{(j)}_{m-\varepsilon}] > 0, \\
\boldsymbol{n}^T_{\partial\Omega_{ij}}(\boldsymbol{x}^{(0)}_{m+\varepsilon}) \cdot [\boldsymbol{x}^{(j)}_{m+\varepsilon} - \boldsymbol{x}^{(0)}_{m+\varepsilon}] < 0,
\end{aligned}
\right\} \text{当 } \boldsymbol{n}_{\partial\Omega_{ij}} \to \Omega_i \text{ 时,}
$$

$$\tag{2.3.13}$$

则称流 $\boldsymbol{x}^{(i)}(t)$ 在边界 $\overrightarrow{\partial\Omega}_{ij}$ 上点 $\boldsymbol{x}_m$ 处的切分支为第二类不可穿越流的转换分支 (或称为源分支).

引理 2.3.7　对于不连续动力系统 (2.1.1)—(2.1.3), t_m 时刻在两个相邻区域 $\Omega_\alpha(\alpha = i, j)$ 的边界 $\partial\Omega_{ij}$ 上点为 $\boldsymbol{x}^{(0)}(t_m) = \boldsymbol{x}_m(\alpha \in \{i, j\})$. 假设 $\boldsymbol{x}^{(i)}(t_{m\pm}) = \boldsymbol{x}_m = \boldsymbol{x}^{(j)}(t_{m+})$. 对于任意小的 $\varepsilon > 0$, 存在两个时间区间 $[t_{m-\varepsilon}, t_m)$ 和 $(t_m, t_{m+\varepsilon}]$. 区域内的流 $\boldsymbol{x}^{(i)}(t)$ 和 $\boldsymbol{x}^{(j)}(t)$ 关于 t 分别是 $C^{r_i}_{[t_{m-\varepsilon}, t_{m+\varepsilon}]}$ 和 $C^{r_j}_{[t_{m-\varepsilon}, t_m)}$ 连续的, 且 $\left\|\dfrac{\mathrm{d}^{r_\alpha+1}\boldsymbol{x}^{(\alpha)}}{\mathrm{d}t^{r_\alpha+1}}\right\| < \infty (r_\alpha \geqslant 2, \alpha \in \{i, j\})$. 在边界 $\overrightarrow{\partial\Omega}_{ij}$ 上的点 $\boldsymbol{x}_m$ 处由半穿越流 $\boldsymbol{x}^{(i)}(t)$ 和 $\boldsymbol{x}^{(j)}(t)$ 转换成第二类不可穿越流的源分支 (或可穿越流源分支) 发生的充要条件为

$$
\left.
\begin{aligned}
&G^{(i)}_{\partial\Omega_{ij}}(\boldsymbol{x}_m, t_{m\pm}, \boldsymbol{p}_i, \boldsymbol{\lambda}) = 0, \quad \text{且} \\
&\left.
\begin{aligned}
G^{(j)}_{\partial\Omega_{ij}}(\boldsymbol{x}_m, t_{m+}, \boldsymbol{p}_j, \boldsymbol{\lambda}) > 0, \\
G^{(1,i)}_{\partial\Omega_{ij}}(\boldsymbol{x}_m, t_{m\pm}, \boldsymbol{p}_i, \boldsymbol{\lambda}) < 0,
\end{aligned}
\right\} \text{当 } \boldsymbol{n}_{\partial\Omega_{ij}} \to \Omega_j \text{ 时,}
\end{aligned}
\right.
$$

或

$$
\left.
\begin{aligned}
G^{(j)}_{\partial\Omega_{ij}}(\boldsymbol{x}_m, t_{m+}, \boldsymbol{p}_j, \boldsymbol{\lambda}) < 0, \\
G^{(1,i)}_{\partial\Omega_{ij}}(\boldsymbol{x}_m, t_{m\pm}, \boldsymbol{p}_i, \boldsymbol{\lambda}) > 0,
\end{aligned}
\right\} \text{当 } \boldsymbol{n}_{\partial\Omega_{ij}} \to \Omega_i \text{ 时.}
$$

$$\tag{2.3.14}$$

定义 2.3.8　考虑不连续动力系统 (2.1.1)—(2.1.3), t_m 时刻在两个相邻区域 $\Omega_\alpha(\alpha = i, j)$ 的边界 $\partial\Omega_{ij}$ 上点为 $\boldsymbol{x}^{(0)}(t_m) = \boldsymbol{x}_m(\alpha \in \{i, j\})$. 假设 $\boldsymbol{x}^{(i)}(t_{m\pm}) =$

$\boldsymbol{x}_m = \boldsymbol{x}^{(j)}(t_{m\pm})$. 对任意 $\varepsilon > 0$, 存在时间区间 $[t_{m-\varepsilon}, t_m)$ 和 $(t_m, t_{m+\varepsilon}]$. 如果区域内的流 $\boldsymbol{x}^{(i)}(t)$ 和 $\boldsymbol{x}^{(j)}(t)$ 分别是 $C^{r_i}_{[t_{m-\varepsilon}, t_m)}$ 和 $C^{r_j}_{[t_{m-\varepsilon}, t_{m+\varepsilon}]}$ $(r_\alpha \geqslant 2, \alpha = i, j)$ 连续的且 $\left\| \dfrac{\mathrm{d}^{r_\alpha+1}\boldsymbol{x}^{(\alpha)}}{\mathrm{d}t^{r_\alpha+1}} \right\| < \infty$. 如果满足如下条件

$$
\left.
\begin{aligned}
&G^{(i)}_{\partial\Omega_{ij}}(\boldsymbol{x}_m, t_{m-}, \boldsymbol{p}_i, \boldsymbol{\lambda}) = 0 \text{ 和 } G^{(j)}_{\partial\Omega_{ij}}(\boldsymbol{x}_m, t_{m+}, \boldsymbol{p}_j, \boldsymbol{\lambda}) = 0, \\
&G^{(1,i)}_{\partial\Omega_{ij}}(\boldsymbol{x}_m, t_{m-}, \boldsymbol{p}_i, \boldsymbol{\lambda}) \neq 0 \text{ 和 } G^{(1,j)}_{\partial\Omega_{ij}}(\boldsymbol{x}_m, t_{m+}, \boldsymbol{p}_j, \boldsymbol{\lambda}) \neq 0; \\
&\left.
\begin{aligned}
\boldsymbol{n}^{\mathrm{T}}_{\partial\Omega_{ij}}(\boldsymbol{x}^{(0)}_{m-\varepsilon}) \cdot [\boldsymbol{x}^{(0)}_{m-\varepsilon} - \boldsymbol{x}^{(i)}_{m-\varepsilon}] > 0, \\
\boldsymbol{n}^{\mathrm{T}}_{\partial\Omega_{ij}}(\boldsymbol{x}^{(0)}_{m+\varepsilon}) \cdot [\boldsymbol{x}^{(i)}_{m+\varepsilon} - \boldsymbol{x}^{(0)}_{m+\varepsilon}] < 0, \\
\boldsymbol{n}^{\mathrm{T}}_{\partial\Omega_{ij}}(\boldsymbol{x}^{(0)}_{m-\varepsilon}) \cdot [\boldsymbol{x}^{(0)}_{m-\varepsilon} - \boldsymbol{x}^{(j)}_{m-\varepsilon}] < 0, \\
\boldsymbol{n}^{\mathrm{T}}_{\partial\Omega_{ij}}(\boldsymbol{x}^{(0)}_{m+\varepsilon}) \cdot [\boldsymbol{x}^{(j)}_{m+\varepsilon} - \boldsymbol{x}^{(0)}_{m+\varepsilon}] > 0,
\end{aligned}
\right\} \text{当 } \boldsymbol{n}_{\partial\Omega_{ij}} \to \Omega_j \text{ 时,}
\end{aligned}
\right\}
$$

或

$$
\left.
\begin{aligned}
\boldsymbol{n}^{\mathrm{T}}_{\partial\Omega_{ij}}(\boldsymbol{x}^{(0)}_{m-\varepsilon}) \cdot [\boldsymbol{x}^{(0)}_{m-\varepsilon} - \boldsymbol{x}^{(i)}_{m-\varepsilon}] < 0, \\
\boldsymbol{n}^{\mathrm{T}}_{\partial\Omega_{ij}}(\boldsymbol{x}^{(0)}_{m+\varepsilon}) \cdot [\boldsymbol{x}^{(i)}_{m+\varepsilon} - \boldsymbol{x}^{(0)}_{m+\varepsilon}] > 0, \\
\boldsymbol{n}^{\mathrm{T}}_{\partial\Omega_{ij}}(\boldsymbol{x}^{(0)}_{m-\varepsilon}) \cdot [\boldsymbol{x}^{(0)}_{m-\varepsilon} - \boldsymbol{x}^{(j)}_{m-\varepsilon}] > 0, \\
\boldsymbol{n}^{\mathrm{T}}_{\partial\Omega_{ij}}(\boldsymbol{x}^{(0)}_{m+\varepsilon}) \cdot [\boldsymbol{x}^{(j)}_{m+\varepsilon} - \boldsymbol{x}^{(0)}_{m+\varepsilon}] < 0,
\end{aligned}
\right\} \text{当 } \boldsymbol{n}_{\partial\Omega_{ij}} \to \Omega_i \text{ 时,}
\tag{2.3.15}
$$

则称流 $\boldsymbol{x}^{(i)}(t)$ 和 $\boldsymbol{x}^{(j)}(t)$ 在边界 $\overrightarrow{\partial\Omega_{ij}}$ 上点 $(\boldsymbol{x}_m, t_m)$ 处的切分支为由 $\overrightarrow{\partial\Omega_{ij}}$ 到 $\overleftarrow{\partial\Omega_{ij}}$ 的转换分支.

引理 2.3.8 对于不连续动力系统 (2.1.1)—(2.1.3), t_m 时刻在两个相邻区域 $\Omega_\alpha(\alpha = i, j)$ 的边界 $\partial\Omega_{ij}$ 上点为 $\boldsymbol{x}^{(0)}(t_m) = \boldsymbol{x}_m(\alpha \in \{i, j\})$. 假设 $\boldsymbol{x}^{(i)}(t_{m\pm}) = \boldsymbol{x}_m = \boldsymbol{x}^{(j)}(t_{m\pm})$. 对于任意小的 $\varepsilon > 0$, 存在时间区间 $[t_{m-\varepsilon}, t_{m+\varepsilon}]$. 区域内的流 $\boldsymbol{x}^{(\alpha)}(t)$ 关于 t 是 $C^{r_\alpha}_{[t_{m-\varepsilon}, t_{m+\varepsilon}]}$ 连续的, 且 $\left\| \dfrac{d^{r_\alpha+1}\boldsymbol{x}^{(\alpha)}}{dt^{r_\alpha+1}} \right\| < \infty(r_\alpha \geqslant 3, \alpha \in \{i, j\})$, 则区域内的流 $\boldsymbol{x}^{(i)}(t)$ 和 $\boldsymbol{x}^{(j)}(t)$ 在边界 $\overrightarrow{\partial\Omega_{ij}}$ 上的点 $\boldsymbol{x}_m$ 处发生切分支 (或由 $\overrightarrow{\partial\Omega_{ij}}$ 到 $\overleftarrow{\partial\Omega_{ij}}$ 的转换分支) 的充要条件为

$$
\left.
\begin{aligned}
&G^{(i)}_{\partial\Omega_{ij}}(\boldsymbol{x}_m, t_{m-}, \boldsymbol{p}_j, \boldsymbol{\lambda}) = 0 \text{ 和 } G^{(j)}_{\partial\Omega_{ij}}(\boldsymbol{x}_m, t_{m+}, \boldsymbol{p}_i, \boldsymbol{\lambda}) = 0, \\
&\left.
\begin{aligned}
G^{(1,i)}_{\partial\Omega_{ij}}(\boldsymbol{x}_m, t_{m-}, \boldsymbol{p}_i, \boldsymbol{\lambda}) < 0, \\
G^{(1,j)}_{\partial\Omega_{ij}}(\boldsymbol{x}_m, t_{m-}, \boldsymbol{p}_j, \boldsymbol{\lambda}) > 0,
\end{aligned}
\right\} \text{当 } \boldsymbol{n}_{\partial\Omega_{ij}} \to \Omega_j \text{ 时,}
\end{aligned}
\right\}
$$

或

$$
\left.
\begin{aligned}
G^{(1,i)}_{\partial\Omega_{ij}}(\boldsymbol{x}_m, t_{m-}, \boldsymbol{p}_i, \boldsymbol{\lambda}) > 0, \\
G^{(1,j)}_{\partial\Omega_{ij}}(\boldsymbol{x}_m, t_{m-}, \boldsymbol{p}_j, \boldsymbol{\lambda}) < 0,
\end{aligned}
\right\} \text{当 } \boldsymbol{n}_{\partial\Omega_{ij}} \to \Omega_i \text{ 时.}
\tag{2.3.16}
$$

定义 2.3.9　考虑不连续动力系统 (2.1.1)—(2.1.3), t_m 时刻在两个相邻区域 $\Omega_\alpha(\alpha = i, j)$ 的边界 $\partial\Omega_{ij}$ 上点为 $\boldsymbol{x}^{(0)}(t_m) = \boldsymbol{x}_m(\alpha \in \{i, j\})$. 假设 $\boldsymbol{x}^{(i)}(t_{m-}) = \boldsymbol{x}_m = \boldsymbol{x}^{(j)}(t_{m\pm})$. 对任意 $\varepsilon > 0$, 存在时间区间 $[t_{m-\varepsilon}, t_m)$ 和 $(t_m, t_{m+\varepsilon}]$. 如果区域内的流 $\boldsymbol{x}^{(i)}(t)$ 和 $\boldsymbol{x}^{(j)}(t)$ 分别是 $C^{r_i}_{[t_{m-\varepsilon}, t_m]}$ 和 $C^{r_j}_{[t_{m-\varepsilon}, t_{m+\varepsilon}]}$ $(r_\alpha \geqslant 2, \alpha = i, j)$ 连续的且 $\left\| \dfrac{d^{r_\alpha+1}\boldsymbol{x}^{(\alpha)}}{dt^{r_\alpha+1}} \right\| < \infty$. 如果满足如下条件

$$
\left.
\begin{aligned}
&G^{(j)}_{\partial\Omega_{ij}}(\boldsymbol{x}_m, t_{m\pm}, \boldsymbol{p}_j, \boldsymbol{\lambda}) = 0, \\
&G^{(i)}_{\partial\Omega_{ij}}(\boldsymbol{x}_m, t_{m-}, \boldsymbol{p}_i, \boldsymbol{\lambda}) \neq 0, \\
&G^{(1,j)}_{\partial\Omega_{ij}}(\boldsymbol{x}_m, t_{m\pm}, \boldsymbol{p}_j, \boldsymbol{\lambda}) \neq 0; \\[4pt]
&\left.
\begin{aligned}
&\boldsymbol{n}^{\mathrm{T}}_{\partial\Omega_{ij}}(\boldsymbol{x}^{(0)}_{m-\varepsilon}) \cdot [\boldsymbol{x}^{(0)}_{m-\varepsilon} - \boldsymbol{x}^{(i)}_{m-\varepsilon}] > 0, \\
&\boldsymbol{n}^{\mathrm{T}}_{\partial\Omega_{ij}}(\boldsymbol{x}^{(0)}_{m-\varepsilon}) \cdot [\boldsymbol{x}^{(0)}_{m-\varepsilon} - \boldsymbol{x}^{(j)}_{m-\varepsilon}] < 0, \\
&\boldsymbol{n}^{\mathrm{T}}_{\partial\Omega_{ij}}(\boldsymbol{x}^{(0)}_{m+\varepsilon}) \cdot [\boldsymbol{x}^{(j)}_{m+\varepsilon} - \boldsymbol{x}^{(0)}_{m+\varepsilon}] > 0,
\end{aligned}
\right\} \text{当} \boldsymbol{n}_{\partial\Omega_{ij}} \to \Omega_j \text{时,} \\[4pt]
\text{或} \\
&\left.
\begin{aligned}
&\boldsymbol{n}^{\mathrm{T}}_{\partial\Omega_{ij}}(\boldsymbol{x}^{(0)}_{m-\varepsilon}) \cdot [\boldsymbol{x}^{(0)}_{m-\varepsilon} - \boldsymbol{x}^{(i)}_{m-\varepsilon}] < 0, \\
&\boldsymbol{n}^{\mathrm{T}}_{\partial\Omega_{ij}}(\boldsymbol{x}^{(0)}_{m-\varepsilon}) \cdot [\boldsymbol{x}^{(0)}_{m-\varepsilon} - \boldsymbol{x}^{(j)}_{m-\varepsilon}] > 0, \\
&\boldsymbol{n}^{\mathrm{T}}_{\partial\Omega_{ij}}(\boldsymbol{x}^{(0)}_{m+\varepsilon}) \cdot [\boldsymbol{x}^{(j)}_{m+\varepsilon} - \boldsymbol{x}^{(0)}_{m+\varepsilon}] < 0,
\end{aligned}
\right\} \text{当} \boldsymbol{n}_{\partial\Omega_{ij}} \to \Omega_i \text{时,}
\end{aligned}
\right\} \tag{2.3.17}
$$

则称流 $\boldsymbol{x}^{(j)}(t)$ 在汇边界 $\widetilde{\partial\Omega}_{ij}$ 上点 $\boldsymbol{x}_m$ 处的切分支为第一类不可穿越流碎裂分支 (或称为滑模碎裂分支).

引理 2.3.9　对于不连续动力系统 (2.1.1)—(2.1.3), 在 t_m 时刻, $\boldsymbol{x}(t_m) \equiv \boldsymbol{x}_m \in [\boldsymbol{x}_{m_1}, \boldsymbol{x}_{m_2}] \subset \widetilde{\partial\Omega}_{ij}$. 对于任意小的 $\varepsilon > 0$, 存在两个时间区间 $[t_{m-\varepsilon}, t_m)$ 和 $(t_m, t_{m+\varepsilon}]$. 假设 $\boldsymbol{x}^{(i)}(t_{m-}) = \boldsymbol{x}_m = \boldsymbol{x}^{(j)}(t_{m\pm})$. 区域内的流 $\boldsymbol{x}^{(i)}(t)$ 和流 $\boldsymbol{x}^{(j)}(t)$ 关于 t 分别是 $C^{r_i}_{[t_{m-\varepsilon}, t_m)}$ 和 $C^{r_j}_{(t_m, t_{m+\varepsilon}]}$ 连续的, 且 $\left\| \dfrac{d^{r_\alpha+1}\boldsymbol{x}^{(\alpha)}}{dt^{r_\alpha+1}} \right\| < \infty (r_\alpha \geqslant 2, \alpha \in \{i, j\})$. 在边界 $\widetilde{\partial\Omega}_{ij}$ 上的点 $\boldsymbol{x}_m$ 处出现流 $\boldsymbol{x}^{(i)}(t)$ 和流 $\boldsymbol{x}^{(j)}(t)$ 的第一类不可穿越流的碎裂分支 (或滑模碎裂分支) 的充要条件为

$$
\left.
\begin{aligned}
&G^{(j)}_{\partial\Omega_{ij}}(\boldsymbol{x}_m, t_{m\pm}, \boldsymbol{p}_j, \boldsymbol{\lambda}) = 0, \quad \text{且} \\[4pt]
&\left.
\begin{aligned}
&G^{(i)}_{\partial\Omega_{ij}}(\boldsymbol{x}_m, t_{m-}, \boldsymbol{p}_i, \boldsymbol{\lambda}) > 0, \\
&G^{(1,j)}_{\partial\Omega_{ij}}(\boldsymbol{x}_m, t_{m\pm}, \boldsymbol{p}_j, \boldsymbol{\lambda}) > 0,
\end{aligned}
\right\} \text{当} \boldsymbol{n}_{\partial\Omega_{ij}} \to \Omega_j \text{时,} \\[4pt]
\text{或} \\
&\left.
\begin{aligned}
&G^{(i)}_{\partial\Omega_{ij}}(\boldsymbol{x}_m, t_{m-}, \boldsymbol{p}_i, \boldsymbol{\lambda}) < 0, \\
&G^{(1,j)}_{\partial\Omega_{ij}}(\boldsymbol{x}_m, t_{m\pm}, \boldsymbol{p}_j, \boldsymbol{\lambda}) < 0,
\end{aligned}
\right\} \text{当} \boldsymbol{n}_{\partial\Omega_{ij}} \to \Omega_i \text{时.}
\end{aligned}
\right\} \tag{2.3.18}
$$

定义 2.3.10　考虑不连续动力系统 (2.1.1)—(2.1.3)，t_m 时刻在两个相邻区域 $\Omega_\alpha(\alpha = i,j)$ 的边界 $\partial\Omega_{ij}$ 上点为 $\boldsymbol{x}^{(0)}(t_m) = \boldsymbol{x}_m(\alpha \in \{i,j\})$. 假设 $\boldsymbol{x}^{(i)}(t_{m\pm}) = \boldsymbol{x}_m = \boldsymbol{x}^{(j)}(t_{m+})$. 对任意 $\varepsilon > 0$，存在时间区间 $[t_{m-\varepsilon}, t_m)$ 和 $(t_m, t_{m+\varepsilon}]$. 如果区域内的流 $\boldsymbol{x}^{(i)}(t)$ 和 $\boldsymbol{x}^{(j)}(t)$ 分别是 $C^{r_i}_{[t_{m-\varepsilon}, t_{m+\varepsilon}]}$ 和 $C^{r_j}_{[t_{m-\varepsilon}, t_m)}$ $(r_\alpha \geqslant 2, \alpha = i,j)$ 连续的且 $\left\|\dfrac{\mathrm{d}^{r_\alpha+1}\boldsymbol{x}^{(\alpha)}}{\mathrm{d}t^{r_\alpha+1}}\right\| < \infty$. 如果满足如下条件

$$
\left.\begin{array}{l}
G^{(j)}_{\partial\Omega_{ij}}(\boldsymbol{x}_m, t_{m\pm}, \boldsymbol{p}_j, \boldsymbol{\lambda}) = 0, \\[4pt]
G^{(i)}_{\partial\Omega_{ij}}(\boldsymbol{x}_m, t_{m-}, \boldsymbol{p}_i, \boldsymbol{\lambda}) \neq 0, \\[4pt]
G^{(1,j)}_{\partial\Omega_{ij}}(\boldsymbol{x}_m, t_{m\pm}, \boldsymbol{p}_j, \boldsymbol{\lambda}) \neq 0;
\end{array}\right.
$$

$$
\left.\begin{array}{l}
\boldsymbol{n}^{\mathrm{T}}_{\partial\Omega_{ij}}(\boldsymbol{x}^{(0)}_{m-\varepsilon}) \cdot [\boldsymbol{x}^{(0)}_{m-\varepsilon} - \boldsymbol{x}^{(i)}_{m-\varepsilon}] > 0, \\[4pt]
\boldsymbol{n}^{\mathrm{T}}_{\partial\Omega_{ij}}(\boldsymbol{x}^{(0)}_{m-\varepsilon}) \cdot [\boldsymbol{x}^{(0)}_{m-\varepsilon} - \boldsymbol{x}^{(j)}_{m-\varepsilon}] < 0, \\[4pt]
\boldsymbol{n}^{\mathrm{T}}_{\partial\Omega_{ij}}(\boldsymbol{x}^{(0)}_{m+\varepsilon}) \cdot [\boldsymbol{x}^{(j)}_{m+\varepsilon} - \boldsymbol{x}^{(0)}_{m+\varepsilon}] > 0,
\end{array}\right\} \text{当 } \boldsymbol{n}_{\partial\Omega_{ij}} \to \Omega_j \text{ 时,}
$$

或

$$
\left.\begin{array}{l}
\boldsymbol{n}^{\mathrm{T}}_{\partial\Omega_{ij}}(\boldsymbol{x}^{(0)}_{m-\varepsilon}) \cdot [\boldsymbol{x}^{(0)}_{m-\varepsilon} - \boldsymbol{x}^{(i)}_{m-\varepsilon}] < 0, \\[4pt]
\boldsymbol{n}^{\mathrm{T}}_{\partial\Omega_{ij}}(\boldsymbol{x}^{(0)}_{m-\varepsilon}) \cdot [\boldsymbol{x}^{(0)}_{m-\varepsilon} - \boldsymbol{x}^{(j)}_{m-\varepsilon}] > 0, \\[4pt]
\boldsymbol{n}^{\mathrm{T}}_{\partial\Omega_{ij}}(\boldsymbol{x}^{(0)}_{m+\varepsilon}) \cdot [\boldsymbol{x}^{(j)}_{m+\varepsilon} - \boldsymbol{x}^{(0)}_{m+\varepsilon}] < 0,
\end{array}\right\} \text{当 } \boldsymbol{n}_{\partial\Omega_{ij}} \to \Omega_i \text{ 时,}
$$

(2.3.19)

则称流 $\boldsymbol{x}^{(i)}(t)$ 在源边界 $\widehat{\partial\Omega_{ij}}$ 上点 $(\boldsymbol{x}_m, t_m)$ 处的切分支为第二类不可穿越流碎裂分支 (或称为源碎裂分支).

引理 2.3.10　对于不连续动力系统 (2.1.1)—(2.1.3)，t_m 时刻在两个相邻区域 $\Omega_\alpha(\alpha = i,j)$ 的边界 $\partial\Omega_{ij}$ 上点为 $\boldsymbol{x}^{(0)}(t_m) = \boldsymbol{x}_m(\alpha \in \{i,j\})$. 假设 $\boldsymbol{x}^{(i)}(t_{m\pm}) = \boldsymbol{x}_m = \boldsymbol{x}^{(j)}(t_{m+})$. 对任意小的 $\varepsilon > 0$，存在两个时间区间 $[t_{m-\varepsilon}, t_m)$ 和 $(t_m, t_{m+\varepsilon}]$. 区域内的流 $\boldsymbol{x}^{(i)}(t)$ 和 $\boldsymbol{x}^{(j)}(t)$ 关于 t 分别是 $C^{r_i}_{[t_{m-\varepsilon}, t_{m+\varepsilon}]}$ 和 $C^{r_j}_{[t_{m-\varepsilon}, t_m)}$ 连续的，且 $\left\|\dfrac{\mathrm{d}^{r_\alpha+1}\boldsymbol{x}^{(\alpha)}}{\mathrm{d}t^{r_\alpha+1}}\right\| < \infty (r_\alpha \geqslant 2, \alpha \in \{i,j\})$. 在边界 $\overrightarrow{\partial\Omega_{ij}}$ 上的点 $\boldsymbol{x}_m$ 处出现流 $\boldsymbol{x}^{(i)}(t)$ 和流 $\boldsymbol{x}^{(j)}(t)$ 的第二类不可穿越流的碎裂分支 (或源碎裂分支) 的充要条件为

$$
\left.\begin{array}{l}
G^{(i)}_{\partial\Omega_{ij}}(\boldsymbol{x}_m, t_{m\pm}, \boldsymbol{p}_i, \boldsymbol{\lambda}) = 0, \quad \text{且} \\[4pt]
\left.\begin{array}{l}
G^{(j)}_{\partial\Omega_{ij}}(\boldsymbol{x}_m, t_{m+}, \boldsymbol{p}_j, \boldsymbol{\lambda}) > 0, \\[4pt]
G^{(1,i)}_{\partial\Omega_{ij}}(\boldsymbol{x}_m, t_{m\pm}, \boldsymbol{p}_i, \boldsymbol{\lambda}) < 0,
\end{array}\right\} \text{当 } \boldsymbol{n}_{\partial\Omega_{ij}} \to \Omega_j \text{ 时,} \\[18pt]
\text{或} \\[4pt]
\left.\begin{array}{l}
G^{(j)}_{\partial\Omega_{ij}}(\boldsymbol{x}_m, t_{m+}, \boldsymbol{p}_j, \boldsymbol{\lambda}) < 0, \\[4pt]
G^{(1,i)}_{\partial\Omega_{ij}}(\boldsymbol{x}_m, t_{m\pm}, \boldsymbol{p}_i, \boldsymbol{\lambda}) > 0,
\end{array}\right\} \text{当 } \boldsymbol{n}_{\partial\Omega_{ij}} \to \Omega_i \text{ 时.}
\end{array}\right\}
$$

(2.3.20)

　　有了上述各种流和切换分支的定义以及相关判别条件后, 针对具体给定系统, 可以利用新的度量函数判断系统的动力学行为, 对流的各种状态及分支情况进行研究.

　　本章首先阐述了不连续动力系统的概念及符号表示, 并系统地介绍了不连续动力系统各种流的定义; 其次阐述了不连续动力系统流的局部奇异性的度量工具——G 函数及其思想, 并介绍了零阶 G 函数与高阶 G 函数的定义, 同时为了能更好地理解 G 函数, 对于具体的例子给出了具体 G 函数的表达形式, 从而进一步说明 G 函数广泛的适用范围, 当对单个连续系统进行研究时常用的 Lyapunov 函数是一种特殊的 G 函数形式; 最后, 结合 G 函数的思想, 利用域内流和边界流重新阐述了不连续动力系统各种流的定义, 介绍了利用 G 函数判定系统各种流的充要条件, 以及各种转换分支发生的充要条件.

附　　注

　　本章中 2.1 节内容主要引自文献 [1, 6], 2.2 节主要引自文献 [2], 2.3 节主要引自文献 [6]. 其中引理 2.3.1 至引理 2.3.3 引自参考文献 [3], 定义 2.2.1 至定义 2.2.2 引自文献 [5].

参 考 文 献

[1]　Luo A C J. A theory for non-smooth dynamic systems on the connectable domains. Communications in Nonlinear Science and Numerical Simulation, 2005, 10(1): 1-55.

[2]　Luo A C J. Singularity and Dynamics on Discontinuous Vector Fields. Amsterdam: Elsevier, 2006.

[3]　Luo A C J. A theory for flow switchability in discontinuous dynamical systems. Nonlinear Analysis: Hybrid Systems, 2008, 2(4): 1030-1061.

[4]　Luo A C J. Global Transversality, Resonance and Chaotic Dynamics. Singapore: World Scientific, 2008.

[5]　Luo A C J. Discontinuous Dynamical Systems on Time-varying Domains. Beijing: Higher Education Press, 2009.

[6]　Luo A C J. Discontinuous Dynamical Systems. Beijing: Higher Education Press, 2012.

第3章 不连续动力系统的映射动力学

本章主要介绍不连续动力系统的映射动力学. 本章内容源自 Luo A C J 的动态域上不连续动力系统理论. 第 3.1 节分别介绍具时间切换的不连续动力系统和具边界转换的不连续动力系统两种基本类型; 第 3.2 节针对上述两类不连续动力系统, 分别介绍不连续动力系统映射动力学的基本理论; 第 3.3 节运用不连续动力系统映射动力学理论研究系统的周期运动, 借助系统周期流的一般映射结构以及映射的 Jacobi 矩阵和特征值, 给出周期流的局部稳定性和分支预测的解析结果.

3.1 不连续动力系统的基本类型

不连续动力系统广泛存在于现实世界中, 它可以更好的描述实际问题, 并提供更加充分和精确的数学模型及系统预测. 自 2005 年起, Luo[1-6] 研究了由相空间中不同子域上相应若干子系统组成的不连续动力系统, 除此之外, 不连续动力系统还可以看作由若干个不同时间间隔上具有不同动力学性质的连续子动力系统组成的整体[7]. 对于不连续动力系统而言, 一般来说, 任何连续子系统的动力学性质不同于其相邻连续子系统的动力学性质, 而造成系统出现不连续主要有两种情形, 一种是由于系统达到切换时刻受传输率的作用在若干连续子系统之间切换而导致的时间切换不连续, 另一种则往往是由于系统流在动态边界附近穿越至另一子域而导致动力学性质出现不同的边界转换不连续.

3.1.1 具时间切换的不连续动力系统

若已知不连续动力系统在边界附近出现流的转换或切换的时刻, 则系统将在达到这些时刻时, 受边界系统的作用在若干连续子系统之间切换, 从而成为具时间切换的不连续动力系统. 切换系统即这种情形的典型例子, 其中传输率即边界系统, 切换时刻即发生流的转换或切换的时刻.

假设在第 i 个开子域 $\Omega_i(i = 1, 2, \cdots, m, m \leqslant M)$ 内, 存在一个区间 $[t_{k-1}, t_k]$ 上的 $C^{r_i}(r_i \geqslant 1)$ 连续系统

$$\dot{\boldsymbol{x}}^{(i)} = \boldsymbol{F}^{(i)}(\boldsymbol{x}^{(i)}, t, \boldsymbol{p}_i), t \in [t_{k-1}, t_k], \tag{3.1.1}$$

其中 $\boldsymbol{x}^{(i)} = (x_1^{(i)}, x_2^{(i)}, \cdots, x_n^{(i)})^{\mathrm{T}} \in \Omega_i$, 向量场 $\boldsymbol{F}^{(i)}(\boldsymbol{x}^{(i)}, t, \boldsymbol{p}_i)$ 关于状态向量 $\boldsymbol{x}^{(i)}$ 和时间 t 是 $C^{r_i}(r_i \geqslant 1)$ 连续的, $\boldsymbol{p}_i$ 为参数向量. 在方程 (3.1.1) 中, $\boldsymbol{x}^{(i)}(t) =$

$\boldsymbol{\Phi}^{(i)}(\boldsymbol{x}_{k-1}^{(i)}, t, \boldsymbol{p}_i)$ 为系统的连续流, 且是 $C^{r_i+1}(r_i \geqslant 1)$ 连续的, 相应初始条件为
$\boldsymbol{x}_{k-1}^{(i)} = \boldsymbol{x}^{(i)}(t_{k-1}) = \boldsymbol{\Phi}^{(i)}(\boldsymbol{x}_{k-1}^{(i)}, t_{k-1}, \boldsymbol{p}_i)$.

为了研究包含若干子系统 (3.1.1) 的具时间切换的不连续动力系统, 考虑下列假设

(H3.1)　任意两个子系统之间流的切换关于时间 t 是连续的;

(H3.2)　在子域 $\Omega_i(i = 1, 2, \cdots, m)$ 内, 对 $t \in [t_{k-1}, t_k]$,

$$\left.\begin{aligned} \boldsymbol{F}^{(i)}(\boldsymbol{x}^{(i)}, t, \boldsymbol{p}_i) \in C^{r_i}, \\ \boldsymbol{\Phi}^{(i)}(\boldsymbol{x}_{k-1}^{(i)}, t, \boldsymbol{p}_i) \in C^{r_i+1}; \end{aligned}\right\} \tag{3.1.2}$$

(H3.3)　在子域 $\Omega_i(i = 1, 2, \cdots, m)$ 内, 对 $t \in [t_{k-1}, t_k]$,

$$\left.\begin{aligned} \|\boldsymbol{F}^{(i)}\| \leqslant K_1^{(i)}, \\ \|\boldsymbol{\Phi}^{(i)}\| \leqslant K_2^{(i)}, \end{aligned}\right\} \tag{3.1.3}$$

其中, $K_1^{(i)}$, $K_1^{(i)}$ 为常数;

(H3.4)　对 $t \in [t_{k-1}, t_k]$,

$$\boldsymbol{x}^{(i)}(t) = \boldsymbol{\Phi}^{(i)}(\boldsymbol{x}_{k-1}^{(i)}, t, \boldsymbol{p}_i) \notin \partial\Omega_i, \tag{3.1.4}$$

其中 $\partial\Omega_i$ 为开子域 Ω_i 的边界, 可以看作

$$\partial\Omega_i = \bar{\Omega}_i \backslash \Omega_i. \tag{3.1.5}$$

在假设 (H3.4) 下, 第 i 个子系统的任意流在 $t \in (t_{k-1}, t_k)$ 上, 即切换至相邻子系统之前, 不会达到边界, 否则可按照前面的具边界转换的不连续动力系统讨论. 通过上述假设, 相应子系统在有限时间区间上存在有限解, 从而可进一步讨论具时间切换的不连续动力系统的定义.

为了讨论切换系统的动力学行为, 首先给出有限切换时间区间上的连续动力系统集合的概念.

定义 3.1.1　对于动力系统 (3.1.1), 假设系统流发生切换的时刻为 $t_k(k \in Z_+)$, 在子域 $\Omega_i(i = 1, 2, \cdots, m)$ 内区间 $[t_{k-1}, t_k]$ 上的动力系统集合为

$$\mathbb{S} = \{S_i | i = 1, 2, \cdots, m\}, \tag{3.1.6}$$

其中

$$S_i = \{\dot{\boldsymbol{x}}^{(i)} = \boldsymbol{F}^{(i)}(\boldsymbol{x}^{(i)}, t, \boldsymbol{p}_i) | \boldsymbol{x}^{(i)} \in \Omega_i, \boldsymbol{x}^{(i)}(t_{k-1}) = \boldsymbol{x}_{k-1}^{(i)}, t \in [t_{k-1}, t_k], k \in Z_+\}. \tag{3.1.7}$$

基于上述定义, 考虑第 i 个动力系统 S_i 对应的相空间, 即第 i 个子空间为

$$\Omega_i = \{\boldsymbol{x}(t) \big| \boldsymbol{x}^{(i)}(t) = \boldsymbol{\Phi}^{(i)}(\boldsymbol{x}_{k-1}^{(i)}, t, \boldsymbol{p}_i), t \in [t_{k-1}, t_k], k \in Z_+\}, i = 1, 2, \cdots, m. \tag{3.1.8}$$

由此可以将系统的相空间划分为依赖切换时刻 t_k 的若干子空间及其之间的边界

$$\Omega \backslash \Omega_0 = \left(\bigcup_{i=1}^{m} \Omega_i \right) \cup \left(\bigcup_{j=1}^{m} \partial \Omega_j \right). \tag{3.1.9}$$

为了研究切换系统在任意两个子空间之间流的切换问题, 首先基于具时间切换的不连续动力系统相邻两个子空间的上述两种关系, 介绍两种流的连续切换的定义并给出传输率的概念.

定义 3.1.2 考虑动力系统集合 (3.1.6) 中的任意两个动力系统 S_i, S_j, 对应子域为 Ω_i, Ω_j,

(i) 在 t_k 时刻, 对于 $\boldsymbol{x}_k^{(i)}, \boldsymbol{x}_k^{(j)} \in \Omega_i \cap \Omega_j \neq \varnothing$, 若

$$\begin{cases} \dfrac{\mathrm{d}^s \boldsymbol{x}_k^{(i)}}{\mathrm{d}t^s} = \dfrac{\mathrm{d}^s \boldsymbol{x}_k^{(j)}}{\mathrm{d}t^s}, \ s = 0, 1, \cdots, r, \\[3mm] \dfrac{\mathrm{d}^{r+1} \boldsymbol{x}_k^{(i)}}{\mathrm{d}t^{r+1}} \neq \dfrac{\mathrm{d}^{r+1} \boldsymbol{x}_k^{(j)}}{\mathrm{d}t^{r+1}}, \end{cases} \tag{3.1.10}$$

则称系统 S_i 与 S_j 在 t_k 是 C^r-连续切换的;

(ii) 在 t_k 时刻, 对于 $\boldsymbol{x}_k^{(i)} \in \Omega_i, \boldsymbol{x}_k^{(j)} \in \Omega_j$, 若 $\boldsymbol{x}_k^{(i)} \neq \boldsymbol{x}_k^{(j)}$, 且存在传输率

$$\boldsymbol{g}^{(ij)}(t_k, \boldsymbol{x}_k^{(i)}, t_k, \boldsymbol{x}_k^{(j)}, \boldsymbol{p}_{ij}) = \boldsymbol{0}, \tag{3.1.11}$$

则称系统 S_i 与 S_j 在 t_k 是 C^0-连续切换的.

基于切换时刻对相空间进行的划分如图 3.1 所示, 其中阴影部分表示两个子空间 Ω_i 与 Ω_j 之间的重合部分, 由定义 3.1.2 可知, 在此区域可能出现 C^r-连续切换. 同时, 区域 $\Omega_i, \Omega_j, \Omega_s$ 之间流的不同切换如箭头所示, 实线箭头表示相邻两子系统之间的 C^r-连续切换 ($r \geqslant 1$), 虚线箭头表示借助传输率 $\boldsymbol{g}^{(js)} = 0$ 实现的相邻两子空间 Ω_j, Ω_s 之间的 C^0-连续切换.

由此, 根据不同时间区间上流的切换, 可以给出具时间切换的不连续动力系统的定义.

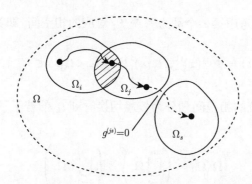

图 3.1　具时间切换的不连续动力系统流在不同子空间之间的切换

定义 3.1.3　考虑相空间的一个划分 (3.1.9), 对于定义在子空间 (3.1.8) 上的连续系统

$$\dot{\boldsymbol{x}}^{(\alpha_k)} = \boldsymbol{F}^{(\alpha_k)}(\boldsymbol{x}^{(\alpha_k)}, t, \boldsymbol{p}_{\alpha_k}), \quad t \in [t_{k-1}, t_k], \tag{3.1.12}$$

其中初始条件为 $\boldsymbol{x}^{(\alpha_1)}(t_0) = \boldsymbol{x}_0^{(\alpha_1)}, \alpha_k \in \{i_1, i_2, \cdots, i_{m'}\} \subseteq \{1, 2, \cdots, m\}, k \in Z_+$, 在切换时刻 t_k 处的传输率

$$\boldsymbol{g}^{(\alpha_k \alpha_{k+1})}(t_k, \boldsymbol{x}_k^{(\alpha_k)}, t_k, \boldsymbol{x}_k^{(\alpha_{k+1})}, \boldsymbol{p}_{\alpha_k \alpha_{k+1}}) = \boldsymbol{0} \tag{3.1.13}$$

的作用下若干 (3.1.12) 形成一个整体不连续的动力系统, 且满足假设 (H3.1)—(H3.4), 则称系统 (3.1.12)—(3.1.13) 为具时间切换的不连续动力系统.

作为不连续动力系统的特例, 脉冲微分系统中的固定时刻脉冲情形[8-10]

$$\begin{cases} \dot{x} = F(x, t), & t \neq t_k, \\ x(t^+) = h(x(t)), & t = t_k, k \in Z_+, \end{cases} \tag{3.1.14}$$

属于具时间切换的不连续动力系统, 其中由脉冲面函数解出的脉冲时刻 t_k 即切换时刻.

3.1.2　具边界转换的不连续动力系统

在文献 [1-6] 中, 一个不连续动力系统可由定义在其相空间子域内的相应子动力系统组成, 一旦系统流在动态边界附近出现穿越, 相应动力学性质则发生变化. 由 2.1 节定义 2.1.5, 这种因流达到边界穿越而产生的不连续动力系统称为具边界转换的不连续动力系统.

根据第 2 章可以知道, 对于 n 维空间中的一个由 M 个子动力系统组成的具边界转换的不连续动力系统, 其相空间 Ω 的可接近部分可以看作由 M 个可接近的子

域 Ω_i 及其之间的边界组成, 即

$$\Omega \backslash \Omega_0 = \left(\bigcup_{\alpha=1}^{M} \Omega_\alpha \right) \cup \left(\bigcup_{\alpha,\beta \in \{1,2,\cdots,M\}} \partial\Omega_{\alpha\beta} \right), \qquad (3.1.15)$$

其中, 边界 $\partial\Omega_{\alpha\beta}$ 由边界约束函数决定.

图 3.2 表示将全体空间重新按照子域和边界分类. 值得注意的是, (3.1.15) 是根据边界约束函数对相空间整体进行划分, 动态分离边界上包含了所有不连续碰撞点的状态. 而 (3.1.9) 是基于切换时刻的状态对相空间进行的更为细致的划分, 该划分可以包含若干 (3.1.8) 中的区间段, 每一个子空间都包含了不同时间区间上的相同连续动力系统对应的系统状态. 另外, 在划分 (3.1.9) 下, 两个子空间 Ω_i 与 Ω_j 可以有重合部分也可以彼此分离; 然而在具边界转换的不连续动力系统的区域划分下, 对任意的两个开子域 $\Omega_i \cap \Omega_j = \varnothing$. 这也是具边界转换的不连续动力系统与具时间切换的不连续动力系统的区别之一.

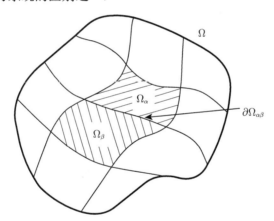

图 3.2　具边界转换的不连续动力系统相空间中相邻子空间及边界的划分

在实际问题中, 这种因达到一定边界而产生转换的现象广泛存在, 其中大多数问题可以归结成具边界转换的不连续动力系统. 下面以碰撞摩擦和脉冲问题为例, 简单介绍具边界转换的不连续动力系统的实际应用.

碰撞和摩擦作为机械工程中两种最基本的现象, 在若干实际问题中建立了两个动力系统之间的物理联系. 如图 3.3, 在齿轮传动系统的碰撞模型和干摩擦模型中, 每个齿轮都有自己的动力系统, 而相邻两个子系统并没有任何连接, 只能通过碰撞和摩擦完成传动, 除此之外两个动力系统彼此独立, 这种依靠共同时变边界的作用而联系在一起的系统就是具边界转换的不连续动力系统的典型例子[11].

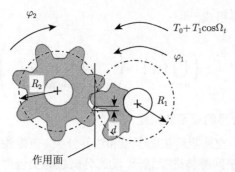

图 3.3　齿轮传动系统的碰撞和干摩擦模型[5]

另外, 作为不连续动力系统的特例, 脉冲微分系统中的依赖状态脉冲情形[8−10]

$$\begin{cases} \dot{x} = F(x,t), & t \neq \tau(x), \\ x(t^+) = h(x(t)), & t = \tau(x), \end{cases} \tag{3.1.16}$$

即具任意时刻脉冲的脉冲微分系统, 也属于具边界转换的不连续动力系统, 其中连续部分为各个子域内的连续动力系统, 依赖状态的脉冲面 $t = \tau(x)$ 为边界约束函数, 而脉冲函数 $x(t^+) = h(x(t))$ 是边界系统的动力学方程.

上述两类实际问题的数学模型及其动力学行为分析将在后续章节陆续给出。

3.2　不连续动力系统的映射动力学

本节针对两类不连续动力系统, 分别介绍不连续动力系统离散映射动力学的基本理论, 首先, 在具时间切换的不连续动力系统的切换时刻处定义转换集及其之间的基本映射, 然后, 在具边界转换的不连续动力系统的不连续边界上定义转换集及其之间的基本映射, 并利用基本映射分别定义一般运动的映射结构.

3.2.1　具时间切换的不连续动力系统的映射动力学

对于具时间切换的不连续动力系统, 其切换时刻为固定的时间序列, 相应转换点集合及基本映射均可借助切换时刻的信息给出. 首先由切换时刻给出所对应的转换集的概念.

定义 3.2.1　假设不连续动力系统 (3.1.12)—(3.1.13) 的流的切换时刻为 $t_k(k \in Z_+)$, 那么对第 i 个子空间 Ω_i 而言, 第 i 个转换集定义为

$$\Xi^{(i)} = \{ \boldsymbol{x}_k^{(i)} \,\big|\, \boldsymbol{x}_k^{(i)} = \boldsymbol{x}^{(i)}(t_k), k \in Z_+ \}. \tag{3.2.1}$$

在定义 3.2.1 中, 上标 (i) 表示转换集 $\Xi^{(i)}$ 中的点为子空间 Ω_i 内的转换时刻状态集合. 有了转换集的概念, 可以针对切换系统的连续部分和切换部分构造如下两类基本离散映射. 设 $\boldsymbol{x}_k^{(i)}$ 为转换集 $\Xi^{(i)}$ 上的任意点,

(1) 对于区间 $[t_{k-1}, t_k]$, 在子空间 Ω_i 内关于系统 (3.1.12)—(3.1.13) 的转换集 $\Xi^{(i)}$ 的域内映射为

$$P_i : \quad \Xi^{(i)} \to \Xi^{(i)}$$
$$\boldsymbol{x}_{k-1}^{(i)} \to \boldsymbol{x}_k^{(i)}; \tag{3.2.2}$$

(2) 在切换时刻 t_k, 关于系统 (3.1.12)—(3.1.13) 的相邻两个转换集 $\Xi^{(i)}$ 和 $\Xi^{(i+1)}$ 的传输映射为

$$P_0^{(i,i+1)} : \quad \Xi^{(i)} \to \Xi^{(i+1)}$$
$$\boldsymbol{x}_k^{(i)} \to \boldsymbol{x}_k^{(i+1)}, \tag{3.2.3}$$

其中域内映射 P_i 下标表示该映射经历的相邻两个转换集之间的子域, 映射结构遵循相应子域内的动力系统结构, 传输映射 $P_0^{(i,i+1)}$ 表示流在相邻两个转换集之间的行为, 由于具时间切换的不连续动力系统的流在切换时刻将从一个区域 Ω_i 切换至另一区域 Ω_{i+1}, 因此传输映射 $P_0^{(i,i+1)}$ 发生在切换时刻 $t_k (k \in Z_+)$. 在不需要特别指出相邻两个区域时, $P_0^{(i,i+1)}$ 可以简记为 P_0. 另外, 若系统存在不可连通域, 无论是具边界转换的不连续动力系统还是具时间切换的不连续动力系统, 均可参照传输映射给出基本映射.

图 3.4 展示了一维情形下的具时间切换的不连续动力系统相邻两个转换集上的基本映射, 其中空心圆点表示转换集上的点, 它们彼此之间的位于 Ω_i 和 Ω_{i+1} 内的域内映射分别为实线箭头 P_i, P_{i+1}, 相邻两个转换集之间的传输映射为虚线箭头 P_0, 在图中 P_0 表示在 t_k 时刻将 $x_k^{(i)}$ 切换为相邻转换集上的 $x_k^{(i+1)}$.

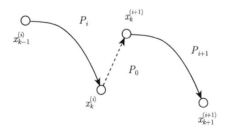

图 3.4   具时间切换的不连续动力系统转换集上的两类基本映射

这两类基本映射的控制方程可由连续部分的动力系统和切换部分的传输率得到. 在切换时刻 t_k, 对于相邻两转换集上的传输映射 P_0, 由传输率 (3.1.11) 可得到基本局部传输映射的控制方程为

$$\boldsymbol{g}^{(i,i+1)}(t_k, \boldsymbol{x}_k^{(i)}, t_k, \boldsymbol{x}_k^{(i+1)}) = \boldsymbol{0}, \tag{3.2.4}$$

其中, 对于 C^0-连续切换, $\boldsymbol{g}^{(i,i+1)} = \boldsymbol{x}_k^{(i+1)} - \boldsymbol{x}_k^{(i)}$; 对于 C^r-连续切换, (3.2.4) 可以表示为

$$\frac{\mathrm{d}^s \boldsymbol{g}^{(i,i+1)}}{\mathrm{d}t^s} = \frac{\mathrm{d}^s \boldsymbol{x}_k^{(i+1)}}{\mathrm{d}t^s} - \frac{\mathrm{d}^s \boldsymbol{x}_k^{(i)}}{\mathrm{d}t^s} = 0, \ s = 0, 1, \cdots, r. \tag{3.2.5}$$

在区间 $[t_{k-1}, t_k]$ 上, 对于连续子空间内的连续基本映射 P_i, 应用子系统上的方程 (3.1.1) 知, 基本局部域内映射的控制方程为

$$\boldsymbol{f}^{(i)}(t_{k-1}, \boldsymbol{x}_{k-1}^{(i)}, t_k, \boldsymbol{x}_k^{(i)}) = \boldsymbol{0}. \tag{3.2.6}$$

在给出具时间切换的不连续动力系统的一般运动的映射结构之前, 首先针对连续切换的两种情形统一给出元映射的概念.

基于上述两个基本离散映射的构造, 针对所研究的具时间切换的不连续动力系统这一整体不连续系统, 对于区间 $[t_k, t_{k+1}]$, 可以得到一个在相邻两个转换集之间的局部元映射

$$\begin{aligned} P^{(i,i+1)} : \quad & \Xi^{(i)} \to \Xi^{(i+1)} \\ & \boldsymbol{x}_k^{(i)} \to \boldsymbol{x}_{k+1}^{(i+1)}, \end{aligned} \tag{3.2.7}$$

其中

$$P^{(i,i+1)} = (P_0)^{\lambda} \circ P_{i+1}, \ \lambda \in \{0, 1\}, \tag{3.2.8}$$

当 $\lambda = 1$ 时, $P^{(i,i+1)} = P_0 \circ P_{i+1}$ 包含了流的连续部分和一次 C^0-连续切换, 表示从子空间 Ω_i 到 Ω_{i+1} 在区间 $[t_k, t_{k+1}]$ 上的一个完整映射; 当 $\lambda = 0$ 时, $P^{(i,i+1)} = P_{i+1}$ 仅包含了流的连续部分, 但流在 t_{k+1} 时刻达到子空间 Ω_i 和 Ω_{i+1} 的重合部分, 在区间 $[t_k, t_{k+1}]$ 上实现了一次 C^r-连续切换.

对于每个单位区间 $[t_k, t_{k+1}]$ 上的元映射, 其控制方程可由基本映射的控制方程 (3.2.4)—(3.2.6) 复合得到.

经多次复合之后, 可由每个子空间单元内的元映射 (3.2.7)—(3.2.8) 得到推广意义下的一般映射结构

$$\begin{aligned} P^{(i_1, i_2, \cdots, i_s, i_{s+1})} : \quad & \Xi^{(i_1)} \to \Xi^{(i_{s+1})} \\ & \boldsymbol{x}_{k_1}^{(i_1)} \to \boldsymbol{x}_{k_{s+1}}^{(i_{s+1})}, \end{aligned} \tag{3.2.9}$$

其中

$$\begin{aligned} P^{(i_1, i_2, \cdots, i_s, i_{s+1})} &= P^{(i_s, i_{s+1})} \circ \cdots \circ P^{(i_2, i_3)} \circ P^{(i_1, i_2)} \\ &= ((P_0)^{\lambda_{i_s}} \circ P_{i_s}) \circ \cdots \circ ((P_0)^{\lambda_{i_2}} \circ P_{i_2}) \circ ((P_0)^{\lambda_{i_1}} \circ P_{i_1}) \end{aligned} \tag{3.2.10}$$

且 $\lambda_{i_s} \in \{0, 1\}$, $i_j \in \{1, 2, \cdots, m-1\}$, $j = 1, 2, \cdots, s$.

在一般映射 (3.2.9)—(3.2.10) 中, 上标 $(i_1, i_2, \cdots, i_s, i_{s+1})$ 表示该全局映射是从转换集 $\Xi^{(i_1)}$ 上开始的 s 个不同的元映射 $P^{(i_j, i_j+1)}(j = 1, 2, \cdots, s)$ 的复合映射, 最终映射到转换集 $\Xi^{(i_{s+1})}$ 上, 刻画了区间 $[t_{k_1}, t_{k_s+1}]$ 上的系统流的全局动态行为.

图 3.5 表示了从切换时刻 t_{k_1} 到 t_{k_s+1} 状态的切换过程, 其中空心点表示转换集上的点, 实心点表示切换之后的状态, 虚线箭头表示边界上的传输映射, 将转换

集上的点切换至另一转换集上, 而实线箭头表示域内映射, 映射的象为转换集上的点. 经过复合, 复合映射 $P^{(i_1, i_2, \cdots, i_s, i_{s+1})}$ 最终可将某转换集上的起始状态映射至另一转换集上. 在不引起歧义的前提下, 复合映射可以简记为 $P^{(i_1, i_{s+1})}$, 其上标代表了映射的起始和终止转换集.

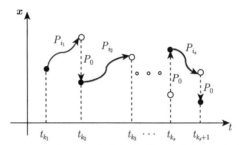

图 3.5　具时间切换的不连续动力系统时域上的一般复合映射

该映射结构的 Jacobi 矩阵及映射动力学的定性分析将在下一节以周期运动为例具体给出.

3.2.2　具边界转换的不连续动力系统的映射动力学

由第 2 章可以知道, 如果所有的可接近域都能够连通, 则相空间为可连通域; 如果可接近域被不可接近域分隔开, 则相空间为不可连通域. 本节仅讨论可连通域下的具边界转换的不连续动力系统的转换集及基本映射概念, 以具有共同边界的两个相邻子域为例给出基本映射. 由于不具有任何共同边界的两个子域之间的关系需采用特定的传输定律 (参见文献[3,5]), 不可连通域之间的基本映射可参照前面的具时间切换的不连续情形类似给出.

值得注意的是, 具时间切换的不连续动力系统的转换集及基本映射是基于切换时刻给出的, 即区域、边界、转换集和映射均依赖固定时间序列. 然而具边界转换的不连续动力系统的边界为动态分离边界, 其区域、边界、转换集和映射均为动态变化的, 更具一般性. 首先借助边界约束函数给出不连续状态的转换点集合的概念.

在 3.1 节中, 已将相空间划分为若干子域及其之间的动态分离边界. 由划分 (3.1.15) 可知, 相空间可由若干子域 Ω_i 及其之间的边界 $\partial\Omega_{ij}(i, j \in \{1, 2, \cdots, M\})$ 组成. 由于具边界转换的不连续动力系统的流在达到边界时进行状态的转换, 在动态分离边界 $\partial\Omega_{ij}$ 上可将这些流的转换状态表示出来, 并由此构造具边界转换的不连续动力系统的状态转换集.

定义 3.2.2　假设具边界转换的不连续动力系统 (2.1.1)—(2.1.3) 流的转换状态为 $\boldsymbol{x}_k\,(k \in Z_+)$, 那么在区域 Ω_i 和 Ω_j 之间的动态分离边界 $\partial\Omega_{ij}(i, j \in \{1, 2, \cdots, M\})$ 上, 由 $\boldsymbol{x}_k$ 构成的系统 (2.1.1)—(2.1.3) 的转换集定义为

$$\Xi^\alpha = \{\boldsymbol{x}_k \,|\, \boldsymbol{x}_k = \boldsymbol{x}(t_k), \varphi_{ij}(\boldsymbol{x}_k, t_k) = 0\} \subseteq \partial\Omega_{ij}. \tag{3.2.11}$$

　　有了转换集的概念, 可以在不连续动力系统相邻两个子域的动态分离边界附近构造如下三类基本离散映射.

　　设 $\boldsymbol{x}_k, \boldsymbol{x}_{k+1}$ 为转换集 $\Xi^\alpha \subseteq \partial\Omega_{ij}$ 上的任意点, 其中 $\boldsymbol{x}_k = \boldsymbol{x}(t_k), \boldsymbol{x}_{k+1} = \boldsymbol{x}(t_{k+1})$, 对于区间 $[t_k, t_{k+1}]$, 在子域 Ω_i, Ω_j 内关于系统 (2.1.1)—(2.1.3) 的转换集 Ξ^α 的局部映射分别为

$$P_i^{(\alpha\alpha)}: \quad \Xi^\alpha \to \Xi^\alpha \\ \boldsymbol{x}_k \to \boldsymbol{x}_{k+1}, \tag{3.2.12}$$

$$P_j^{(\alpha\alpha)}: \quad \Xi^\alpha \to \Xi^\alpha \\ \boldsymbol{x}_k \to \boldsymbol{x}_{k+1}. \tag{3.2.13}$$

　　在边界 $\partial\Omega_{ij}$ 上由边界约束函数 $\varphi = 0$ 控制的关于系统 (2.1.1)—(2.1.3) 的转换集 Ξ^α 的边界映射为

$$P_0^{(\alpha\alpha)}: \quad \Xi^\alpha \to \Xi^\alpha \\ \boldsymbol{x}_k \to \boldsymbol{x}_{k+1}. \tag{3.2.14}$$

　　设 $\boldsymbol{x}_k \in \Xi^\alpha \subseteq \partial\Omega_{ij}, \boldsymbol{x}_{k+1} \in \Xi^\beta \subseteq \partial\Omega_{is}$, 在子域 Ω_i 内关于系统 (2.1.1)—(2.1.3) 的相邻子域转换集 Ξ^α, Ξ^β 的全局映射为

$$P_i^{(\alpha\beta)}: \quad \Xi^\alpha \to \Xi^\beta \\ \boldsymbol{x}_k \to \boldsymbol{x}_{k+1}. \tag{3.2.15}$$

　　相邻两个子域的动态分离边界上的三类基本离散映射如图 3.6, 图 3.7 所示, 其中 $\Omega_i, \Omega_j, \Omega_s$ 为子域, 设 Ξ^α, Ξ^β 为边界 $\partial\Omega_{ij}, \partial\Omega_{is}$ 上的转换集, 其中图 3.6 中的箭头曲线 $P_i^{(\alpha\alpha)}, P_j^{(\alpha\alpha)}$ 分别表示在子域 Ω_i, Ω_j 内关于系统转换集 Ξ^α 的局部映射; 图 3.7 中的箭头曲线 $P_0^{(\alpha\alpha)}$ 表示在边界 $\partial\Omega_{ij}$ 上关于 Ξ^α 上的边界映射; $P_i^{(\alpha\beta)}$ 表示在子域 Ω_i 内关于相邻两个转换集 Ξ^α, Ξ^β 的全局映射.

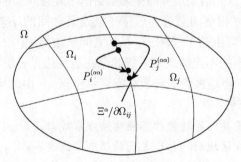

图 3.6　具边界转换的不连续动力系统动态分离边界上的局部映射

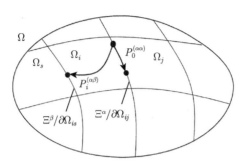

图 3.7 具边界转换的不连续动力系统动态分离边界上的边界映射和全局映射

在上述三类基本映射中, 上标 α, β 表示映射开始和结束的转换集, 而下标表示映射所处的子域, 其中局部映射和全局映射的下标表示该映射经历的相邻两个转换集之间的子域, 映射控制方程遵循相应子域内的动力系统, 而边界映射表示边界流在动态分离边界上的行为, 通常刻画流的滑动行为, 故也称滑动映射. 在不引起混淆的前提下, 不失一般性, 也可忽略上述基本映射的转换集上标.

为了研究系统流的运动以及混沌和分支现象, 基于相邻两子域之间边界上的三类基本映射, 对具边界转换的不连续动力系统可以给出一般运动的映射结构. 对 $n_i \in \{0, 1, 2, \cdots, M\}$, $i = 1, 2, \cdots, j$, 引入如下代表基本映射相互作用的记号

$$P_{n_j n_{j-1} \cdots n_2 n_1} \equiv P_{n_j} \circ P_{n_{j-1}} \circ \cdots \circ P_{n_2} \circ P_{n_1}. \tag{3.2.16}$$

另外, 为了研究系统的周期流, 将一般映射结构 $P_{n_j n_{j-1} \cdots n_2 n_1}$ 自身重复出现 l 次的映射记为

$$P_{n_j n_{j-1} \cdots n_2 n_1}^{(l)} \equiv \underbrace{(P_{n_j} \circ P_{n_{j-1}} \circ \cdots \circ P_{n_2} \circ P_{n_1}) \circ \cdots \circ (P_{n_j} \circ P_{n_{j-1}} \circ \cdots \circ P_{n_2} \circ P_{n_1})}_{l\text{项}}. \tag{3.2.17}$$

如果映射 $P_{n_j n_{j-1} \cdots n_2 n_1}^{(l)}$ 表示周期流, 映射 P_{n_i} 的顺序随顺时针或逆时针方向的变化不会改变系统的周期流. 对于这类运动, 仅仅是初始条件不同.

为了对一般映射结构 (3.2.16) 及可能的周期流映射结构 (3.2.17) 进行定性分析, 首先给出映射对应的控制方程.

在区间 $[t_k, t_{k+1}]$ 上, 对于边界 $\partial \Omega_{ij}$ 上的基本映射 (3.2.14), 由边界动力系统 (2.1.3) 可得到边界映射 $P_0^{(\alpha\alpha)}$ 的控制方程

$$\boldsymbol{g}^{(ij)}(t_k, \boldsymbol{x}_k, t_{k+1}, \boldsymbol{x}_{k+1}) = \boldsymbol{0}. \tag{3.2.18}$$

在区间 $[t_k, t_{k+1}]$ 上, 对于连续子空间内的基本映射 (3.2.12) 以及 (3.2.15), 应用子系统上的方程 (2.1.1) 可得到子域 Ω_i 内的局部映射 $P_i^{(\alpha\alpha)}$ 和全局映射 $P_i^{(\alpha\beta)}$ 的

控制方程

$$f^{(i)}(t_k, x_k^{(i)}, t_{k+1}, x_{k+1}^{(i)}) = 0. \tag{3.2.19}$$

这样, 在基本映射的复合下, 任何运动的一般映射结构的控制方程可由控制方程 (3.2.18) 及 (3.2.19) 联立得到, 从而可由相应 Jacobi 矩阵及特征值理论对相应运动进行定性分析. 在下一节中将以具时间切换的不连续动力系统的周期流为例给出具体结论.

3.3 不连续动力系统的周期流

周期运动的定性分析在不连续动力系统的研究中具有重要的理论意义和几何意义. 但是, 在不连续动力系统中, 流在不连续边界或切换时刻的不连续状态给周期运动的研究带来了本质影响, 也给研究带来了困难. 不同于传统的连续动力系统的研究方法, 本书采用不连续动力系统的映射动力学方法研究系统的周期运动. 本节主要考虑具时间切换的不连续动力系统的周期运动, 首先根据前一节定义的基本映射, 介绍映射意义下不连续动力系统周期流的定义, 然后借助系统周期流的一般映射结构以及映射的 Jacobi 矩阵和特征值, 给出周期流的局部稳定性和分支预测的解析结果. 具边界转换的不连续动力系统的周期运动可以类似考虑.

3.3.1 周期运动的映射结构

根据映射动力学的理论, 在不考虑局部信息时, 对于具时间切换的不连续动力系统 (3.1.12)—(3.1.13) 所对应的任意流均可以由前面给出的一般映射来刻画. 为了分析并预测系统的周期运动的动力学行为, 在映射意义下, 首先给出所研究的具时间切换的不连续动力系统 (3.1.12)—(3.1.13) 的周期流的概念.

定义 3.3.1 对于具时间切换的不连续动力系统 (3.1.12)—(3.1.13), 考虑其基于切换时刻 $t_k(k \in Z_+)$ 的相空间的划分 (3.1.9), 子空间 Ω_i 内的子系统为 (3.1.12), 边界上的传输率为 (3.1.13)$(i = 1, 2, \cdots, m)$. 在切换时刻 t_{k_0}, 以 $x_{k_0}^{(i_0)} \in \Xi^{(i_0)}(k_0 \in Z_+, i_0 \in \{1, 2, \cdots, m\})$ 为起始点, 若系统流满足

$$x_{k_m}^{(i_m)} = x_{k_0}^{(i_0)} \tag{3.3.1}$$

且

$$t_{k_m} - t_{k_0} \equiv T, \tag{3.3.2}$$

其中 $x_{k_m}^{(i_m)} = x^{(i_m)}(t_{k_m})$, T 为常数, 则称系统 (3.1.12)—(3.1.13) 的流在 $t \in \bigcup_{j=1}^{m}[t_{k_j-1},$

$t_{k_j}]$ 上为一般映射结构下的周期流, T 为以转换集 $\Xi^{(i_0)}$ 为单位的周期流的周期.

若系统流满足

$$x_{lk_m}^{(i_m)} = x_{k_0}^{(i_0)} \tag{3.3.3}$$

且

$$t_{lk_m} - t_{k_0} \equiv lT, \tag{3.3.4}$$

其中 T 为 (3.3.2) 中以转换集 $\Xi^{(i_0)}$ 为单位的固定周期, 则称系统 (3.1.12)—(3.1.13) 为具等时切换的不连续动力系统, 称满足相应条件的流在 $t \in \bigcup_{s=1}^{l} \left(\bigcup_{j=1}^{m} [t_{s(k_j-1)}, t_{sk_j}] \right)$ 上为一般映射结构下的周期-l 流.

对于定义 3.3.1 的周期运动的一般映射结构, 其转换集可以通过一系列非线性代数方程组确定. 考虑上一节给出的一般映射结构 $P^{(i_0, i_1, \cdots, i_m)}$, 由定义 3.3.1 可知其映射关系为

$$P^{(i_0, i_1, \cdots, i_m)} x_{k_0}^{(i_0)} = x_{k_m}^{(i_m)}. \tag{3.3.5}$$

由上一节映射的复合可以知道, 该映射由如下基本映射关系

$$\begin{cases} x_{k_1}^{(i_1)} = P^{(i_0, i_1)} x_{k_0}^{(i_0)}, \\ \cdots\cdots \\ x_{k_{s+1}}^{(i_{s+1})} = P^{(i_s, i_{s+1})} x_{k_s}^{(i_s)}, \\ \cdots\cdots \\ x_{k_m}^{(i_m)} = P^{(i_{m-1}, i_m)} x_{k_{m-1}}^{(i_m)} \end{cases} \tag{3.3.6}$$

复合而成, 其中元映射 $P^{(i_s, i_{s+1})} = (P_0)^{\lambda_{i_s}} \circ P_{i_s}$, $s = 0, 1, \cdots, m-1$, $\lambda_{i_s} \in \{0, 1\}$. 由于 (3.2.4) 可以描述两类连续切换的传输映射的控制方程, 故可取 $\lambda_{i_s} = 1$, 即对每个元映射 $P^{(i_s, i_{s+1})}$ 而言, 映射关系为

$$\begin{cases} x_{k_{s+1}}^{(i_s)} = P_{i_s} x_{k_s}^{(i_s)}, \\ x_{k_{s+1}}^{(i_{s+1})} = P_0 x_{k_{s+1}}^{(i_s)}. \end{cases} \tag{3.3.7}$$

考虑 (3.3.6)—(3.3.7) 中每一个映射的起点和终点, 可由 (3.2.4) 及 (3.2.6) 得到映射 (3.3.5) 的 $2m$ 个代数控制方程

$$\begin{cases} f^{(i_0)}(t_{k_0}, x_{k_0}^{(i_0)}, t_{k_1}, x_{k_1}^{(i_0)}) = 0, \\ g^{(i_0 i_1)}(t_{k_1}, x_{k_1}^{(i_0)}, t_{k_1}, x_{k_1}^{(i_1)}) = 0, \\ \cdots\cdots \\ f^{(i_m)}(t_{k_{m-1}}, x_{k_{m-1}}^{(i_{m-1})}, t_{k_m}, x_{k_m}^{(i_{m-1})}) = 0, \\ g^{(i_{m-1} i_m)}(t_{k_m}, x_{k_m}^{(i_{m-1})}, t_{k_m}, x_{k_m}^{(i_m)}) = 0. \end{cases} \tag{3.3.8}$$

注 3.3.1 在定义 3.3.1 中, (3.3.3)—(3.3.4) 说明该周期流的切换时间关于初始转换集具有等时差性, 即 Luo[7] 所讨论的具等时切换的不连续动力系统在一般映射结构下的周期运动, 此种特殊情形在实际应用中具有重要的现实意义, 将在后续章节进行分析说明.

对于系统 (3.1.12)—(3.1.13) 在映射意义下的一般周期流的解析条件, 可以通过求解条件 (3.3.1) 和 (3.3.2) 得到. 一旦得到周期运动在相应碰撞点的解析条件, 那么此周期流在转换集附近的局部稳定性可以通过传统判断局部稳定性的方法进行分析判断.

3.3.2 周期运动的稳定性

下面, 借助前面的离散映射和不连续动力系统的基本理论, 介绍所研究的具时间切换的不连续动力系统 (3.1.12)—(3.1.13) 的周期运动的动力学分析结果, 采用广义特征值理论总结系统周期流各种不同的动力学行为以及解析预测, 包括周期流的稳定性条件和分支条件.

定理 3.3.1 对于具时间切换的不连续动力系统 (3.1.12)—(3.1.13), 考虑其基于切换时刻 $t_{k_j}(j \in \{0, 1, \cdots, m\})$ 的相空间的划分 (3.1.9), 若存在满足条件 (3.3.1) 和 (3.3.2) 的周期运动, 则其局部稳定性分析可由广义特征值理论得到.

证明 对于系统以 $(t_{k_0}, \boldsymbol{x}_{k_0}^{(i_0)})$ 为初始条件的周期流, 首先构造该周期运动的一般映射结构.

根据一般映射 (3.2.9) 的概念, 对于系统 (3.1.12)—(3.1.13) 从 $\boldsymbol{x}_{k_0}^{(i_0)} \in \Xi^{(i_0)}$ 出发的解曲线, 在区间 $[t_{k_0}, t_{k_m}]$ 上, 可得到跨越子空间 $\Omega_{i_j}(j = 0, 1, \cdots, m - l)$ 的全局映射

$$
\begin{aligned}
P = P^{(i_0, i_1, \cdots, i_m)} : \ & \Xi^{(i_0)} \to \Xi^{(i_m)} \\
& \boldsymbol{x}_{k_0}^{(i_0)} \to \boldsymbol{x}_{k_m}^{(i_m)},
\end{aligned}
\tag{3.3.9}
$$

其中元映射

$$
\begin{aligned}
P^{(i_j, i_{j+1})} : \ & \Xi^{(i_j)} \to \Xi^{(i_{j+1})} \\
& \boldsymbol{x}_{k_j}^{(i_j)} \to \boldsymbol{x}_{k_{j+1}}^{(i_{j+1})},
\end{aligned}
\tag{3.3.10}
$$

并可由参数

$$
\alpha_{k_{j+1}} = t_{k_{j+1}} - t_{k_j}
\tag{3.3.11}
$$

表示该元映射的区间长度.

由映射关系 (3.3.6)—(3.3.7) 可以得到包含了两类连续切换的每个切换点处的

映射

$$
\begin{cases}
\boldsymbol{x}_{k_1}^{(i_0)} = P_{i_0}\boldsymbol{x}_{k_0}^{(i_0)}, \\
\boldsymbol{x}_{k_1}^{(i_1)} = P_0\boldsymbol{x}_{k_1}^{(i_0)}, \\
\cdots\cdots \\
\boldsymbol{x}_{k_m}^{(i_{m-1})} = P_{i_{m-1}}\boldsymbol{x}_{k_{m-1}}^{(i_{m-1})}, \\
\boldsymbol{x}_{k_m}^{(i_m)} = P_0\boldsymbol{x}_{k_m}^{(i_{m-1})},
\end{cases}
\tag{3.3.12}
$$

其中每一个映射对应一个代数控制方程, 则映射 P 的 $2m$ 个代数控制方程可由 (3.3.8) 确定. 由周期流的定义, 条件 (3.3.1) 中 $i_m = i_0$, 从而由 (3.3.8) 可解得该周期流的相应切换点, 将切换时刻代入 (3.3.11) 后, 可以由

$$
t_{k_m} - t_{k_0} = \sum_{j=0}^{m} {}^1\alpha_{k_j+1} = T \tag{3.3.13}
$$

计算出该周期流的周期 T, 同时得到切换时刻区间参数

$$
q_{k_j+1} = \frac{\alpha_{k_j+1}}{T}, \tag{3.3.14}
$$

其中 $j = 0, 1, \cdots, m-1$ 且满足 $\displaystyle\sum_{j=0}^{m-1} q_{k_j+1} = 1$.

因此, 在整个区间 $[t_{k_0}, t_{k_0} + T]$ 上, 系统 (3.1.12)—(3.1.13) 在全局映射下的流可以表示为

$$
\boldsymbol{x}_{k_0+T}^{(i_0)} = P\boldsymbol{x}_{k_0}^{(i_0)}. \tag{3.3.15}
$$

为了确定系统的周期运动的稳定性, 首先需要确定总映射 P 的 Jacobi 矩阵, 然后根据其特征值, 分析系统的周期解的局部稳定性和分支问题. 对于周期运动 (3.3.15), 其相应的 Jacobi 矩阵为

$$
\begin{aligned}
DP = DP^{(i_0, i_1, \cdots, i_m)} &= \frac{\partial \boldsymbol{x}_{k_0+T}^{(i_0)}}{\partial \boldsymbol{x}_{k_0}^{(i_0)}} \\
&= \prod_{j=0}^{m-1} DP^{(i_j, i_{j+1})} \\
&= \prod_{j=0}^{m-1} [DP_0^{(i_j, i_{j+1})} \cdot DP_{i_j}],
\end{aligned}
\tag{3.3.16}
$$

上式中两个基本离散映射的 Jacobi 矩阵的元素可以各自通过方程 (3.2.4) 和 (3.2.6)

按如下方式计算,

$$DP_{i_j} = \frac{\partial \boldsymbol{x}_{k_j}^{(i_j)}}{\partial \boldsymbol{x}_{k_{j+1}}^{(i_j)}}$$

$$= -\left[\frac{\partial \boldsymbol{f}^{(i_j)}}{\partial \boldsymbol{x}_{k_{j+1}}^{(i_j)}}\right]^{-1}\left[\frac{\partial \boldsymbol{f}^{(i_j)}}{\partial \boldsymbol{x}_{k_j}^{(i_j)}}\right], \tag{3.3.17}$$

$$DP_0^{(i_j, i_{j+1})} = \frac{\partial \boldsymbol{x}_{k_{j+1}}^{(i_{j+1})}}{\partial \boldsymbol{x}_{k_{j+1}}^{(i_j)}}$$

$$= -\left[\frac{\partial \boldsymbol{g}^{(i_j, i_{j+1})}}{\partial \boldsymbol{x}_{k_{j+1}}^{(i_{j+1})}}\right]^{-1}\left[\frac{\partial \boldsymbol{g}^{(i_j, i_{j+1})}}{\partial \boldsymbol{x}_{k_{j+1}}^{(i_j)}}\right], \tag{3.3.18}$$

其中 $j = 0, 1, \cdots, m-1$.

　　将各个映射的 Jacobi 矩阵元素 (3.3.17) 和 (3.3.18) 代入总映射 P 的 Jacobi 矩阵 (3.3.16), 由

$$|DP - \lambda I| = 0 \tag{3.3.19}$$

可以计算出周期运动映射结构的特征值 λ_1, λ_2. 记矩阵 DP 的迹为 $\mathrm{Tr}(DP)$, 行列式为 $\mathrm{Det}(DP)$, 则 DP 的特征值可表示为

$$\lambda_{1,2} = \frac{1}{2}(\mathrm{Tr}(DP) \pm \sqrt{\Delta}), \tag{3.3.20}$$

其中 $\Delta = [\mathrm{Tr}(DP)]^2 - 4\mathrm{Det}(DP)$. 如果 $\Delta < 0$, 则 (3.3.20) 式可表示为

$$\lambda_{1,2} = \mathrm{Re}(\lambda) \pm \mathrm{i}\mathrm{Im}(\lambda), \tag{3.3.21}$$

其中 $\mathrm{i} = \sqrt{-1}$, $\mathrm{Re}(\lambda) = \frac{1}{2}\mathrm{Tr}(DP)$, $\mathrm{Im}(\lambda) = \frac{1}{2}\sqrt{\Delta}$.

　　进而可以由特征值的符号及大小判断该周期运动的局部稳定性, 具体结果为

　　情形 1: 若特征值的模均小于 1, 即 $|\lambda_i| < 1 (i = 1, 2)$, 则存在一个稳定的周期运动;

　　情形 2: 若至少一个特征值的模大于 1, 即 $|\lambda_i| < 1 (i \in \{1, 2\})$, 则该周期运动不稳定;

　　情形 3: 若其中一个特征值为 +1, 而另一个特征值在单位圆内, 即 $|\lambda_i| < 1, \lambda_{\bar{i}} = +1 (i = 1, 2, \bar{i} = 2, 1)$, 则该周期运动存在鞍结分支;

　　情形 4: 若其中一个特征值为 −1, 而另一个特征值在单位圆内, 即 $|\lambda_i| < 1, \lambda_{\bar{i}} = -1 (i = 1, 2, \bar{i} = 2, 1)$, 则该周期运动存在倍周期分支;

　　情形 5: 若特征值为一对共轭复数, 且模为 1, 即 $|\lambda_i| = 1 (i = 1, 2)$, 则该周期运动存在 Neimark 分支;

情形 6: 若其中一个特征值为 0, 即 $\lambda_i = 0 (i \in \{1, 2\})$, 则该情形为退化情形.

因此, 如果周期运动与不连续的奇异性无关, 那么就可以利用传统的特征值分析来确定周期运动的稳定性. □

注 3.3.2 在定理 3.3.1 的证明中, 可通过计算求出单位周期内具体的切换时刻及其区间参数, 采用同样的方法可以求得另一个周期内的切换时刻区间参数, 若两组参数一致, 则该系统为具等时切换的不连续动力系统, 可进一步研究其周期-l流; 若 $l \to \infty$, 相应系统成为混沌系统, 可进一步研究其混沌流 (参见文献[7]).

本章首先分别介绍了具时间切换的不连续动力系统和具边界转换的不连续动力系统; 接着针对上述两类不连续动力系统, 分别介绍了在具时间切换的不连续动力系统的切换时刻处、以及具边界转换的不连续动力系统的不连续边界上定义的转换集及转换集间的基本映射, 进而介绍了不连续动力系统的映射动力学的基本理论; 最后采用不连续动力系统的映射动力学方法研究系统的周期运动, 借助系统周期流的一般映射结构以及映射的 Jacobi 矩阵和特征值, 给出了周期流的局部稳定性和分支预测的解析结果.

附 注

本章中 3.2.1 节的内容来自于文献 [7], 定义 3.2.2 来自于文献 [5,6], 定义 3.1.1、定义 3.1.2、定义 3.1.3、定义 3.2.1、定义 3.3.1 来自于文献 [7], 定理 3.3.1 来自于文献 [7].

参 考 文 献

[1] Luo A C J. A theory for non-smooth dynamical systems on connectable domains. Communications in Nonlinear Science and Numerical Simulation, 2005, 10: 1-55.

[2] Luo A C J. Imaginary, sink and source flows in the vicinity of the separatrix of non-smooth dynamic systems. Journal of Sound and Vibration, 2005, 285: 443-456.

[3] Luo A C J. Singularity and Dynamics on Discontinuous Vector Fields. Amsterdam: Elsevier, 2006.

[4] Luo A C J. Global Transversality, Resonance and Chaotic Dynamics. Singapore: World Scientific, 2008.

[5] Luo A C J. Discontinuous Dynamical Systems on Time-varying Domains. Beijing: Higher Education Press, 2009.

[6] Luo A C J. Discontinuous Dynamical Systems. Beijing: Higher Education Press, 2012.

[7] Luo A C J. Discrete and Switching Dynamical Systems. Beijing: Higher Education Press, 2012.

[8]   Lakshmikantham V, Bainov D D, Simeonov P S. Theory of Impulsive Differential Equations. Singapore: World Scientific, 1989.

[9]   傅希林, 闫宝强, 刘衍胜. 脉冲微分系统引论. 北京: 科学出版社, 2005.

[10] Zheng Shasha, Fu Xilin. Chatter dynamics on impulse surfaces in impulsive differential systems. Journal of Applied Nonlinear Dynamics, 2013, 2(4): 373-396.

[11] Luo A C J, Guo Y. Vibro-Impact Dynamics. New York: John Wiley, 2013.

第4章　碰撞振动系统的动力学

本章运用动态域上的不连续动力系统理论研究倾斜碰撞振子模型的复杂动力学行为. 第 4.1 节首先阐述了碰撞振动系统模型的研究现状, 然后对倾斜碰撞振子模型进行了介绍. 第 4.2 节利用不连续边界上的流转换理论给出了该振子黏合运动和擦边流发生的充要条件, 并给出了解析证明和数值模拟. 由此揭示重力和倾斜角对倾斜碰撞振子模型的影响: 该振子中小球在矩形斜槽两壁上发生黏合运动的几率不同, 这是倾斜碰撞振子模型与水平碰撞振子模型动力学行为上的本质不同. 在此基础上, 第 4.3 节在不连续边界上定义转换集及转换集间的基本映射, 给出了该振子周期流的一般映射结构, 利用映射的 Jacobi 矩阵及特征值得到了周期流的稳定性和分支的研究结果, 还研究了不具有黏合运动的两类周期运动, 给出了碰左右两边各一次的周期流、只碰一边一次的周期流发生时参数满足的条件, 得到了在底座任意 N 个周期内碰左右两边各一次的对称周期流不存在的结论. 这一结论也揭示了倾斜碰撞振子模型和水平碰撞振子模型动力学行为上的又一本质区别. 最后给出了周期运动的稳定性和分支的理论分析结果和数值模拟.

4.1　碰撞振动系统模型

本节首先对碰撞所建的数学模型 —— 碰撞振动系统模型的研究现状进行阐述, 然后重点介绍本章要研究的倾斜碰撞振子模型.

4.1.1　碰撞振动系统模型简介

碰撞振动系统模型是对具有间隙的运动物体因反复接触而形成的碰撞现象所建的数学模型, 广泛来源于物理力学、机械工程、航空航天、交通、能源等实际问题, 如齿轮的传动、热交换器、机器人的运动关节、机车底盘的连接等. 物体运动过程中连续的碰撞给机械系统和周围环境可能带来负作用, 如噪音、磨损、热膨胀或能量的耗散, 此类问题需要控制或避免碰撞的发生, 但有时则必须利用碰撞来达到预期效果, 如冲击消振器、振动落砂机、振动筛、打桩机等. 所以实际需求的复杂性要求对碰撞振动系统模型的动力学行为进行研究, 只有充分了解碰撞振动的基本原理, 从理论上提出更好的控制策略, 才能更好地利用和防止碰撞带来的影响. 因此碰撞振动系统模型的动力学行为研究一直是工程和科技等领域的研究热点.

物体间的碰撞瞬间改变其运动速度, 忽略碰撞持续的时间, 可以说碰撞使得物体的运动速度出现脉冲现象, 从而可抽象成脉冲微分方程, 可以通过分析脉冲微分方程解的性质研究碰撞振子模型的动力学行为. 1993 年 Bainov 和 Simeonov[1] 研究了脉冲微分方程的周期解及其应用. 傅希林等[2-6] 分别对依赖或不依赖状态的脉冲微分方程和脉冲自治系统的周期解的存在条件、一般解的存在性和稳定性等进行了研究. 2009 年 Hu 和 Han[7] 利用映射理论研究了一阶周期脉冲微分方程的周期解及其分支.

　　除此之外, 学者们用动力系统理论对碰撞振动系统模型的动力学行为进行研究, 这些结果多数针对发生在垂直方向或水平方向上的碰撞给出的. 对发生在垂直方向上、受重力影响的碰撞研究又以弹力球系统为主要对象. Holmes[8] 在 1982 年利用差分方程研究与受到正弦激励的平台发生垂直碰撞的弹力球系统的周期运动及其分支. Luo 和 Xie[9] 对发生垂直碰撞的碰撞振动系统在强共振情形下的 Hopf 分支进行了研究, 并用数值模拟验证理论分析结果. Okniński 和 Radziszewski[10, 11] 利用 Poincaré映射研究在重力场中与平台碰撞的弹力球系统的动力学行为, 其中平台分别作分段匀速周期运动和正弦运动. 2011 年 Aguiar 和 Weber[12] 对在车内运动的锤子进行试验观察, 并对其运动行为建立数学模型, 通过在不同激励振幅下锤子的运动行为对实验数据和数学模型的分析结果进行了比较.

　　不受重力影响的碰撞振子模型的动力学行为研究主要以水平碰撞振子模型为研究对象. Shaw 和 Holmes[13, 14, 15] 利用 Poincaré映射分别研究了单自由度周期受迫系统和受到简谐激励的分段线性单自由度水平碰撞振子的周期运动及其局部分支和混沌等动力学行为. Bapat 等[16, 17] 对一水平碰撞振子的周期运动分别用理论预测和试验验证的方法进行研究, 并利用数值模拟给出小球碰底座左右两边各一次的对称周期运动的稳定区域, 指出高激励频率对周期运动的影响不大. Comparin 和 Singh[18] 利用谐波平衡法研究单一碰撞对的近似解析解的存在性和稳定性, 数值结果和理论结果是吻合的. Nordmark[19] 利用分析方法研究了一个单自由度周期受迫碰撞振子的动力学行为, 特别是由擦边碰撞引起的非周期行为. Budd 等[20] 通过建立映射研究了一个分段线性受迫碰撞振子的动力学行为, 并利用数值模拟对周期状态的吸引域和混沌状态的奇异吸引子进行比较. Kember 和 Babitsky[21] 利用周期格林函数方法得到具有周期脉冲激励的双自由度碰撞系统运动方程的精确解, 并将结果与数值模拟结果进行比较. Thomas[22] 利用理论分析和数值模拟相结合的方法对碰撞系统的周期解及其稳定性、擦边分支等进行研究. Yue[23] 对单自由度对称碰撞振子的对称周期运动及其分支利用 Poincaré映射及其不动点进行研究, 并用数值模拟验证理论结果. 上述研究结果是针对单自由度系统进行的, 而有些碰撞运动是抽象成双自由度系统更加符合实际情况. Wagg[24] 对双自由度碰撞系统的周期黏合行为进行了研究, 得到结论: 碰撞恢复系数较小 (或为零) 时, 周期黏合区域的范围要变大. Cheng 和 Xu[25] 对简谐激励下的双自由度碰撞系统的非线性动力学行为进行研究, 利用微分方程得到碰撞两次的周期–1 运动的理论解, 并用数值模拟验证 Hopf 分支理论. 2009 年 Luo 和 Lv[26] 利用三维碰撞 Poincaré 映射对双自由度塑性碰撞振子进行研究, 得到其具有黏合或非黏合周期运动到混沌的演变结果, 并用数值模拟加以验证.

由上可见, 关于碰撞振动系统模型的研究一直是国内外工程、物理、动力系统等领域的热点. 但这些结果多数视物体的运动发生在静态域内或静态边界上, 或用线性方程近似代替非线性方程, 以简化计算, 或用连续动力系统理论的思想和方法进行研究, 从而使得模型的复杂动力学行为没有给出很好的预测和准确的表达. 究其原因是因为机械工程中碰撞发生的区域和边界是依赖于时间的, 而且碰撞使得所建模型的动力学行为具有较强的非线性性和不连续性. 近些年来, 大家逐渐开始将碰撞模型抽象成不连续动力系统 —— 由若干个在不同的区域内或不同区间上具有不同动力学性质的连续动力系统构成的系统, 对其动力学行为进行研究也逐渐成为焦点. Luo 和他的团队[27−32] 将不连续动力系统理论分别应用于水平碰撞振子和弹力球系统、Fermi 振子的动力学行为研究中, 给出这些碰撞振子中黏合运动和擦边流发生的充要条件, 得到具有或不具有黏合运动的周期流发生的条件及其稳定性和分支.

在碰撞振动系统模型的研究结果中, 水平碰撞振子和弹力球系统的动力学行为研究已经比较深入, 但运动过程中物体与物体间的碰撞有时是发生在一个倾斜平面方向上的, 对于这类问题建立模型更符合实际. 然而关于这种在倾斜平面上发生碰撞的研究结果尚少. Heiman 等[33, 34] 对小球在斜槽内运动并与之发生碰撞的斜碰问题建立倾斜碰撞振子模型, 利用 Poincaré 映射研究该振子只发生碰撞的周期运动, 给出了周期运动稳定性及其倍周期分支的数值结果. 该研究结果因为没能将小球与斜槽发生的碰撞视为动态的、依赖于时间的, 所以未讨论小球与底座的一起运动或小球到达斜槽两壁但不发生碰撞的运动, 因而倾斜碰撞振子模型的复杂动力学行为有进一步研究的必要.

4.1.2 倾斜碰撞振子模型

本章主要研究如图 4.1 所示的倾斜碰撞振子模型. 该模型由一质量为 m 的小球和一质量为 M 的底座构成. 在底座中有一倾斜角为 θ、长度为 d 的矩形斜槽, 小球在底座的矩形斜槽内作无摩擦的自由运动. 底座受到水平方向上的周期激励, 小球运动到矩形斜槽上壁或下壁时发生碰撞的弹性恢复系数为 e. 假定 $M \gg m$, 如此以来小球与底座的矩形斜槽上壁或下壁的反复碰撞不会影响底座的运动.

(x, t) 表示小球的绝对运动, (y, t) 表示小球相对于底座的相对运动. 底座受到的水平方向上的周期激励为

$$X = A\sin(\omega t + \tau), \quad \dot{X} = A\omega\cos(\omega t + \tau), \quad \ddot{X} = -A\omega^2\sin(\omega t + \tau),$$

其中 $(\dot{\ })$ 是关于时间 t 的导数, A, ω 和 τ 分别是底座在水平方向上运动的激励振幅、激励频率和初始相角.

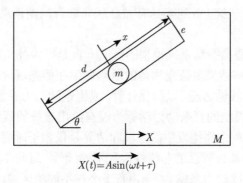

$$X(t) = A\sin(\omega t + \tau)$$

图 4.1   倾斜碰撞振子模型

倾斜碰撞振子模型中小球在矩形斜槽内的运动可以分成两种情况: 一种是小球在矩形斜槽内自由运动, 并没有和底座一起运动, 这种情况称为无黏合运动或自由运动; 另一种是小球运动到矩形斜槽下壁或上壁并随后与底座一起运动, 这种情况称为黏合运动.

对于小球的无黏合运动, 小球和矩形斜槽的相互作用又可分为两类: 单次碰撞和连续碰撞. 单次碰撞是指小球运动到矩形斜槽一壁, 并发生碰撞, 然后离开这一壁后运动到另一壁; 连续碰撞是指小球连续碰撞矩形斜槽一壁若干次.

小球和底座的运动关系

$$x = y + X\cos\theta, \quad \dot{x} = \dot{y} + \dot{X}\cos\theta, \quad \ddot{x} = \ddot{y} + \ddot{X}\cos\theta. \tag{4.1.1}$$

考虑到小球在矩形斜槽内运动时受到的重力和矩形斜槽的倾斜程度, 在无黏合运动过程中的两次碰撞之间小球在矩形斜槽内的运动方程

$$\ddot{x} = -g\sin\theta, \tag{4.1.2}$$

其中 g 是重力加速度, θ 是矩形斜槽的倾斜角.

在相对坐标系中, 由 (4.1.1) 式和 (4.1.2) 式得到小球的运动方程为

$$\ddot{y} = \ddot{x} - \ddot{X}\cos\theta = -g\sin\theta + A\omega^2\cos\theta\sin(\omega t + \tau). \tag{4.1.3}$$

对 (4.1.3) 式积分得到小球的相对速度和相对位移方程为

$$\dot{y} = -A\omega\cos\theta[\cos(\omega t + \tau) - \cos(\omega t_0 + \tau)] - g\sin\theta(t - t_0) + \dot{y}_0,$$

$$y = -A\cos\theta[\sin(\omega t + \tau) - \sin(\omega t_0 + \tau)] - \frac{1}{2}g\sin\theta(t^2 - t_0^2)$$

$$+ (\dot{y}_0 + g\sin\theta t_0 + A\omega\cos\theta\cos(\omega t_0 + \tau))(t - t_0) + y_0,$$

其中 $t_0, y_0, \dot{y}_0$ 分别是小球运动的初始时刻, 相对初始位移和相对初始速度.

当 $y^+ = y^- = \pm d/2$ 时, 小球与矩形斜槽上壁或下壁发生碰撞. 忽略碰撞的持续性, 假定一个最简单的碰撞率: 用一个常数恢复系数 e 来描述碰撞过程中能量的损耗, 则碰撞过程可以表述为

$$y^+ = y^-, \quad \dot{y}^+ = -e\dot{y}^-, \tag{4.1.4}$$

其中 $()^-$ 和 $()^+$ 分别表示小球与矩形斜槽上、下壁发生碰撞之前和之后的状态; $0 < e < 1$, 即在这里只考虑耗散情形.

在绝对坐标系中, 由 (4.1.2) 式知当 $t \in (t_k, t_{k+1})$ 时, 小球的位移和速度方程分别为

$$x = -\frac{1}{2}g\sin\theta(t^2 - t_k^2) + (g\sin\theta t_k + \dot{x}^+(t_k))(t - t_k) + x^+(t_k),$$

$$\dot{x} = -g\sin\theta(t - t_k) + \dot{x}^+(t_k),$$

其中 t_k 是小球与矩形斜槽上壁或下壁发生碰撞的时刻, $x^+(t_k)$ 和 $\dot{x}^+(t_k)$ 是碰撞后小球的瞬时位移和速度.

由 $m \ll M$ 和动量守恒定律知, 小球和底座发生碰撞的过程可表述为

$$X^+ = X^-, \quad x^+ = x^-, \quad |x^+ - X^+\cos\theta| = d/2,$$

$$\dot{X}^+ = \dot{X}^-, \quad \dot{x}^+ = [(m - Me)\dot{x}^- + M(1 + e)\dot{X}^-\cos\theta]/(M + m).$$

当小球和底座一起运动的黏合运动发生时, 小球和底座的运动方程分别为

$$\ddot{x} = -\frac{M}{M + m}A\omega^2\sin(\omega t + \tau)\cos\theta,$$

$$\ddot{X} = -\frac{M}{M + m}A\omega^2\sin(\omega t + \tau).$$

4.2 倾斜碰撞振子模型的流转换

本节利用动态域上的不连续动力系统的流转换理论研究倾斜碰撞振子模型的黏合运动发生和消失、各边界上擦边流出现的判定条件, 并利用数值模拟验证理论分析结果的合理性.

4.2.1 动态子域的划分及其向量场

本小节考虑到倾斜碰撞振子模型的实际运动情况, 将相空间分割成若干个子域及其边界, 并引入状态向量和向量场, 给出不同子域内小球运动方程的向量表示.

　　下面首先给出该振子在绝对坐标系中子域的划分以及边界的确定. 绝对坐标系中原点设在底座处于平衡位置时矩形斜槽的中点, 子域和边界的划分如下.

　　当小球在自由运动时, 子域 Ω_0 定义为

$$\Omega_0 = \{(x,\dot{x})|\ x \in (X\cos\theta - d/2, X\cos\theta + d/2), \dot{x} \in (-\infty, +\infty)\}. \quad (4.2.1)$$

相应的碰撞边界定义为

$$\begin{aligned}
\partial\Omega_{0(+\infty)} &= \{(x,\dot{x})|\ \varphi_{0(+\infty)} \equiv x - X\cos\theta - d/2 = 0,\ \dot{x} \neq \dot{X}\cos\theta\}, \\
\partial\Omega_{0(-\infty)} &= \{(x,\dot{x})|\ \varphi_{0(-\infty)} \equiv x - X\cos\theta + d/2 = 0,\ \dot{x} \neq \dot{X}\cos\theta\},
\end{aligned} \quad (4.2.2)$$

其中方程 $\varphi_{\alpha\beta} = 0$ 确定相空间中的不连续边界 $\partial\Omega_{\alpha\beta}$. 此处 $\alpha = 0$ 和 $\beta = \pm\infty$ 说明边界 $\partial\Omega_{\alpha\beta}$ 是永久边界, 也就是说动力系统在某个子域中的流如果没有传输率是不可能穿越这个边界进入到另一个子域中的. 相空间中不发生黏合运动时子域和边界的划分见图 4.2. 子域 Ω_0 用点状区域表示, 碰撞边界 $\partial\Omega_{0(+\infty)}, \partial\Omega_{0(-\infty)}$ 分别表示成虚线 $x = X\cos\theta + d/2$, $x = X\cos\theta - d/2$.

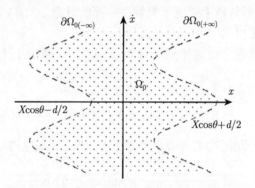

图 4.2　绝对坐标系中无黏合运动的子域和边界

　　对于倾斜碰撞振子模型, 小球和底座在某个条件下一起运动时发生黏合运动, 而黏合运动的产生和消失将在相空间中产生新的子域和边界. 当黏合运动出现时, 绝对坐标系中子域 Ω_0 和 Ω_1, Ω_2 可定义为

$$\begin{aligned}
\Omega_0 &= \{(x,\dot{x})|\ x \in (X_{cr}\cos\theta - d/2, X_{cr}\cos\theta + d/2),\ \dot{x} \neq \dot{X}\cos\theta\}, \\
\Omega_1 &= \{(x,\dot{x})|\ x \in (-\infty, X_{cr}\cos\theta - d/2),\ \dot{x} = \dot{X}\cos\theta,\ x = X\cos\theta - d/2\}, \\
\Omega_2 &= \{(x,\dot{x})|\ x \in (X_{cr}\cos\theta + d/2, +\infty),\ \dot{x} = \dot{X}\cos\theta,\ x = X\cos\theta + d/2\}.
\end{aligned} \quad (4.2.3)$$

相应的黏合边界定义为

$$\begin{aligned}
\partial\Omega_{01} &= \partial\Omega_{10} = \{(x,\dot{x})|\ \varphi_{10} \equiv x - X_{cr}\cos\theta + d/2 = 0,\ \dot{x} = \dot{X}_{cr}\cos\theta\}, \\
\partial\Omega_{02} &= \partial\Omega_{20} = \{(x,\dot{x})|\ \varphi_{20} \equiv x - X_{cr}\cos\theta - d/2 = 0,\ \dot{x} = \dot{X}_{cr}\cos\theta\},
\end{aligned} \quad (4.2.4)$$

其中 X_{cr} 和 $\dot{X}_{cr}$ 分别是黏合运动出现和消失时底座的位移和速度. 绝对坐标系下出现黏合运动时子域和边界的划分见图 4.3, 子域 Ω_0 用点状区域表示, 子域 Ω_1, Ω_2 用阴影区域表示, 相应的边界 $\partial\Omega_{01}, \partial\Omega_{02}$ 用虚线 $x = X_{cr}\cos\theta - d/2$, $x = X_{cr}\cos\theta + d/2$ 表示.

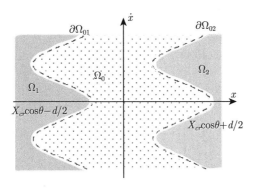

图 4.3　绝对坐标系具有黏合运动的子域和边界

根据相空间中子域和边界的划分, 引入状态向量和向量场

$$\boldsymbol{x}_{(\lambda)} = (x_{(\lambda)}, \dot{x}_{(\lambda)})^{\mathrm{T}}, \quad \boldsymbol{f}_{(\lambda)} = (\dot{x}_{(\lambda)}, f_{(\lambda)})^{\mathrm{T}}, \quad \lambda = 0, 1, 2,$$

其中 $\lambda = 0$ 代表子域 Ω_0 中的自由运动, $\lambda = 1, 2$ 分别代表子域 Ω_1 和 Ω_2 中的黏合运动.

在绝对坐标系中小球的运动方程用向量表示为

$$\dot{\boldsymbol{x}}_{(\lambda)} = \boldsymbol{f}_{(\lambda)}(\boldsymbol{x}_{(\lambda)}, t), \quad \lambda = 0, 1, 2,$$

其中自由运动 $(\lambda = 0)$ 时小球的运动方程为

$$f_{(0)}(\boldsymbol{x}_{(0)}, t) = -g\sin\theta,$$

黏合运动 $(\lambda = 1, 2)$ 时小球的运动方程为

$$f_{(\lambda)}(\boldsymbol{x}_{(\lambda)}, t) = -\frac{M}{M+m}A\omega^2\sin(\omega t + \tau)\cos\theta.$$

在相应的子域中, 底座的运动方程为

$$\dot{\boldsymbol{X}}_{(\lambda)} = \boldsymbol{F}_{(\lambda)}(\boldsymbol{X}_{(\lambda)}, t), \lambda = 0, 1, 2,$$

其中 $\boldsymbol{X}_{(\lambda)} = (X_{(\lambda)}, \dot{X}_{(\lambda)})^{\mathrm{T}}$, $\boldsymbol{F}_{(\lambda)} = (\dot{X}_{(\lambda)}, F_{(\lambda)})^{\mathrm{T}}$, 且

$$F_{(0)}(\boldsymbol{X}_{(0)}, t) = -A\omega^2\sin(\omega t + \tau), \quad F_{(\lambda)}(\boldsymbol{X}_{(\lambda)}, t) = -\frac{M}{M+m}A\omega^2\sin(\omega t + \tau).$$

在绝对坐标系下描述倾斜碰撞振子模型的运动是比较直观的, 但是利用其来分析模型的复杂动力学行为产生的解析条件比较困难, 因为在绝对坐标系下子域和边界是动态的, 也就是随着时间的变化而变化的. 因此为了简化计算, 考虑相对坐标系下的变量. 相对坐标系下小球相对于底座的位移、速度和加速度分别是 $y = x - X\cos\theta$, $\dot{y} = \dot{x} - \dot{X}\cos\theta$, $\ddot{y} = \ddot{x} - \ddot{X}\cos\theta$. 接下来给出该振子在相对坐标系中子域的划分以及边界的确定.

相对坐标系中子域 Ω_0 和 Ω_1, Ω_2 分别定义为

$$\begin{aligned}
\Omega_0 &= \{(y, \dot{y})|\ y \in (-d/2, +d/2), \dot{y} \in (-\infty, +\infty)\}, \\
\Omega_1 &= \{(y, \dot{y})|\ y = -d/2,\ \dot{y} = 0\}, \\
\Omega_2 &= \{(y, \dot{y})|\ y = d/2,\ \dot{y} = 0\}.
\end{aligned} \tag{4.2.5}$$

碰撞边界 $\partial\Omega_{0(+\infty)}$ 和 $\partial\Omega_{0(-\infty)}$ 定义为

$$\begin{aligned}
\partial\Omega_{0(+\infty)} &= \{(y, \dot{y})|\ \varphi_{0(+\infty)} \equiv y - d/2 = 0,\ \dot{y} \neq 0\}, \\
\partial\Omega_{0(-\infty)} &= \{(y, \dot{y})|\ \varphi_{0(-\infty)} \equiv y + d/2 = 0,\ \dot{y} \neq 0\}.
\end{aligned} \tag{4.2.6}$$

黏合边界 $\partial\Omega_{0i}$ 和 $\partial\Omega_{i0}(i = 1, 2)$ 定义为

$$\begin{aligned}
\partial\Omega_{01} &= \partial\Omega_{10} = \{(y, \dot{y})|\ \varphi_{10} \equiv \dot{y}_{cr} = 0,\ y_{cr} = -d/2\}, \\
\partial\Omega_{02} &= \partial\Omega_{20} = \{(y, \dot{y})|\ \varphi_{20} \equiv \dot{y}_{cr} = 0,\ y_{cr} = d/2\},
\end{aligned} \tag{4.2.7}$$

其中 y_{cr}, $\dot{y}_{cr}$ 分别表示黏合运动出现和消失时小球的相对位移和相对速度.

相对坐标系下子域和边界的划分见图 4.4. 子域 Ω_0 仍然用点状区域表示, 碰撞边界 $\partial\Omega_{0(+\infty)}, \partial\Omega_{0(-\infty)}$ 分别用虚直线 $y = +d/2$, $y = -d/2$ 表示, 黏合子域 Ω_1, Ω_2 及其边界 $\partial\Omega_{01}, \partial\Omega_{02}$ 和 $\partial\Omega_{10}, \partial\Omega_{20}$ 变成两个点, 分别是直线 $y = \pm d/2$ 和直线 $\dot{y} = 0$ 的交点.

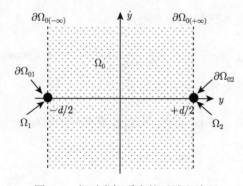

图 4.4   相对坐标系中的子域和边界

在相对坐标系下, 小球的状态向量和向量场表示为

$$\boldsymbol{y}_{(\lambda)} = (y_{(\lambda)}, \dot{y}_{(\lambda)})^{\mathrm{T}}, \quad \boldsymbol{g}_{(\lambda)} = (\dot{y}_{(\lambda)}, g_{(\lambda)})^{\mathrm{T}}, \ \lambda = 0, 1, 2.$$

小球相对运动的方程表示为

$$\dot{\boldsymbol{y}}_{(\lambda)} = \boldsymbol{g}_{(\lambda)}(\boldsymbol{y}_{(\lambda)}, \boldsymbol{X}_{(\lambda)}, t),$$

其中 $\dot{\boldsymbol{X}}_{(\lambda)} = \boldsymbol{F}_{(\lambda)}(\boldsymbol{X}_{(\lambda)}, t)$, $\lambda = 0$ 表示小球在子域 Ω_0 中的自由运动, $\lambda = 1, 2$ 分别表示小球在子域 Ω_1 和 Ω_2 中的黏合运动.

自由运动时小球的运动方程为

$$g_{(0)}(\boldsymbol{y}_{(0)}, \boldsymbol{X}_{(0)}, t) = -g \sin\theta + A\omega^2 \sin(\omega t + \tau)\cos\theta, \tag{4.2.8}$$

黏合运动时小球的运动方程为

$$g_{(\lambda)}(\boldsymbol{y}_{(\lambda)}, \boldsymbol{X}_{(\lambda)}, t) = 0 \ (\lambda = 1, 2). \tag{4.2.9}$$

4.2.2 流的转换

本小节利用不连续动力系统的流转换理论研究倾斜碰撞振子模型中域流在不连续边界上的转换条件, 给出在黏合边界上黏合运动发生和消失以及在碰撞边界或黏合边界上擦边流出现的解析条件.

相对坐标系下不连续边界的法向量定义为

$$\boldsymbol{n}_{\partial\Omega_{ij}} = \left(\frac{\partial\varphi_{ij}}{\partial y}, \frac{\partial\varphi_{ij}}{\partial\dot{y}}\right)^{\mathrm{T}}. \tag{4.2.10}$$

引入相对坐标系后, 绝对坐标系中的曲线边界由相对坐标系中的直线边界代替, 从而不连续边界上流的转换条件更易得. 由 (4.2.6) 式和 (4.2.7) 式, 黏合边界 $\partial\Omega_{01}$, $\partial\Omega_{02}$ 和碰撞边界 $\partial\Omega_{0(+\infty)}$, $\partial\Omega_{0(-\infty)}$ 的法向量 $\boldsymbol{n}_{\partial\Omega_{01}}$, $\boldsymbol{n}_{\partial\Omega_{02}}$ 和 $\boldsymbol{n}_{\partial\Omega_{0(+\infty)}}$, $\boldsymbol{n}_{\partial\Omega_{0(-\infty)}}$ 分别是

$$\boldsymbol{n}_{\partial\Omega_{01}} = \boldsymbol{n}_{\partial\Omega_{02}} = (0, 1)^{\mathrm{T}}, \quad \boldsymbol{n}_{\partial\Omega_{0(+\infty)}} = \boldsymbol{n}_{\partial\Omega_{0(-\infty)}} = (1, 0)^{\mathrm{T}}.$$

为符号上的方便, 下文中将要引入的相对坐标系下的 G 函数用 $G^{(0,\alpha)}_{\partial\Omega_{ij}}(\boldsymbol{y}_{(\alpha)}, t_{m\pm})$ 或 $G^{(1,\alpha)}_{\partial\Omega_{ij}}(\boldsymbol{y}_{(\alpha)}, t_{m\pm})$ 表示.

下面利用不连续动力系统在不连续边界上的穿越流理论给出倾斜碰撞振子模型在黏合边界上黏合运动发生和消失的判定条件.

定理 4.2.1 对于 4.1.2 小节中的倾斜碰撞振子模型,

(1) 当小球在 t_m 时刻到达黏合边界 $\partial\Omega_{01}$ 时, 在此边界上黏合运动发生的充要条件是

$$\left.\begin{aligned}
\operatorname{mod}(\omega t_m + \tau, 2\pi) \in \left(0, \arcsin\frac{g\tan\theta}{A\omega^2}\right) \cup \left(\pi - \arcsin\frac{g\tan\theta}{A\omega^2}, 2\pi\right), \\
\text{如果 } g\tan\theta \leqslant A\omega^2, \\
\operatorname{mod}(\omega t_m + \tau, 2\pi) \in (0, 2\pi), \text{ 如果 } g\tan\theta > A\omega^2.
\end{aligned}\right\} \quad (4.2.11)$$

(2) 当小球在 t_m 时刻到达黏合边界 $\partial\Omega_{02}$ 时, 在此边界上黏合运动发生的充要条件是

$$\left.\begin{aligned}
\operatorname{mod}(\omega t_m + \tau, 2\pi) \in \left(\arcsin\frac{g\tan\theta}{A\omega^2}, \pi - \arcsin\frac{g\tan\theta}{A\omega^2}\right), \quad \text{如果 } g\tan\theta < A\omega^2, \\
\text{没有黏合运动发生}, \qquad \text{如果 } g\tan\theta \geqslant A\omega^2.
\end{aligned}\right\} $$
$$(4.2.12)$$

证明　当小球在 t_m 时刻运动到黏合边界 $\partial\Omega_{01}$ 或 $\partial\Omega_{02}$ 时, 小球和底座随后一起运动, 则说小球在边界 $\partial\Omega_{01}$ 或 $\partial\Omega_{02}$ 上发生黏合运动. 用不连续动力系统的流转换理论解释为: 在子域 Ω_0 内运动的流在 t_m 时刻到达边界 $\partial\Omega_{01}$ 或 $\partial\Omega_{02}$, 然后穿越此边界进入到子域 Ω_1 或 Ω_2 中. 由此可由引理 2.3.1 来判定黏合运动发生的条件. 为此需要定义黏合边界 $\partial\Omega_{01}$ 或 $\partial\Omega_{02}$ 上的零阶 G 函数.

由 (2.2.6) 式知在相对坐标系中黏合边界上的零阶 G 函数为

$$\begin{aligned}
G^{(0,i)}_{\partial\Omega_{0i}}(\boldsymbol{y}_{(i)}, t_{m\pm}) = \boldsymbol{n}^{\mathrm{T}}_{\partial\Omega_{0i}} \cdot \boldsymbol{g}_{(i)}(\boldsymbol{y}_{(i)}, \boldsymbol{X}_{(i)}, t_{m\pm}), \\
G^{(0,0)}_{\partial\Omega_{0i}}(\boldsymbol{y}_{(0)}, t_{m\pm}) = \boldsymbol{n}^{\mathrm{T}}_{\partial\Omega_{0i}} \cdot \boldsymbol{g}_{(0)}(\boldsymbol{y}_{(0)}, \boldsymbol{X}_{(0)}, t_{m\pm}),
\end{aligned} \quad (4.2.13)$$

其中 $i = 1, 2$ 分别表示在子域 Ω_1, Ω_2 中的黏合运动, t_m 是相应边界上的转换时刻.

将 (4.2.8) 式和 (4.2.9) 式代入 (4.2.13) 式得

$$\begin{aligned}
G^{(0,i)}_{\partial\Omega_{0i}}(\boldsymbol{y}_{(i)}, t_{m\pm}) = g_{(i)}(\boldsymbol{y}_{(i)}, \boldsymbol{X}_{(i)}, t_{m\pm}) = 0, \\
G^{(0,0)}_{\partial\Omega_{0i}}(\boldsymbol{y}_{(0)}, t_{m\pm}) = g_{(0)}(\boldsymbol{y}_{(0)}, \boldsymbol{X}_{(0)}, t_{m\pm}) = -g\sin\theta + A\omega^2\sin(\omega t_m + \tau)\cos\theta.
\end{aligned}$$
$$(4.2.14)$$

由引理 2.3.1, 在边界 $\partial\Omega_{0i}$ $(i = 1, 2)$ 上黏合运动发生的充要条件为

$$(-1)^i G^{(0,0)}_{\partial\Omega_{0i}}(\boldsymbol{y}_{(0)}, t_{m-}) > 0, \quad (-1)^i G^{(0,i)}_{\partial\Omega_{0i}}(\boldsymbol{y}_{(i)}, t_{m+}) > 0. \quad (4.2.15)$$

将 (4.2.13) 式代入 (4.2.15) 式得

$$(-1)^i g_{(0)}(\boldsymbol{y}_{(0)}, \boldsymbol{X}_{(0)}, t_{m-}) > 0, \quad (-1)^i g_{(i)}(\boldsymbol{y}_{(i)}, \boldsymbol{X}_{(i)}, t_{m+}) > 0. \quad (4.2.16)$$

由于黏合子域中向量场的特殊性, 由 (4.2.14) 式和 (4.2.16) 式知在边界 $\partial\Omega_{0i}$ ($i = 1, 2$) 上黏合运动发生的充要条件为

$$(-1)^i \cdot (-g\sin\theta + A\omega^2\sin(\omega t_m + \tau)\cos\theta) > 0. \tag{4.2.17}$$

解不等式 (4.2.17) 可分别得到在矩形斜槽下壁发生黏合运动的条件 (4.2.11) 式和在矩形斜槽上壁发生黏合运动的条件 (4.2.12) 式.　　　　　　　　　　　　□

小球在 t_m 时刻运动到黏合边界, 意味着小球在 t_m 时刻到达矩形斜槽上壁或下壁时其相对速度为零, 即 $y(t_m) = \pm d/2$, $\dot{y}(t_m) = 0$. 由 (4.2.11) 式知当小球以相对零速度运动到矩形斜槽的下壁, 此时如果 $A\omega^2$ 大于或等于 $g\tan\theta$ 且转换相角 $\mathrm{mod}(\omega t_m + \tau, 2\pi)$ 在 $\left(0, \arcsin\dfrac{g\tan\theta}{A\omega^2}\right)$ 或 $\left(\pi - \arcsin\dfrac{g\tan\theta}{A\omega^2}, 2\pi\right)$ 之内, 或者 $A\omega^2$ 小于 $g\tan\theta$, 则在 t_m 时刻之后, 小球的相对加速度小于零, 那么小球在 t_m 时刻之后的速度应该小于底座的速度在矩形斜槽方向上的分量. 但此时小球在矩形斜槽下壁且不可能穿越此边界, 所以由于矩形斜槽下壁的阻挡, 小球只能与底座一起运动, 从而在矩形斜槽下壁上形成黏合运动. 类似地, 由 (4.2.12) 式知当小球以相对零速度运动到矩形斜槽上壁, 此时如果 $A\omega^2$ 大于 $g\tan\theta$, 且转换相角 $\mathrm{mod}(\omega t_m + \tau, 2\pi)$ 在 $\left(\arcsin\dfrac{g\tan\theta}{A\omega^2}, \pi - \arcsin\dfrac{g\tan\theta}{A\omega^2}\right)$ 之内, 则在 t_m 时刻之后, 小球的相对加速度的趋势将大于零. 但由于底座中矩形斜槽上壁的阻挡, 小球也只能与底座一起运动, 那么在矩形斜槽上壁上黏合运动产生. 如果小球以相对零速度运动到矩形斜槽上壁时, $A\omega^2$ 小于或等于 $g\tan\theta$, 则此时小球的相对加速度的趋势小于零, 小球离开矩形斜槽上壁, 黏合运动不能形成. 小球和底座一起运动的黏合运动进行中, 小球和矩形斜槽上壁或下壁的相互作用力一直存在, 且在任何一个时间段内非零, 只可能在某一瞬间为零. 此作用力使得小球和底座一起运动.

由定理 4.2.1 还可以看到当 $g\tan\theta$ 小于 $A\omega^2$ 时, 在斜槽下壁上发生黏合运动所需转换相角范围为 $\left(0, \arcsin\dfrac{g\tan\theta}{A\omega^2}\right) \cup \left(\pi - \arcsin\dfrac{g\tan\theta}{A\omega^2}, 2\pi\right)$, 而在上壁上发生黏合运动所需转换相角的范围是 $\left(\arcsin\dfrac{g\tan\theta}{A\omega^2}, \pi - \arcsin\dfrac{g\tan\theta}{A\omega^2}\right)$, 这说明小球在上壁上发生黏合运动的可能性没有下壁上发生黏合运动的可能性大, 而水平碰撞振子模型在间隙的两壁上发生黏合运动所需转换相角的范围一般大, 也就是说机会相当. 这是倾斜碰撞振子模型和水平碰撞振子模型动力学性质上的本质不同.

定理 4.2.2　　对于 4.1.2 小节中的倾斜碰撞振子模型,

(1) 当黏合运动在子域 Ω_1 中进行时, 此黏合运动在 t_m 时刻消失的充要条件为

$$\left.\begin{aligned}
\mathrm{mod}(\omega t_m + \tau, 2\pi) &= \arcsin\frac{g\tan\theta}{A\omega^2}, \quad \text{如果}\quad g\tan\theta \leqslant A\omega^2,\\
&\text{黏合运动不消失, 如果}\quad g\tan\theta > A\omega^2.
\end{aligned}\right\} \tag{4.2.18}$$

(2) 当黏合运动在子域 Ω_2 中进行时, 此黏合运动在 t_m 时刻消失的充要条件为

$$\mathrm{mod}(\omega t_m + \tau, 2\pi) = \pi - \arcsin\frac{g\tan\theta}{A\omega^2}, \quad \text{如果}\, g\tan\theta < A\omega^2. \tag{4.2.19}$$

证明　当小球和底座一起运动一段时间后, 小球离开矩形斜槽上壁或下壁, 则黏合运动消失. 这意味着小球的运动流从黏合子域再次回到自由运动子域. 用不连续动力系统的流转换理论解释为: 在黏合子域 Ω_i $(i = 1, 2)$ 中的流穿越边界 $\partial\Omega_{i0}$ 进入到自由运动子域 Ω_0. 由于 $G^{(0,i)}_{\partial\Omega_{0i}}(\boldsymbol{y}_{(i)}, t_{m\pm}) = 0$, 所以判定黏合运动消失需要黏合边界 $\partial\Omega_{i0}$ $(i = 1, 2)$ 上更高阶的 G 函数.

由 (2.2.6) 式, 黏合边界 $\partial\Omega_{i0}$ $(i = 1, 2)$ 上的一阶 G 函数定义为

$$\left.\begin{aligned}
G^{(1,i)}_{\partial\Omega_{0i}}(\boldsymbol{y}_{(i)}, t_{m\pm}) &= \boldsymbol{n}^{\mathrm{T}}_{\partial\Omega_{0i}} \cdot D\boldsymbol{g}_{(i)}(\boldsymbol{y}_{(i)}, \boldsymbol{X}_{(i)}, t_{m\pm}),\\
G^{(1,0)}_{\partial\Omega_{0i}}(\boldsymbol{y}_{(0)}, t_{m\pm}) &= \boldsymbol{n}^{\mathrm{T}}_{\partial\Omega_{0i}} \cdot D\boldsymbol{g}_{(0)}(\boldsymbol{y}_{(0)}, \boldsymbol{X}_{(0)}, t_{m\pm}).
\end{aligned}\right\} \tag{4.2.20}$$

将 (4.2.8) 式和 (4.2.9) 式代入 (4.2.20) 式得

$$\left.\begin{aligned}
G^{(1,i)}_{\partial\Omega_{0i}}(\boldsymbol{y}_{(i)}, t_{m\pm}) &= \frac{\mathrm{d}}{\mathrm{d}t}g_{(i)}(\boldsymbol{y}_{(i)}, \boldsymbol{X}_{(i)}, t_{m\pm}) = A\omega^3\cos(\omega t_m + \tau)\cos\theta,\\
G^{(1,0)}_{\partial\Omega_{0i}}(\boldsymbol{y}_{(0)}, t_{m\pm}) &= \frac{\mathrm{d}}{\mathrm{d}t}g_{(0)}(\boldsymbol{y}_{(0)}, \boldsymbol{X}_{(0)}, t_{m\pm}) = A\omega^3\cos(\omega t_m + \tau)\cos\theta.
\end{aligned}\right\} \tag{4.2.21}$$

由引理 2.3.1, 黏合边界 $\partial\Omega_{i0}$ $(i = 1, 2)$ 上黏合运动消失的充要条件为

$$\left.\begin{aligned}
G^{(0,i)}_{\partial\Omega_{0i}}(\boldsymbol{y}_{(i)}, t_{m-}) = 0, \qquad & G^{(0,0)}_{\partial\Omega_{0i}}(\boldsymbol{y}_{(0)}, t_{m+}) = 0,\\
(-1)^i G^{(1,i)}_{\partial\Omega_{0i}}(\boldsymbol{y}_{(i)}, t_{m-}) < 0, \qquad & (-1)^i G^{(1,0)}_{\partial\Omega_{0i}}(\boldsymbol{y}_{(0)}, t_{m+}) < 0.
\end{aligned}\right\} \tag{4.2.22}$$

将 (4.2.14) 式和 (4.2.21) 式代入 (4.2.22) 式得

$$\left.\begin{aligned}
g_{(i)}(\boldsymbol{y}_{(i)}, \boldsymbol{X}_{(i)}, t_{m-}) &= 0,\\
g_{(0)}(\boldsymbol{y}_{(0)}, \boldsymbol{X}_{(0)}, t_{m+}) &= -g\sin\theta + A\omega^2\sin(\omega t_m + \tau)\cos\theta = 0,\\
(-1)^i\frac{\mathrm{d}}{\mathrm{d}t}g_{(i)}(\boldsymbol{y}_{(i)}, \boldsymbol{X}_{(i)}, t_{m-}) &= (-1)^i \cdot (A\omega^3\cos(\omega t_m + \tau)\cos\theta) < 0,\\
(-1)^i\frac{\mathrm{d}}{\mathrm{d}t}g_{(0)}(\boldsymbol{y}_{(0)}, \boldsymbol{X}_{(0)}, t_{m+}) &= (-1)^i \cdot (A\omega^3\cos(\omega t_m + \tau)\cos\theta) < 0.
\end{aligned}\right\} \tag{4.2.23}$$

进一步简化上述方程组得

$$在 \ \partial\Omega_{10} \ 上：\begin{cases} \mathrm{mod}(\omega t_m + \tau, 2\pi) = \arcsin\dfrac{g\tan\theta}{A\omega^2}, & 如果 \quad g\tan\theta \leqslant A\omega^2, \\[2mm] 无解, & 如果 \quad g\tan\theta > A\omega^2; \end{cases}$$

$$在 \ \partial\Omega_{20} \ 上：\begin{cases} \mathrm{mod}(\omega t_m + \tau, 2\pi) = \pi - \arcsin\dfrac{g\tan\theta}{A\omega^2}, & 如果 \quad g\tan\theta < A\omega^2, \\[2mm] 无解, & 如果 \quad g\tan\theta \geqslant A\omega^2. \end{cases}$$

$$(4.2.24)$$

因此黏合运动消失的条件 (4.2.18) 式和 (4.2.19) 式得到. $\square$

在黏合运动进行过程中, 小球相对于底座的相对位移一直没变, 即 $y(t) \equiv \pm d/2$, 且小球运动的相对速度和相对加速度也为零. 黏合运动消失的 t_m 时刻也就是小球的相对加速度将要不为零的时刻. 在 t_m 时刻之后, 小球运动的相对速度和相对加速度发生改变, 从而使得小球离开矩形斜槽上壁或下壁. 由 (4.2.18) 式知, 条件 $A\omega^2$ 大于或等于 $g\tan\theta$ 且转换相角 $\mathrm{mod}(\omega t_m + \tau, 2\pi)$ 为 $\arcsin\dfrac{g\tan\theta}{A\omega^2}$ 将保证小球在矩形斜槽下壁上的黏合运动消失, 即小球离开矩形斜槽下壁进入到斜槽内自由运动. 如果 $A\omega^2$ 小于 $g\tan\theta$, 则小球将一直在矩形斜槽下壁与底座一起运动, 从而在矩形斜槽下壁上发生的黏合运动一直持续下去. 由 (4.2.19) 式知, 当条件 $A\omega^2$ 大于 $g\tan\theta$ 且转换相角为 $\mathrm{mod}(\omega t_m + \tau, 2\pi) = \pi - \arcsin\dfrac{g\tan\theta}{A\omega^2}$ 时, 小球将离开矩形斜槽上壁进入到斜槽内自由运动, 即矩形斜槽上壁上的黏合运动消失.

对于一个不连续动力系统而言, 边界上不只会有黏合运动的发生和消失, 还可能会发生擦边现象. 擦边现象是指在一个子域中的运动流在某一时刻与子域的边界相切, 然后又回到这个子域中. 由此可以用不连续动力系统的相切流理论确定擦边流发生的解析条件. 接下来利用引理 2.3.4 得到倾斜碰撞振子模型在碰撞边界 $\partial\Omega_{0(\pm\infty)}$ 和黏合边界 $\partial\Omega_{0i}, \partial\Omega_{i0} \ (i = 1, 2)$ 上擦边流发生的充要条件.

定理 4.2.3 对于 4.1.2 小节中的倾斜碰撞振子模型, 在黏合边界上有如下四种擦边现象发生.

(1) 小球在子域 Ω_1 中运动, 在 t_m 时刻小球运动到黏合边界 $\partial\Omega_{10}$ 且此时小球和矩形斜槽下壁间没有相互作用力, 则在黏合边界 $\partial\Omega_{10}$ 上发生擦边运动的充要条件为 $\mathrm{mod}(\omega t_m + \tau, 2\pi) \in (\pi/2, 3\pi/2)$.

(2) 小球在子域 Ω_2 中运动, 在 t_m 时刻小球运动到黏合边界 $\partial\Omega_{20}$ 且此时小球和矩形斜槽上壁间没有相互作用力, 则在黏合边界 $\partial\Omega_{20}$ 上发生擦边运动的充要条件为 $\mathrm{mod}(\omega t_m + \tau, 2\pi) \in (-\pi/2, \pi/2)$.

(3) 小球在子域 Ω_0 中运动, 在 t_m 时刻小球运动到黏合边界 $\partial\Omega_{01}$ 且此时小球的相对速度和相对加速度均为零, 则在黏合边界 $\partial\Omega_{01}$ 上发生擦边运动的充要条件

为

$$
\left.
\begin{array}{ll}
\mathrm{mod}(\omega t_m + \tau, 2\pi) = \arcsin \dfrac{g\tan\theta}{A\omega^2}, & \text{如果}\quad g\tan\theta < A\omega^2, \\[2mm]
\text{没有擦边运动发生}, & \text{如果}\quad g\tan\theta \geqslant A\omega^2.
\end{array}
\right\}
\tag{4.2.25}
$$

(4) 小球在子域 Ω_0 中运动, 在 t_m 时刻小球运动到黏合边界 $\partial\Omega_{02}$ 且此时小球的相对速度和相对加速度均为零, 则在黏合边界 $\partial\Omega_{02}$ 上发生擦边运动的充要条件为

$$
\left.
\begin{array}{ll}
\mathrm{mod}(\omega t_m + \tau, 2\pi) = \pi - \arcsin \dfrac{g\tan\theta}{A\omega^2}, & \text{如果}\quad g\tan\theta < A\omega^2, \\[2mm]
\text{没有擦边运动发生}, & \text{如果}\quad g\tan\theta \geqslant A\omega^2.
\end{array}
\right\}
\tag{4.2.26}
$$

证明　对于倾斜碰撞振子模型, 小球在矩形斜槽上壁或下壁随着底座一起运动过程中, 在 t_m 时刻, 小球即将离开矩形斜槽上壁或下壁, 但由于底座是周期运动的, 所以小球没能离开矩形斜槽上壁或下壁而是又和底座一起运动, 这样的运动称为在黏合边界 $\partial\Omega_{i0}$ $(i=1,2)$ 上发生擦边运动. 类似地, 小球在矩形斜槽内运动, 当到达矩形斜槽上壁或下壁时其相对速度和相对加速度均为零, 但小球没能与底座一起运动, 而是又回到矩形斜槽内继续运动, 这样的运动称为在黏合边界 $\partial\Omega_{0i}$ $(i=1,2)$ 上发生擦边运动. 用不连续动力系统的流转换理论解释为: Ω_i $(i=1,2)$ 中的流在 t_m 时刻达到边界 $\partial\Omega_{i0}$ 并与边界 $\partial\Omega_{i0}$ 相切后又回到 Ω_i 中, 就说在边界 $\partial\Omega_{i0}$ 上发生擦边运动; Ω_0 中的流在 t_m 时刻达到边界 $\partial\Omega_{0i}$ $(i=1,2)$ 并与边界 $\partial\Omega_{0i}$ 相切后又回到 Ω_0 中, 则说在边界 $\partial\Omega_{0i}$ 上发生擦边运动. 所以在黏合边界 $\partial\Omega_{i0}, \partial\Omega_{0i}$ $(i=1,2)$ 上是否发生擦边运动均可由引理 2.3.4 来判定.

由引理 2.3.4 知在黏合边界 $\partial\Omega_{i0}, \partial\Omega_{0i}$ $(i=1,2)$ 上发生擦边运动的充要条件为

$$
\left.
\begin{array}{l}
\text{在}\ \partial\Omega_{i0}\ \text{上}:\ G^{(0,i)}_{\partial\Omega_{0i}}(\boldsymbol{y}_{(i)}, t_{m\pm}) = 0, \qquad (-1)^i G^{(1,i)}_{\partial\Omega_{0i}}(\boldsymbol{y}_{(i)}, t_{m\pm}) > 0; \\[2mm]
\text{在}\ \partial\Omega_{0i}\ \text{上}:\ G^{(0,0)}_{\partial\Omega_{0i}}(\boldsymbol{y}_{(0)}, t_{m\pm}) = 0, \qquad (-1)^i G^{(1,0)}_{\partial\Omega_{0i}}(\boldsymbol{y}_{(0)}, t_{m\pm}) < 0.
\end{array}
\right\}
\tag{4.2.27}
$$

将 (4.2.14) 式和 (4.2.21) 式代入 (4.2.27) 式得

$$
\left.
\begin{array}{l}
\text{在}\ \ \partial\Omega_{i0}\ \text{上}: \qquad\qquad (-1)^i \cdot (A\omega^3 \cos(\omega t_m + \tau)\cos\theta) > 0; \\[2mm]
\text{在}\ \ \partial\Omega_{0i}\ \text{上}:
\left\{
\begin{array}{l}
(-1)^i \cdot (-g\sin\theta + A\omega^2 \sin(\omega t_m + \tau)\cos\theta) = 0, \\[2mm]
(-1)^i \cdot (A\omega^3 \cos(\omega t_m + \tau)\cos\theta) < 0.
\end{array}
\right.
\end{array}
\right\}
\tag{4.2.28}
$$

进一步简化 (4.2.28) 式得

在 $\partial\Omega_{10}$ 上: $\qquad\qquad\qquad\qquad\qquad \mathrm{mod}(\omega t_m + \tau, 2\pi) \in (\pi/2, 3\pi/2);$

在 $\partial\Omega_{20}$ 上: $\qquad\qquad\qquad\qquad\qquad \mathrm{mod}(\omega t_m + \tau, 2\pi) \in (-\pi/2, \pi/2);$

在 $\partial\Omega_{01}$ 上:
$$\begin{cases} \mathrm{mod}(\omega t_m + \tau, 2\pi) = \arcsin\dfrac{g\tan\theta}{A\omega^2}, & \text{如果}\;\; g\tan\theta < A\omega^2, \\[2mm] \text{无解}, & \text{如果}\;\; g\tan\theta \geqslant A\omega^2; \end{cases}$$

在 $\partial\Omega_{02}$ 上:
$$\begin{cases} \mathrm{mod}(\omega t_m + \tau, 2\pi) = \pi - \arcsin\dfrac{g\tan\theta}{A\omega^2}, & \text{如果}\;\; g\tan\theta < A\omega^2, \\[2mm] \text{无解}, & \text{如果}\;\; g\tan\theta \geqslant A\omega^2. \end{cases}$$

$$(4.2.29)$$

由此分别得到在黏合边界上发生四种擦边流的充要条件. $\qquad\qquad\qquad\square$

在黏合运动进行过程中, 小球和底座一起运动, 但小球和矩形斜槽上壁或下壁之间的非零相互作用力一直存在, 因为小球自身的加速度不同于底座的加速度在斜槽方向上的分量, 只是由于矩形斜槽上壁或下壁的阻挡, 小球才和底座一起运动. 如果在 t_m 时刻, 小球和矩形斜槽上壁或下壁之间的相互作用力变为零, 则可能会有两种情况发生: 一是小球和矩形斜槽上壁或下壁之间不再有相互作用力, 即黏合运动消失, 这种情况可见定理 4.2.2; 二是小球和矩形斜槽上壁或下壁之间的相互作用力又再次恢复为非零, 黏合运动继续进行. 对于第二种情况, t_m 时刻就是擦边时刻. 由定理 4.2.3 知, 小球在矩形斜槽下壁与底座一起运动过程中, 在 t_m 时刻小球和矩形斜槽下壁之间的相互作用力为零, 如果这时转换相角在第二或第三象限, 则可以使得小球和矩形斜槽下壁之间的相互作用力又变大, 黏合运动继续进行; 小球在矩形斜槽上壁与底座一起运动过程中, 在 t_m 时刻小球和矩形斜槽上壁之间的相互作用力为零, 此时转换相角在第一或第四象限可以保证小球在矩形斜槽上壁上的黏合运动继续进行. 在这两种情况下黏合运动还在继续.

黏合边界上的擦边流也有两种情况. 当小球在矩形斜槽内运动, 在 t_m 时刻小球运动到矩形斜槽上壁或下壁, 且此时小球的相对速度和相对加速度均为零, 这时有两种情况可能发生: 一是小球和底座将一起运动, 黏合运动发生, 这种情况可见定理 4.2.1; 二是小球又离开矩形斜槽上壁或下壁, 再次进行自由运动, 这时就说 t_m 时刻是擦边时刻, 小球在矩形斜槽的上壁或下壁上发生擦边运动. 由定理 4.2.3 知, 小球在 t_m 时刻以相对零速度和相对零加速度到达矩形斜槽下壁, 如果 $A\omega^2$ 大于 $g\tan\theta$ 且转换相角 $\mathrm{mod}(\omega t_m + \tau, 2\pi)$ 等于 $\arcsin\dfrac{g\tan\theta}{A\omega^2}$, 则小球与矩形斜槽下壁轻轻接触就离开了; 小球在 t_m 时刻以相对零速度和相对零加速度到达矩形斜槽上壁, 如果此时 $A\omega^2$ 大于 $g\tan\theta$ 且转换相角 $\mathrm{mod}(\omega t_m + \tau, 2\pi)$ 为 $\pi - \arcsin\dfrac{g\tan\theta}{A\omega^2}$, 则小球在矩形斜槽上壁上发生擦边运动; 如果 $A\omega^2 \leqslant g\tan\theta$, 那么小球在 t_m 时刻运动到矩形斜槽上壁或下壁时相对速度和相对加速度为零也不会形成擦边运动.

定理 4.2.4　对于 4.1.2 小节中的倾斜碰撞振子模型, 在碰撞边界 $\partial\Omega_{0(\pm\infty)}$ 上有如下两种擦边运动发生.

(1) 小球在子域 Ω_0 内的流在 t_m 时刻到达边界 $\partial\Omega_{0(-\infty)}$, 则在此边界上擦边运动发生的充要条件是

$$\left.\begin{array}{c} \dot{x}_{(0)}(t_m) - A\omega\cos(\omega t_m + \tau)\cos\theta = 0, \quad \text{且} \\[2mm] \mathrm{mod}(\omega t_m + \tau, 2\pi) \in \left(\arcsin\dfrac{g\tan\theta}{A\omega^2}, \pi - \arcsin\dfrac{g\tan\theta}{A\omega^2}\right), \\[2mm] \text{如果}\quad g\tan\theta < A\omega^2, \\[2mm] \text{没有擦边运动发生,}\qquad \text{如果}\quad g\tan\theta \geqslant A\omega^2. \end{array}\right\} \tag{4.2.30}$$

(2) 小球在子域 Ω_0 内的流在 t_m 时刻到达边界 $\partial\Omega_{0(+\infty)}$, 则在此边界上擦边运动发生的充要条件是

$$\left.\begin{array}{c} \dot{x}_{(0)}(t_m) - A\omega\cos(\omega t_m + \tau)\cos\theta = 0, \quad \text{且} \\[2mm] \mathrm{mod}(\omega t_m + \tau, 2\pi) \in \left(0, \arcsin\dfrac{g\tan\theta}{A\omega^2}\right) \\[2mm] \cup\left(\pi - \arcsin\dfrac{g\tan\theta}{A\omega^2}, 2\pi\right), \text{如果} g\tan\theta \leqslant A\omega^2, \\[2mm] \mathrm{mod}(\omega t_m + \tau, 2\pi) \in (0, 2\pi), \text{如果} g\tan\theta > A\omega^2. \end{array}\right\} \tag{4.2.31}$$

证明　对于倾斜碰撞振子模型, 小球在 t_m 时刻运动到矩形斜槽上壁或下壁, 没有发生碰撞, 就又回到矩形斜槽内运动, 这样的运动就称为在碰撞边界 $\partial\Omega_{0(\pm\infty)}$ 上发生擦边运动. 用不连续动力系统的流转换理论表述为: 在子域 Ω_0 内的流在 t_m 时刻到达碰撞边界 $\partial\Omega_{0(\pm\infty)}$ 且与此边界相切后又回到自由运动子域 Ω_0 中. 由此可用引理 2.3.4 来判定碰撞边界 $\partial\Omega_{0(\pm\infty)}$ 上发生擦边运动的解析条件. 为此需要给出在碰撞边界 $\partial\Omega_{0(\pm\infty)}$ 上的零阶和一阶 G 函数.

由 (2.2.6) 式在碰撞边界 $\partial\Omega_{0(\pm\infty)}$ 上的零阶和一阶 G 函数定义为

$$\begin{aligned} G_{\partial\Omega_{0(+\infty)}}^{(0,0)}(\boldsymbol{y}_{(0)}, t_{m\pm}) &= \boldsymbol{n}_{\partial\Omega_{0(+\infty)}}^{\mathrm{T}} \cdot \boldsymbol{g}_{(0)}(\boldsymbol{y}_{(0)}, \boldsymbol{X}_{(0)}, t_{m\pm}), \\ G_{\partial\Omega_{0(-\infty)}}^{(0,0)}(\boldsymbol{y}_{(0)}, t_{m\pm}) &= \boldsymbol{n}_{\partial\Omega_{0(-\infty)}}^{\mathrm{T}} \cdot \boldsymbol{g}_{(0)}(\boldsymbol{y}_{(0)}, \boldsymbol{X}_{(0)}, t_{m\pm}), \\ G_{\partial\Omega_{0(+\infty)}}^{(1,0)}(\boldsymbol{y}_{(0)}, t_{m\pm}) &= \boldsymbol{n}_{\partial\Omega_{0(+\infty)}}^{\mathrm{T}} \cdot D\boldsymbol{g}_{(0)}(\boldsymbol{y}_{(0)}, \boldsymbol{X}_{(0)}, t_{m\pm}), \\ G_{\partial\Omega_{0(-\infty)}}^{(1,0)}(\boldsymbol{y}_{(0)}, t_{m\pm}) &= \boldsymbol{n}_{\partial\Omega_{0(-\infty)}}^{\mathrm{T}} \cdot D\boldsymbol{g}_{(0)}(\boldsymbol{y}_{(0)}, \boldsymbol{X}_{(0)}, t_{m\pm}). \end{aligned} \tag{4.2.32}$$

将 (4.2.8) 式代入到 (4.2.32) 式得

$$
\begin{aligned}
G^{(0,0)}_{\partial\Omega_{0(\pm\infty)}}(\boldsymbol{y}_{(0)}, t_{m\pm}) &= \dot{y}_{(0)} = \dot{x}_{(0)} - A\omega\cos(\omega t_m + \tau)\cos\theta, \\
G^{(1,0)}_{\partial\Omega_{0(\pm\infty)}}(\boldsymbol{y}_{(0)}, t_{m\pm}) &= -g\sin\theta + A\omega^2\sin(\omega t_m + \tau)\cos\theta.
\end{aligned}
\tag{4.2.33}
$$

由引理 2.3.4, 在碰撞边界 $\partial\Omega_{0(\pm\infty)}$ 上擦边运动发生的充要条件为

$$
\left.
\begin{aligned}
\text{在} \quad \partial\Omega_{0(-\infty)} \quad \text{上}: \quad G^{(0,0)}_{\partial\Omega_{0(-\infty)}}(\boldsymbol{y}_{(0)}, t_{m\pm}) = 0, \quad G^{(1,0)}_{\partial\Omega_{0(-\infty)}}(\boldsymbol{y}_{(0)}, t_{m\pm}) > 0; \\
\text{在} \quad \partial\Omega_{0(+\infty)} \quad \text{上}: \quad G^{(0,0)}_{\partial\Omega_{0(+\infty)}}(\boldsymbol{y}_{(0)}, t_{m\pm}) = 0, \quad G^{(1,0)}_{\partial\Omega_{0(+\infty)}}(\boldsymbol{y}_{(0)}, t_{m\pm}) < 0.
\end{aligned}
\right\}
\tag{4.2.34}
$$

将 (4.2.33) 式代入 (4.2.34) 式得

$$
\left.
\begin{aligned}
\dot{x}_{(0)}(t_m) - A\omega\cos(\omega t_m + \tau)\cos\theta = 0, \quad \text{且} \\
\text{在} \quad \partial\Omega_{0(-\infty)} \quad \text{上}: \quad -g\sin\theta + A\omega^2\sin(\omega t_m + \tau)\cos\theta > 0; \\
\text{在} \quad \partial\Omega_{0(+\infty)} \quad \text{上}: \quad -g\sin\theta + A\omega^2\sin(\omega t_m + \tau)\cos\theta < 0.
\end{aligned}
\right\}
\tag{4.2.35}
$$

解不等式 (4.2.35) 可得结论 (4.2.30) 式和 (4.2.31) 式. $\qquad\square$

当小球在矩形斜槽内做自由运动时, 在 t_m 时刻以相对零速度运动到矩形斜槽上壁或下壁, 然后又回到矩形斜槽内继续做自由运动, 则称小球在 t_m 时刻与碰撞边界 $\partial\Omega_{0(\pm\infty)}$ 发生擦边运动. 由定理 4.2.4 知当小球在 t_m 时刻到达矩形斜槽上壁或下壁时相对速度为零, 条件 $A\omega^2$ 大于 $g\tan\theta$ 和转换相角 $\mathrm{mod}(\omega t_m + \tau, 2\pi)$ 在 $\left(\arcsin\dfrac{g\tan\theta}{A\omega^2}, \pi - \arcsin\dfrac{g\tan\theta}{A\omega^2}\right)$ 之内成立时, 小球会和矩形斜槽下壁轻轻接触就离开; 条件 $A\omega^2$ 小于或等于 $g\tan\theta$ 成立时, 矩形斜槽下壁上的擦边运动不会发生; 条件 $A\omega^2$ 大于或等于 $g\tan\theta$ 和转换相角 $\mathrm{mod}(\omega t_m + \tau, 2\pi)$ 在 $\left(0, \arcsin\dfrac{g\tan\theta}{A\omega^2}\right)$ 或 $\left(\pi - \arcsin\dfrac{g\tan\theta}{A\omega^2}, 2\pi\right)$ 之内时, 小球和矩形斜槽上壁轻轻接触就离开; 条件 $A\omega^2$ 小于 $g\tan\theta$ 成立时, 转换相角 $\mathrm{mod}(\omega t_m + \tau, 2\pi)$ 在 $(0, 2\pi)$ 内就可使矩形斜槽上壁上发生擦边运动.

为了验证倾斜碰撞振子模型中黏合运动和擦边流出现的解析条件, 这一部分将给出该模型中小球运动的时间—位移曲线、时间—速度曲线和相空间中小球的运动轨迹曲线. 小球运动的起点用星号表示, 在不连续边界上运动状态的转换点用空心点或实心点表示. 动态边界 —— 底座的位移或速度在斜槽方向上的分量用虚线表示, 小球的位移、速度或相空间中的轨迹曲线用实线表示.

假设系统参数为 $A = 10$, $\omega = 1$, $\theta = \pi/6$, $g = 9.81$, $e = 0.8$, $\tau = 0$, $d = 20$, $M = 1$, $m = 0.0001$, 图 4.5 给出小球在矩形斜槽下壁上的黏合运动. 初始条件

为 $t_0 = 5.356754$, $x_0 = -16.923712$, $\dot{x}_0 = 5.202136$. 小球运动的时间 — 位移曲线、时间—速度曲线分别见图 4.5(a) 和 (b). 当 $t_0 = 5.356754$ 时, 小球运动到斜槽下壁, 且小球的速度与底座的速度在斜槽方向上的分量相等, 此时 $\mathrm{mod}\,(\omega t_0 + \tau, 2\pi) \in \left(\pi - \arcsin \dfrac{g \tan \theta}{A \omega^2}, 2\pi\right)$, 定理 4.2.1 的条件满足, 小球在矩形斜槽下壁上的黏合运动出现. 自此小球与底座一起运动一段时间. 在 $t_1 = 6.885293 = 2\pi + \arcsin \dfrac{g \tan \theta}{A \omega^2}$, 黏合运动消失, 小球离开斜槽下壁. 图 4.5 中的实心点代表黏合运动消失的转换点. 黏合运动消失之后小球在 $t_2 = 11.10236$ 又与矩形斜槽下壁碰撞一次. 小球在相空间中的运动轨迹见图 4.5(c).

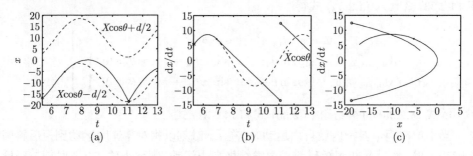

图 4.5　矩形斜槽下壁上的黏合运动

在上述参数基础上, 选取参数 $e = 0.4$, $d = 1$ 来演示小球在矩形斜槽下壁上的擦边运动 (见图 4.6). 初始条件为 $t_0 = 0.699899$, $x_0 = 6.078421$, $\dot{x}_0 = 4.537097$. 由图 4.6(a) 可以看出, 初始点的位移在矩形斜槽上壁, 在 $t_1 = 1.5 \in \left(\arcsin \dfrac{g \tan \theta}{A \omega^2}\right.$, $\left.\pi - \arcsin \dfrac{g \tan \theta}{A \omega^2}\right)$, 小球接触到矩形斜槽下壁. 由图 4.6(b) 知, 实心点对应于 $t_1 = 1.5$ 时小球的运动速度, 是虚线和实线的交点, 也就是说, 实心点处小球的运动速度等于底座的速度在斜槽方向上的分量, 然后小球离开矩形斜槽的下壁. 因此在实心点处, 小球在矩形斜槽下壁上发生擦边运动. 这说明定理 4.2.4 的结论成立. 图 4.6(b) 和

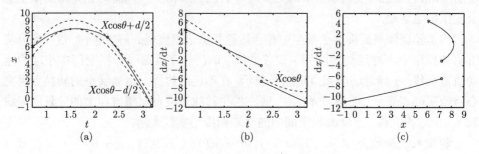

图 4.6　矩形斜槽下壁上的擦边运动

(c) 也可以看出这一点, 在实心点处小球的运动速度没有改变. 之后在 $t_2 = 2.258327$ 和 $t_3 = 3.178103$, 小球分别与斜槽上壁和下壁又发生碰撞.

4.3 倾斜碰撞振子模型的周期流

本节定义绝对坐标系和相对坐标系下不连续边界上的转换集, 并根据小球的实际运动情况定义转换集间的基本映射, 给出绝对坐标系下的一般周期运动的映射结构及其稳定性和分支的理论结果, 利用映射结构得到相对坐标系下碰左右两边各一次和只碰一边的无黏合周期运动产生时的参数条件, 并给出数值模拟.

4.3.1 绝对坐标系下的映射结构及其周期运动

本小节给出绝对坐标系下不连续边界上的转换集及其转换集间的基本映射, 利用基本映射定义具有或不具有黏合运动的周期运动的一般映射结构, 然后利用映射结构的 Jacobi 矩阵和特征值得到周期运动的稳定性及其分支的理论结果.

根据 (4.2.2) 式中定义的不连续边界, 倾斜碰撞振子模型中不发生黏合运动的转换集定义为

$$
\begin{aligned}
&\Xi_{0(-\infty)} = \{(x_k, \dot{x}_k, t_k)|x_k - X_k\cos\theta \quad d/2,\ \dot{x}_k \neq \dot{X}_k\cos\theta\}, \\
&\Xi_{0(+\infty)} = \{(x_k, \dot{x}_k, t_k)|x_k = X_k\cos\theta + d/2,\ \dot{x}_k \neq \dot{X}_k\cos\theta\},
\end{aligned}
\tag{4.3.1}
$$

其中 $\Xi_{0(-\infty)}$ 和 $\Xi_{0(+\infty)}$ 分别定义在不连续边界 $\partial\Omega_{0(-\infty)}$ 和 $\partial\Omega_{0(+\infty)}$ 上.

根据小球的实际运动情况, 无黏合运动发生时的基本映射可定义为

$$
\begin{aligned}
&P_1:\ \Xi_{0(-\infty)} \to \Xi_{0(+\infty)}, \quad P_2:\ \Xi_{0(+\infty)} \to \Xi_{0(-\infty)}, \\
&P_3:\ \Xi_{0(-\infty)} \to \Xi_{0(-\infty)}, \quad P_4:\ \Xi_{0(+\infty)} \to \Xi_{0(+\infty)}.
\end{aligned}
\tag{4.3.2}
$$

倾斜碰撞振子模型不发生黏合运动时绝对坐标系中的转换集和基本映射见图 4.7.

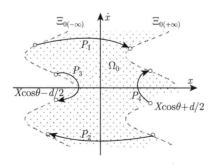

图 4.7　无黏合运动发生时的转换集和基本映射

根据不连续边界的定义 (4.2.2) 式和 (4.2.4) 式, 具有黏合运动的转换集定义为

$$
\begin{aligned}
&\Xi_{01} = \{(x_k, \dot{x}_k, t_k) | x_k = X_k \cos\theta - d/2,\ \dot{x}_k = \dot{X}_k \cos\theta\}, \\
&\Xi_{02} = \{(x_k, \dot{x}_k, t_k) | x_k = X_k \cos\theta + d/2,\ \dot{x}_k = \dot{X}_k \cos\theta\}, \\
&\Xi_{0(-\infty)} = \{(x_k, \dot{x}_k, t_k) | x_k = X_k \cos\theta - d/2,\ \dot{x}_k \neq \dot{X}_k \cos\theta\}, \\
&\Xi_{0(+\infty)} = \{(x_k, \dot{x}_k, t_k) | x_k = X_k \cos\theta + d/2,\ \dot{x}_k \neq \dot{X}_k \cos\theta\},
\end{aligned} \tag{4.3.3}
$$

其中转换集 Ξ_{0i} $(i=1,2)$ 定义在边界 $\partial\Omega_{0i}$ 上.

具有黏合运动的基本映射定义为

$$
\begin{aligned}
&P_1:\ \Xi_{01} \to \Xi_{0(+\infty)},\ 或\ \Xi_{0(-\infty)} \to \Xi_{02}, \\
&P_2:\ \Xi_{02} \to \Xi_{0(-\infty)},\ 或\ \Xi_{0(+\infty)} \to \Xi_{01}, \\
&P_3:\ \Xi_{0(-\infty)} \to \Xi_{01},\quad P_4:\ \Xi_{0(+\infty)} \to \Xi_{02}, \\
&P_5:\ \Xi_{01} \to \Xi_{01},\quad P_6:\ \Xi_{02} \to \Xi_{02},
\end{aligned} \tag{4.3.4}
$$

其中全局映射 P_1 和 P_2 映一个转换集中的点到另一个转换集中, 局部映射 P_3, P_4 和 P_5, P_6 映一个转换集中的点到这个转换集自身中. 这六个基本映射见图 4.8.

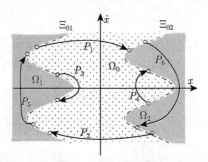

图 4.8 具有黏合运动的转换集和基本映射

由上述定义可知, 基本映射 P_j $(j=1,2,3,4)$ 的控制方程表示为

$$
\begin{cases}
f_1^{(j)}(x_k, \dot{x}_k, t_k, x_{k+1}, \dot{x}_{k+1}, t_{k+1}) = 0, \\
f_2^{(j)}(x_k, \dot{x}_k, t_k, x_{k+1}, \dot{x}_{k+1}, t_{k+1}) = 0,
\end{cases} \tag{4.3.5}
$$

其中

对于映射 P_1, $x_k = X_k \cos\theta - d/2$, $x_{k+1} = X_{k+1} \cos\theta + d/2$,

对于映射 P_2, $x_k = X_k \cos\theta + d/2$, $x_{k+1} = X_{k+1} \cos\theta - d/2$,

对于映射 P_3, $x_k = X_k \cos\theta - d/2$, $x_{k+1} = X_{k+1} \cos\theta - d/2$,

对于映射 P_4, $x_k = X_k \cos\theta + d/2$, $x_{k+1} = X_{k+1} \cos\theta + d/2$.

黏合映射 P_5, P_6 的控制方程为

$$
\begin{cases}
f_1^{(\alpha)}(x_k, \dot{x}_k, t_k, x_{k+1}, \dot{x}_{k+1}, t_{k+1}) = 0, \\
f_2^{(\alpha)}(x_{k+1}, \dot{x}_{k+1}, t_{k+1}) = g_{(0)}(\mathbf{0}, \mathbf{X}_{k+1}, t_{k+1}) = 0,
\end{cases}
$$

其中 $\alpha = 5, 6$.

对于映射 P_5,

$$x_k = X_k \cos\theta - d/2, \quad \dot{x}_k = \dot{X}_k \cos\theta,$$

$$x_{k+1} = X_{k+1} \cos\theta - d/2, \quad \dot{x}_{k+1} = \dot{X}_{k+1} \cos\theta,$$

$$\mathrm{mod}(\omega t_k + \tau, 2\pi) \in \left(0, \arcsin\frac{g\tan\theta}{A\omega^2}\right) \cup \left(\pi - \arcsin\frac{g\tan\theta}{A\omega^2}, 2\pi\right),$$

$$\mathrm{mod}(\omega t_{k+1} + \tau, 2\pi) \in (0, \pi/2).$$

对于映射 P_6,

$$x_k = X_k \cos\theta + d/2, \quad \dot{x}_k = \dot{X}_k \cos\theta,$$

$$x_{k+1} = X_{k+1} \cos\theta + d/2, \quad \dot{x}_{k+1} = \dot{X}_{k+1} \cos\theta,$$

$$\mathrm{mod}(\omega t_k + \tau, 2\pi) \in \left(\arcsin\frac{g\tan\theta}{A\omega^2}, \pi - \arcsin\frac{g\tan\theta}{A\omega^2}\right),$$

$$\mathrm{mod}(\omega t_{k+1} + \tau, 2\pi) \in (\pi/2, \pi).$$

根据上述六个基本映射, 任何特定映射结构都可能决定特定的周期运动. 下面利用这六个基本映射给出周期运动的一般映射结构和解析预测, 利用映射的 Jacobi 矩阵及其特征值进一步分析周期运动的局部稳定性及其分支.

为了研究具有或不具有黏合运动的周期运动和混沌行为, 记广义映射结构为

$$P_{n_k \cdots n_2 n_1} \equiv P_{n_k} \circ \cdots \circ P_{n_2} \circ P_{n_1}, \tag{4.3.6}$$

其中映射 P_{n_j} $(n_j \in \{1, 2, \cdots, 6\}, \ j = 1, 2, \cdots, k)$ 由 (4.3.2) 式和 (4.3.4) 式定义.

考虑一个具体的广义映射结构

$$P \equiv \underbrace{P_{2^{k_{4l}} 6^{k_{3l}} 4^{m_l} 1^{k_{2l}} 5^{k_{1l}} 3^{n_l}} \circ \cdots \circ P_{2^{k_{41}} 6^{k_{31}} 4^{m_1} 1^{k_{21}} 5^{k_{11}} 3^{n_1}}}_{l\text{项}} \tag{4.3.7}$$

$$= P_{2^{k_{4l}} 6^{k_{3l}} 4^{m_l} 1^{k_{2l}} 5^{k_{1l}} 3^{n_l} \cdots 2^{k_{41}} 6^{k_{31}} 4^{m_1} 1^{k_{21}} 5^{k_{11}} 3^{n_1}},$$

其中 $k_j \in \{0, 1\}$, $m_s, n_s \in \mathbb{N}$ $(s = 1, 2, \cdots, l)$.

定义向量 $\mathbf{Y}_k = (\dot{x}_k, t_k)^{\mathrm{T}}$. 映射结构 (4.3.7) 式由下列结构确定

$$\mathbf{Y}_{k + \sum_{s=1}^{l}(k_{4s} + k_{3s} + m_s + k_{2s} + k_{1s} + n_s)} = P\mathbf{Y}_k$$
$$= P_{2^{k_{4l}} 6^{k_{3l}} 4^{m_l} 1^{k_{2l}} 5^{k_{1l}} 3^{n_l} \cdots 2^{k_{41}} 6^{k_{31}} 4^{m_1} 1^{k_{21}} 5^{k_{11}} 3^{n_1}} \mathbf{Y}_k. \tag{4.3.8}$$

　　由一般映射结构 (4.3.6)—(4.3.8) 的代数方程可以得到映射结构对应的一系列非线性代数方程

$$\boldsymbol{f}^{(3)}(\boldsymbol{Y}_k, \boldsymbol{Y}_{k+1}) = \boldsymbol{0}, \cdots, \boldsymbol{f}^{(5)}(\boldsymbol{Y}_{k+n_1}, \boldsymbol{Y}_{k+n_1+1}) = \boldsymbol{0}, \cdots,$$

$$\boldsymbol{f}^{(1)}(\boldsymbol{Y}_{k+k_{11}+n_1}, \boldsymbol{Y}_{k+k_{11}+n_1+1}) = \boldsymbol{0}, \cdots,$$

$$\boldsymbol{f}^{(2)}(\boldsymbol{Y}_{k+\sum_{s=1}^l (k_{4s}+k_{3s}+m_s+k_{2s}+k_{1s}+n_s)-1}, \boldsymbol{Y}_{k+\sum_{s=1}^l (k_{4s}+k_{3s}+m_s+k_{2s}+k_{1s}+n_s)}) = \boldsymbol{0}.$$

$$(4.3.9)$$

与映射结构对应的周期运动需要满足

$$\boldsymbol{Y}_{k+\sum_{s=1}^l (k_{4s}+k_{3s}+m_s+k_{2s}+k_{1s}+n_s)} = \boldsymbol{Y}_k, \tag{4.3.10}$$

或者

$$x_{k+\sum_{s=1}^l (k_{4s}+k_{3s}+m_s+k_{2s}+k_{1s}+n_s)} = x_k,$$

$$\dot{x}_{k+\sum_{s=1}^l (k_{4s}+k_{3s}+m_s+k_{2s}+k_{1s}+n_s)} = \dot{x}_k, \tag{4.3.11}$$

$$\omega t_{k+\sum_{s=1}^l (k_{4s}+k_{3s}+m_s+k_{2s}+k_{1s}+n_s)} = \omega t_k + 2N\pi.$$

解方程组 (4.3.9) 式和 (4.3.11) 式得到周期运动 (4.3.7) 式的所有转换点集合. 一旦一个具体周期运动的转换点集得到了, 就可通过相应的 Jacobi 矩阵来分析其局部稳定性和分支.

　　映射结构 (4.3.7) 式的 Jacobi 矩阵为

$$DP = DP_{2^{k_{4l}} 6^{k_{3l}} 4^{m_l} 1^{k_{2l}} 5^{k_{1l}} 3^{n_l} \cdots \cdot 2^{k_{41}} 6^{k_{31}} 4^{m_1} 1^{k_{21}} 5^{k_{11}} 3^{n_1}}$$

$$= \prod_{s=1}^l (DP_2^{k_{4s}} \cdot DP_6^{k_{3s}} \cdot DP_4^{m_s} \cdot DP_1^{k_{2s}} \cdot DP_5^{k_{1s}} \cdot DP_3^{n_s}),$$

其中

$$DP_\sigma = \left[\frac{\partial \boldsymbol{Y}_{\sigma+1}}{\partial \boldsymbol{Y}_\sigma} \right]_{2\times 2} = \left[\begin{array}{cc} \dfrac{\partial \dot{x}_{\sigma+1}}{\partial t_\sigma} & \dfrac{\partial \dot{x}_{\sigma+1}}{\partial \dot{x}_\sigma} \\[3mm] \dfrac{\partial t_{\sigma+1}}{\partial t_\sigma} & \dfrac{\partial t_{\sigma+1}}{\partial \dot{x}_\sigma} \end{array} \right],$$

$$\sigma = k, k+1, \cdots, k + \sum_{s=1}^l (k_{4s} + k_{3s} + m_s + k_{2s} + k_{1s} + n_s) - 1.$$

　　一列转换点 $\{\boldsymbol{Y}_k^*, \cdots, \boldsymbol{Y}_{k+\sum_{s=1}^l (k_{4s}+k_{3s}+m_s+k_{2s}+k_{1s}+n_s)}^*\}$ 的变分方程为

$$\Delta \boldsymbol{Y}_{k+\sum_{s=1}^l (k_{4s}+k_{3s}+m_s+k_{2s}+k_{1s}+n_s)} = DP(\boldsymbol{Y}_k^*)\Delta \boldsymbol{Y}_k.$$

如果 $\Delta \boldsymbol{Y}_{k+\sum_{s=1}^l (k_{4s}+k_{3s}+m_s+k_{2s}+k_{1s}+n_s)} \equiv \lambda \Delta \boldsymbol{Y}_k$, 则特征值由

$$|DP(\boldsymbol{Y}_k^*) - \lambda I| = 0$$

确定.

利用特征值分析, 周期运动的稳定性和分支情况可以得到. 然而特征值分析不能预测黏合运动和擦边流的发生. 黏合运动和擦边流的发生只能通过不连续动力系统的流转换理论确定, 即黏合运动的发生和消失可分别由定理 4.2.1 和定理 4.2.2 确定, 擦边分支可分别由定理 4.2.3 和定理 4.2.4 确定.

4.3.2 相对坐标系下不具有黏合运动的周期运动

如果考虑不具有黏合运动和擦边运动的周期运动, 也就是只发生碰撞的周期运动, 在相对坐标系下就可以给出一个比较直观的结论. 本小节给出相对坐标系下不具有黏合运动的碰左右两边各一次、只碰一边一次的周期运动产生时的参数条件.

当时间 $t \in (t_k, t_{k+1})$ 时, 小球的运动是介于与矩形斜槽发生第 k 次碰撞和第 $k+1$ 次碰撞之间的自由运动, 此时小球的运动方程为

$$\dot{y} = -A\omega\cos\theta[\cos(\omega t + \tau) - \cos(\omega t_k + \tau)] - g\sin\theta(t - t_k) + \dot{y}_k^+,$$
$$y = -A\cos\theta[\sin(\omega t + \tau) - \sin(\omega t_k + \tau)] - \frac{1}{2}g\sin\theta(t^2 - t_k^2)$$
$$+(\dot{y}_k^+ + g\sin\theta t_k + A\omega\cos\theta\cos(\omega t_k + \tau))(t - t_k) + y_k^+. \tag{4.3.12}$$

此时的碰撞边界可由

$$y_{k+1}^- - y_k^+ = -A\cos\theta[\sin(\omega t_{k+1} + \tau) - \sin(\omega t_k + \tau)] - \frac{1}{2}g\sin\theta(t_{k+1}^2 - t_k^2)$$
$$+(\dot{y}_k^+ + g\sin\theta t_k + A\omega\cos\theta\cos(\omega t_k + \tau))(t_{k+1} - t_k) \tag{4.3.13}$$

确定.

由 (4.3.12) 式和 (4.1.4) 式知相对坐标系下的转换集可以由

$$\dot{y}_{k+1} = -A\omega\cos\theta[\cos(\omega t_{k+1} + \tau) - \cos(\omega t_k + \tau)] - g\sin\theta(t_{k+1} - t_k) - e\dot{y}_k,$$
$$y_{k+1} - y_k = -A\cos\theta[\sin(\omega t_{k+1} + \tau) - \sin(\omega t_k + \tau)] - \frac{1}{2}g\sin\theta(t_{k+1}^2 - t_k^2)$$
$$+(-e\dot{y}_k + g\sin\theta t_k + A\omega\cos\theta\cos(\omega t_k + \tau))(t_{k+1} - t_k) \tag{4.3.14}$$

确定.

为了方便与绝对坐标系中的转换集区分, 相对坐标系中的转换集表示为

$$\sum = \left\{(t_k, \dot{y}_k)|\ |y_k| = \frac{d}{2},\ t_k \bmod \frac{2\pi}{\omega}\right\} = \sum\nolimits^U \cup \sum\nolimits^L,$$
$$\sum\nolimits^U = \left\{(t_k, \dot{y}_k)|\ y_k = \frac{d}{2},\ t_k \bmod \frac{2\pi}{\omega}\right\}, \tag{4.3.15}$$
$$\sum\nolimits^L = \left\{(t_k, \dot{y}_k)|\ y_k = -\frac{d}{2}, t_k \bmod \frac{2\pi}{\omega}\right\},$$

其中上标 "U" 和 "L" 分别表示矩形斜槽的上壁和下壁.

根据倾斜碰撞振子模型中小球的运动情况及前面的讨论, 可以知道在相对坐标系下不具有黏合运动或擦边运动的基本映射有四个

$$P_1 : \sum{}^U \to \sum{}^L, P_2 : \sum{}^L \to \sum{}^U, P_3 : \sum{}^U \to \sum{}^U, P_4 : \sum{}^L \to \sum{}^L. \quad (4.3.16)$$

相对坐标系中的转换集及基本映射可见图 4.9, 带箭头的曲线表示四个基本映射; 空心点均在直线 $|y| = d/2$ 上, 代表映射的转换点且满足碰撞率 ((4.1.4) 式), 即在转换点处相对速度要改变方向和大小. 这四个基本映射与 (4.3.2) 式中的基本映射是一致的, 只是在不同的坐标系中.

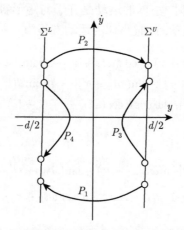

图 4.9   相对坐标系中的转换集和基本映射

映射 P_k $(k = 1, 2, 3, 4)$ 的控制方程由 (4.3.14) 式确定, 其中

$$
\begin{aligned}
&\text{对于映射} P_1, \quad y_k = d/2, \quad y_{k+1} = -d/2; \\
&\text{对于映射} P_2, \quad y_k = -d/2, \quad y_{k+1} = d/2; \\
&\text{对于映射} P_3, \quad y_k = d/2, \quad y_{k+1} = d/2; \\
&\text{对于映射} P_4, \quad y_k = -d/2, \quad y_{k+1} = -d/2.
\end{aligned}
\qquad (4.3.17)
$$

接下来对碰左右两边各一次的周期–1 运动 $P_{12} = P_1 \circ P_2$ 和只碰左边一次的周期–1 运动 P_4 进行详细地讨论, 给出这些周期运动发生时的参数关系, 并加以数值模拟.

1) 周期–1 运动 $P_{12} = P_1 \circ P_2$

选取初始 Poincaré 截面为 $\sum{}^L$, $(t_k, \dot{y}_k)$ 取为初始值, 则 $\dot{y}_k \leqslant 0$. 因为周期运动 P_{12} 是在底座 N 个运动周期内小球碰矩形斜槽上壁、下壁各一次的周期–1 运动,

所以 P_{12} 的周期条件

$$t_{k+2} = NT + t_k, \quad \dot{y}_{k+2} = \dot{y}_k, \quad \dot{y}_k \leqslant 0, \tag{4.3.18}$$

其中 $T = 2\pi/\omega$.

为了讨论周期运动 P_{12} 的对称性质, 引入碰撞时间参数 $0 < q < 1$ 如下

$$t_{k+1} = t_k + qNT, \quad t_{k+2} = t_{k+1} + (1-q)NT. \tag{4.3.19}$$

因此在 $t = t_{k+1}$ 时刻小球从转换集 $\sum^L$ 运动到转换集 $\sum^U$ 并与矩形斜槽上壁发生碰撞前的运动方程为

$$\dot{y}_{k+1} = -A\omega\cos\theta[\cos(\omega t_{k+1} + \tau) - \cos(\omega t_k + \tau)] - g\sin\theta(t_{k+1} - t_k) - e\dot{y}_k, \tag{4.3.20}$$

$$d = -A\cos\theta[\sin(\omega t_{k+1} + \tau) - \sin(\omega t_k + \tau)] - \frac{1}{2}g\sin\theta(t_{k+1}^2 - t_k^2)$$

$$+ (-e\dot{y}_k + g\sin\theta t_k + A\omega\cos\theta\cos(\omega t_k + \tau))(t_{k+1} - t_k). \tag{4.3.21}$$

在 $t = t_{k+2}$ 时刻小球从转换集 $\sum^U$ 运动到转换集 $\sum^L$ 并与矩形斜槽下壁发生碰撞前的运动方程为

$$\dot{y}_{k+2} = -A\omega\cos\theta[\cos(\omega t_{k+2} + \tau) - \cos(\omega t_{k+1} + \tau)] - g\sin\theta(t_{k+2} - t_{k+1}) - e\dot{y}_{k+1}, \tag{4.3.22}$$

$$-d = -A\cos\theta[\sin(\omega t_{k+2} + \tau) - \sin(\omega t_{k+1} + \tau)] - \frac{1}{2}g\sin\theta(t_{k+2}^2 - t_{k+1}^2)$$

$$+ (-e\dot{y}_{k+1} + g\sin\theta t_{k+1} + A\omega\cos\theta\cos(\omega t_{k+1} + \tau))(t_{k+2} - t_{k+1}). \tag{4.3.23}$$

结合 (4.3.18) 式, 由 (4.3.20) 式和 (4.3.22) 式得

$$(1 + e)(\dot{y}_{k+1} + \dot{y}_k) = -g\sin\theta \cdot \frac{2N\pi}{\omega}.$$

进一步, 计算得

$$\dot{y}_{k+1} + \dot{y}_k = -\frac{g\sin\theta}{1+e} \cdot \frac{2N\pi}{\omega}. \tag{4.3.24}$$

将 (4.3.19) 式和 (4.3.24) 式代入 (4.3.20) 式得

$$-A\omega\cos\theta[\cos(\omega t_{k+1} + \tau) - \cos(\omega t_k + \tau)]$$

$$= \left(q - \frac{1}{1+e}\right)g\sin\theta \cdot \frac{2N\pi}{\omega} + (-1 + e)\dot{y}_k. \tag{4.3.25}$$

由 (4.3.25) 式进一步计算得到

$$\dot{y}_k = \frac{1}{1-e}\Big\{A\omega\cos\theta[\cos(\omega t_{k+1} + \tau)$$

$$- \cos(\omega t_k + \tau)] + \left(q - \frac{1}{1+e}\right)g\sin\theta \cdot \frac{2N\pi}{\omega}\Big\}. \tag{4.3.26}$$

结论 4.3.1 对于 4.1.2 小节中的倾斜碰撞振子模型, 当周期–1 运动 $P = P_1 \circ P_2$ 发生时, 小球的初始运动速度满足 (4.3.26) 式.

类似地, 将 (4.3.21) 式和 (4.3.23) 式相加并将条件 (4.3.18) 式代入得

$$-\frac{1}{2}g\sin\theta(t_{k+2}^2 - t_k^2) + (-e\dot{y}_k + g\sin\theta t_k + A\omega\cos\theta\cos(\omega t_k + \tau))(t_{k+1} - t_k)$$
$$+(-e\dot{y}_{k+1} + g\sin\theta t_{k+1} + A\omega\cos\theta\cos(\omega t_{k+1} + \tau))(t_{k+2} - t_{k+1}) = 0.$$
$$\tag{4.3.27}$$

由 (4.3.19) 式和 (4.3.27) 式得

$$-e[q\dot{y}_k + (1-q)\dot{y}_{k+1}] + A\omega\cos\theta[q\cos(\omega t_k + \tau)$$
$$+(1-q)\cos(\omega t_{k+1} + \tau)] + g\sin\theta[2q(1-q) - 1] \cdot \frac{N\pi}{\omega} = 0.$$
$$\tag{4.3.28}$$

由 (4.3.24) 式和 (4.3.28) 式得

$$e(1-2q)\dot{y}_k + A\omega\cos\theta[q\cos(\omega t_k + \tau) + (1-q)\cos(\omega t_{k+1} + \tau)]$$
$$+g\sin\theta \cdot \frac{-2q^2 - 2q^2 e + 2q + e - 1}{1+e} \cdot \frac{N\pi}{\omega} = 0.$$
$$\tag{4.3.29}$$

假设周期运动 P_{12} 是对称的, 即 $q = 1/2$. 将 $q = 1/2$ 代入 (4.3.29) 式得到

$$A\omega\cos\theta[\cos(\omega t_k + \tau) + \cos(\omega t_{k+1} + \tau)] = g\sin\theta \cdot \frac{1-e}{1+e} \cdot \frac{N\pi}{\omega}. \tag{4.3.30}$$

根据 N 的不同取值, 有下面两种情形.

情形 I　假设 N 取正奇数, 即 $N = 1, 3, 5, \cdots$, 则有

$$\cos(\omega t_{k+1} + \tau) = -\cos(\omega t_k + \tau). \tag{4.3.31}$$

结合 (4.3.31) 式可知, 如果 (4.3.30) 式成立, 需要条件

$$e = 1 \qquad \text{或} \qquad \theta = 0. \tag{4.3.32}$$

由此可知在底座的任意 N(N 为正奇数) 个周期内的对称周期–1 运动 P_{12} 在参数条件 $0 < e < 1$ 和 $\theta > 0$ 下是不存在的.

情形 II　假设 N 取正偶数, 即 $N = 2, 4, 6, \cdots$, 则由 (4.3.26) 式和 (4.3.30) 式分别得到

$$\dot{y}_k = -g\sin\theta \cdot \frac{1}{1+e} \cdot \frac{N\pi}{\omega} \tag{4.3.33}$$

和

$$2A\omega\cos\theta\cos(\omega t_k + \tau) = g\sin\theta \cdot \frac{1-e}{1+e} \cdot \frac{N\pi}{\omega}. \tag{4.3.34}$$

将 (4.3.33) 式和 (4.3.34) 式代入 (4.3.21) 式得

$$d = -\frac{1}{2}g\sin\theta(t_{k+1}^2 - t_k^2) + \left(-e\dot{y}_k + g\sin\theta t_k + g\sin\theta \cdot \frac{1-e}{2(1+e)} \cdot \frac{N\pi}{\omega}\right) \cdot \frac{N\pi}{\omega} = 0.$$
$$(4.3.35)$$

这与矩形斜槽的长度 $d > 0$ 相矛盾. 这个矛盾说明当 $0 < e < 1$ 和 $\theta > 0$ 时, 在底座的任意 $N(N$ 为正偶数) 个周期内的对称周期 -1 运动 P_{12} 是不会发生的.

结论 4.3.2   对于 4.1.2 小节中的倾斜碰撞振子模型, 若条件 $0 < e < 1$, $\theta > 0$ 成立, 则在底座的任意 $N(N$ 为正整数) 个周期内的对称周期 -1 运动 P_{12} 是不存在的.

Heiman 等[33] 的研究结果只说明在底座的一个周期内的对称周期 -1 运动 P_{12} 在参数 $0 < e < 1$, $\theta > 0$ 条件下不存在且没有给出直接证明. 在此利用映射及其控制方程给出更一般的结论 (N 可以为任意正整数) 及其解析证明. 这个结论还揭示了由于倾斜角的影响, 倾斜碰撞振子模型和水平碰撞振子模型的动力学行为具有本质的不同: 倾斜碰撞振子模型的周期 -1 运动 P_{12} 没有对称形式, 而水平碰撞振子模型有类似的对称周期 -1 运动 P_{12}.

由 (4.3.25) 式和 (4.3.29) 式得

$$A\omega\cos\theta\cos(\omega t_k + \tau) = (2q-1)g\sin\theta \cdot \frac{N\pi}{\omega} - (1-q-qe)\dot{y}_k,$$
$$A\omega\cos\theta\cos(\omega t_{k+1} + \tau) = g\sin\theta \cdot \frac{1-e}{1+e} \cdot \frac{N\pi}{\omega} + (q-e+qe)\dot{y}_k.$$
$$(4.3.36)$$

将 (4.3.19) 式和 (4.3.36) 式代入 (4.3.21) 式得

$$-A\cos\theta[\sin(\omega t_{k+1} + \tau) - \sin(\omega t_k + \tau)]$$
$$= d + (1-q)(1+e) \cdot \frac{2qN\pi}{\omega}\dot{y}_k - 2q(q-1)\left(\frac{N\pi}{\omega}\right)^2 g\sin\theta.$$
$$(4.3.37)$$

由 (4.3.25) 式和 (4.3.37) 式的平方和得

$$A = \frac{1}{2|\cos\theta\sin(qN\pi)|}\left\{\left[\left(q-\frac{1}{1+e}\right)g\sin\theta \cdot \frac{2N\pi}{\omega^2} - \frac{1-e}{\omega}\dot{y}_k\right]^2\right.$$
$$\left. + \left[d + (1-q)(1+e) \cdot \frac{2qN\pi}{\omega}\dot{y}_k - 2q(q-1)\left(\frac{N\pi}{\omega}\right)^2 g\sin\theta\right]^2\right\}^{\frac{1}{2}},$$
$$(4.3.38)$$

其中 $\dot{y}_k \leqslant 0$, $N = 1, 2, 3, \cdots$.

结论 4.3.3   对于 4.1.2 小节中的倾斜碰撞振子模型, 当周期 -1 运动 P_{12} 发生时, 该振子的参数及其初始条件可满足 (4.3.36) 式和 (4.3.38) 式.

由 (4.3.38) 式知周期 -1 运动 P 在 $\theta = \pi/2$ 或 $q = l/N$(l 为正整数且 $l < N$) 时是不存在的. 当 $\theta = 0$ 时, 由 (4.3.25) 式、(4.3.36)—(4.3.38) 式得到

$$\dot{y}_k = -\frac{A\omega}{1-q-qe}\cos(\omega t_k + \tau),$$

$$A = \frac{1}{2|\sin(qN\pi)|}\sqrt{\left[\frac{1-e}{\omega}\dot{y}_k\right]^2 + \left[d + \frac{2(1-q)(1+e)qN\pi}{\omega}\dot{y}_k\right]^2}. \quad (4.3.39)$$

以上结果与文献 [29] 中的公式相同. 进一步取 $q = 1/2$, 可以得到文献 [28] 中水平碰撞振子的对称周期 -1 运动 $P = P_1 \circ P_2$ 发生时的参数关系.

在底座的多个运动周期内的周期 -1 运动 $P = P_1 \circ P_2$ 发生时的 $A - \omega$ 参数流见图 4.10. 参数取为 $g = 9.8, \theta = \pi/6, e = 0.8, \dot{y} = -20, d = 40, q = 0.4$. 由图 4.10 可以看到: 对给定的 ω 和 q, 在不同的 N 条件下, 不同的 A 产生不同的周期运动 P. 当 $A > A_1$ 或 $A < A_1$ 时, 在一个周期内的碰撞次数可能都大于 2, 直线 $\omega = 0$ 是一条渐近线.

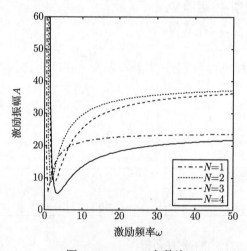

图 4.10　$A - \omega$ 参数流

图 4.11 给出当 $N = 1, 2, 3, 4$ 时周期运动 $P = P_1 \circ P_2$ 发生时的 $A - q$ 关系图. 参数取为 $\omega = \pi, g = 9.8, \theta = \pi/6, e = 0.8, \dot{y} = -20, d = 40$. 由图 4.11 看出: 周期运动 P 的发生在直线 $q = 1/2$ 两边可能是对称的.

2) 周期 -1 运动 P_4

倾斜碰撞振子模型中小球只碰矩形斜槽上壁或下壁一次的周期运动类似于垂直碰撞振子, 但由于矩形斜槽倾斜程度的影响, 使得周期运动发生时的参数关系更加复杂.

选取 $\sum^{L}$ 为初始 Poincaré截面. 由 (4.3.14) 式得映射 P_4 的控制方程为

$$\dot{y}_{k+1} = -A\omega\cos\theta[\cos(\omega t_{k+1}+\tau)-\cos(\omega t_k+\tau)]-g\sin\theta(t_{k+1}-t_k)-e\dot{y}_k,$$

$$0 = -A\cos\theta[\sin(\omega t_{k+1}+\tau)-\sin(\omega t_k+\tau)]-\frac{1}{2}g\sin\theta(t_{k+1}^2-t_k^2)$$

$$+(-e\dot{y}_k+g\sin\theta t_k+A\omega\cos\theta\cos(\omega t_k+\tau))(t_{k+1}-t_k).$$

$$(4.3.40)$$

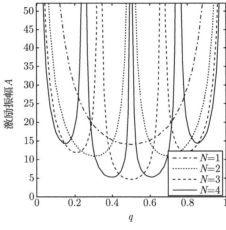

图 4.11 $A-q$ 参数流

在底座的 N 个周期内小球碰矩形斜槽下壁一次的周期 -1 运动 P_4 应满足

$$t_{k+1} = t_k + \frac{2N\pi}{\omega}, \quad \dot{y}_{k+1} = \dot{y}_k, \quad \dot{y}_k \leqslant 0. \qquad (4.3.41)$$

由 (4.3.41) 式得

$$\cos(\omega t_{k+1}+\tau) = \cos(\omega t_k+\tau), \quad \sin(\omega t_{k+1}+\tau) = \sin(\omega t_k+\tau). \qquad (4.3.42)$$

将 (4.3.41) 式和 (4.3.42) 式代入到 (4.3.40) 式得到

$$\dot{y}_k = -\frac{g\sin\theta}{1+e}\cdot\frac{2N\pi}{\omega}. \qquad (4.3.43)$$

$$e\dot{y}_k - A\omega\cos\theta\cos(\omega t_k+\tau)+g\sin\theta\cdot\frac{N\pi}{\omega} = 0. \qquad (4.3.44)$$

进一步, 化简 (4.3.44) 式得到

$$\cos(\omega t_k+\tau) = \frac{1-e}{1+e}\cdot\frac{gN\pi\cdot\tan\theta}{A\omega^2}. \qquad (4.3.45)$$

结论 4.3.4 对于 4.1.2 小节中的倾斜碰撞振子模型, 当周期 -1 运动 P_4 发生时, 小球运动的初始速度和该振子的参数分别满足 (4.3.43) 式和 (4.3.45) 式.

由 (4.3.43) 式和 (4.3.45) 式可以看出当映射 P_4 出现周期运动时初始速度 $\dot{y}_k$ 与激励振幅、初始相角无关.

注意到, $|\cos(\omega t_k + \tau)| \leqslant 1$ 及 $0 < e < 1, 0 < \theta < \pi/2$, 由 (4.3.45) 式知周期 -1 运动 P_4 出现所需条件为

$$2k\pi - \pi/2 < \omega t_k + \tau < 2k\pi + \pi/2,$$
$$A\omega^2/g > (1+e)N\pi \cdot \tan\theta/(1-e), \tag{4.3.46}$$

其中 k 为正整数.

由前面的讨论可知, 利用映射的 Jacobi 矩阵及其特征值可以得到相应周期运动的稳定性及其分支, 为此下面给出基本映射的 Jacobi 矩阵以方便研究周期运动的稳定性.

假设 P_k $(k = 1, 2, 3, 4)$ 的起点为 $(t_k, \dot{y}_k)$, 终点为 $(t_{k+1}, \dot{y}_{k+1})$. 由映射 P_k $(k = 1, 2, 3, 4)$ 的控制方程 (4.3.14) 式和 (4.3.17) 式, 映射 P_k 的 Jacobi 矩阵 DP_k 如下

$$DP_k = \left[\frac{\partial(t_{k+1}, \dot{y}_{k+1})}{\partial(t_k, \dot{y}_k)} \right]_{(t_k, \dot{y}_k)} = \left[\begin{array}{cc} \dfrac{\partial t_{k+1}}{\partial t_k} & \dfrac{\partial t_{k+1}}{\partial \dot{y}_k} \\[2mm] \dfrac{\partial \dot{y}_{k+1}}{\partial t_k} & \dfrac{\partial \dot{y}_{k+1}}{\partial \dot{y}_k} \end{array} \right]_{(t_k, \dot{y}_k)}, \tag{4.3.47}$$

其中

$$\left. \begin{array}{l} \dfrac{\partial t_{k+1}}{\partial t_k} = -\dfrac{1}{\dot{y}_{k+1}}[e\dot{y}_k + (g\sin\theta - A\omega^2\cos\theta\sin(\omega t_k + \tau))(t_{k+1} - t_k)], \\[3mm] \dfrac{\partial t_{k+1}}{\partial \dot{y}_k} = \dfrac{e}{\dot{y}_{k+1}}(t_{k+1} - t_k), \\[3mm] \dfrac{\partial \dot{y}_{k+1}}{\partial t_k} = (A\omega^2\cos\theta\sin(\omega t_{k+1} + \tau) - g\sin\theta) \cdot \dfrac{\partial t_{k+1}}{\partial t_k} \\[3mm] \qquad\qquad - (A\omega^2\cos\theta\sin(\omega t_k + \tau) - g\sin\theta), \\[3mm] \dfrac{\partial \dot{y}_{k+1}}{\partial \dot{y}_k} = (A\omega^2\cos\theta\sin(\omega t_{k+1} + \tau) - g\sin\theta)\dfrac{\partial t_{k+1}}{\partial \dot{y}_k} - e. \end{array} \right\} \tag{4.3.48}$$

对于周期运动 $P = P_1 \circ P_2$ 而言, 映射 $P = P_1 \circ P_2$ 的 Jacobi 矩阵为

$$DP = DP_1 \cdot DP_2 = \left[\begin{array}{cc} \dfrac{\partial t_{k+2}}{\partial t_{k+1}} & \dfrac{\partial t_{k+2}}{\partial \dot{y}_{k+1}} \\[2mm] \dfrac{\partial \dot{y}_{k+2}}{\partial t_{k+1}} & \dfrac{\partial \dot{y}_{k+2}}{\partial \dot{y}_{k+1}} \end{array} \right]_{(t_{k+1}, \dot{y}_{k+1})} \times \left[\begin{array}{cc} \dfrac{\partial t_{k+1}}{\partial t_k} & \dfrac{\partial t_{k+1}}{\partial \dot{y}_k} \\[2mm] \dfrac{\partial \dot{y}_{k+1}}{\partial t_k} & \dfrac{\partial \dot{y}_{k+1}}{\partial \dot{y}_k} \end{array} \right]_{(t_k, \dot{y}_k)}, \tag{4.3.49}$$

其中 $t_{k+2} = t_k + NT$, $\dot{y}_{k+2} = \dot{y}_k$.

对于周期运动 $P = P_4$ 而言, 映射 $P = P_4$ 的 Jacobi 矩阵为

$$DP = DP_4 = \left[\frac{\partial(t_{k+1}, \dot{y}_{k+1})}{\partial(t_k, \dot{y}_k)} \right]_{(t_k, \dot{y}_k)}. \tag{4.3.50}$$

其中 $t_{k+1} = t_k + NT$, $\dot{y}_{k+1} = \dot{y}_k$.

周期运动的数值结果将以时间—位移曲线, 时间—速度曲线和相图中运动轨迹形式展示. 周期运动产生时的参数必须满足前面讨论的结果.

对于周期—1 运动 P_{12}, 通过计算图中的参数和初始条件得到结论: 当 A 或 ω 非常小以致于 $A\omega^2$ 足够小时, 该周期运动不会发生. 因为由 (4.3.36) 式得到

$$\cos(\omega t_k + \tau) = \left[(2q-1)g\sin\theta \cdot \frac{N\pi}{\omega} - (1-q-qe)\dot{y}_k \right] \Big/ (A\omega\cos\theta). \tag{4.3.51}$$

如果 $A\omega^2$ 比较小, (4.3.51) 式的右边将会大于 1, 从而与 $|\cos(\omega t_k + \tau)| \leqslant 1$ 相矛盾.

图 4.12 给出倾斜碰撞振子模型中小球在底座的一个运动周期内碰矩形斜槽上壁、下壁各一次的周期运动 P_{12}. 选取参数为 $A = 10, \omega = \pi, \theta = \pi/6, e = 0.7, g = 9.8, \tau = 5.2734, d = 21.0855$. 初始条件为 $t_0 = 0, \dot{y}_0 = -48.2977$. 周期运动是不对称的, 即 $t_{k+1} - t_k = 2q\pi/\omega, q = 0.4$.

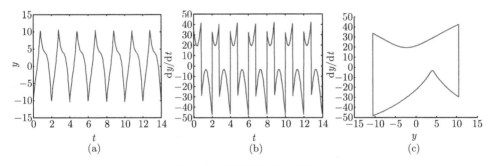

图 4.12 周期运动 P_{12}, $N = 1$

在数值模拟过程中发现前面得到的周期运动发生时的参数关系是预测周期运动的必要条件不是充分条件, 也就是说图 4.10 和图 4.11 中的点未必全对应周期运动. 但图 4.10 和图 4.11 可以为周期运动的存在提供必要参考.

在图 4.12 的参数基础上, 取参数 $\tau = 4.70982, d = 24.8041$ 来演示在底座一个周期内的又一个周期运动 (见图 4.13). 此时初始条件为 $t_0 = 0, \dot{y}_0 = -52.4947$. 从矩形斜槽下壁到上壁所消耗的时间为 $t_{k+1} - t_k = 2q\pi/\omega, q = 0.6$. 由图 4.11, 图 4.12, 图 4.13 可以看出, 非对称周期运动在 $q < 1/2$ 和 $q > 1/2$ 时可能是对称存在的, 这一结论还需要进一步讨论.

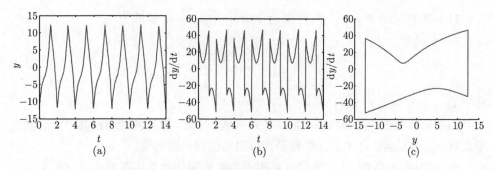

图 4.13　周期运动 P_{12}, $N = 1$

　　图 4.14 给出倾斜碰撞振子模型中小球在底座的两个运动周期内碰矩形斜槽上壁、下壁各一次的周期–1 运动 P_{12}. 参数选取为 $A = 10, \omega = \pi, \theta = \pi/6, e = 0.5, g = 9.8, \tau = 0, d = 94.0427$. 初始条件为 $t_0 = 0, \dot{y}_0 = -67.3907$. 这个图与图 4.12 和图 4.13 相似.

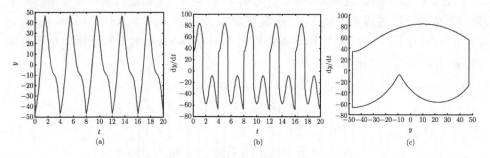

图 4.14　周期运动 P_{12}, $N = 2$

　　图 4.15 和图 4.16 给出倾斜碰撞振子模型中小球只碰矩形斜槽下壁的周期运动.

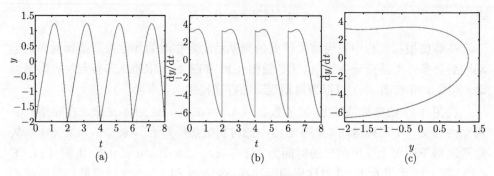

图 4.15　周期 –1 运动 P_4

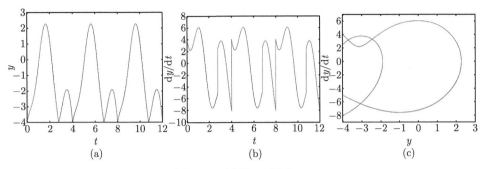

图 4.16 周期 -2 运动 P_{44}

图 4.15 给出在底座的一个周期内小球碰矩形斜槽下壁一次的周期 -1 运动. 参数选取为 $A = 0.7, \omega = \pi, \theta = \pi/6, \tau = 0.53846, e = 0.5, g = 9.81, d = 4$, 初值为 $t_0 = 0, \dot{y}_0 = -6.54$. 由映射 $P = P_4$ 出现周期运动时的参数条件和特征值分析理论可知: 在上述参数基础上, 当激励振幅 A 改变时, 出现周期运动的初始速度不会改变, 即发生周期运动的初始速度与 A 无关; 当 $A \leqslant 0.6$ 时, 在底座的一个周期内小球碰矩形斜槽下壁一次的周期 -1 运动不会发生, 因为此时 $|\cos(\omega t_0 + \tau)| > 1$; 当激励振幅 A 的值在区间 $(0.6, 0.83093)$ 内时, 周期 -1 运动是稳定焦点; 当 A 的值在区间 $(0.83093, 0.87619)$ 内时, 周期 -1 运动是稳定结点; 当 $A > 0.87619$ 时, 周期 -1 运动是第二类鞍点; 当 $A = 0.87619$ 时, 周期 -1 运动的倍周期分支出现, 周期 -2 运动发生.

在图 4.15 参数的基础上, 选取 $A = 1.5, \tau = 5.71953, d = 8$ 给出小球碰矩形斜槽下壁的周期 -2 运动, 即在底座的两个周期内小球碰矩形斜槽下壁两次的周期运动 (见图 4.16). 初值为 $t_0 = 0, \dot{y}_0 = -8.06043$. 可以看到小球的两次碰撞所用时间不同, 也就是说这个周期 -2 运动是不对称的.

本章利用不连续动力系统的流转换理论和映射动力学研究了倾斜碰撞振子模型具有或不具有黏合运动的周期流问题. 通过将系统的相空间分割成若干个子域及其边界, 把系统的动力学行为看成是子域中流的组合. 利用不连续边界上的半穿越流和相切流理论给出边界上黏合运动和擦边流发生的充要条件, 并给出解析证明和数值模拟. 然后在不连续边界上定义转换集及转换集间的基本映射, 给出该振子周期流的一般映射结构, 并重点研究了相对坐标系下碰左右两边各一次的周期流、只碰一边一次的周期流发生时参数满足的条件, 得到在底座任意 N 个周期内碰左右两边各一次的对称周期流不存在的结论. 由此揭示倾斜碰撞振子模型和水平碰撞振子模型动力学行为上的本质区别.

附 注

本章的主要内容可参看文献 [35, 36, 37], 其中 4.1 节引自文献 [37], 4.2 节中的定理 4.2.1—4.2.4 引自文献 [36, 37], 4.3 节中的结论 4.3.1—结论 4.3.3 引自文献 [35, 37], 结论 4.3.4 引自文献 [37].

参 考 文 献

[1] Bainov D D, Simeonov P S. Impulsive Differential Equations: Periodic Solutions and Applications. New York: Longman Scientific, 1993.

[2] Fu Xilin, Qi Jiangang, Liu Yansheng. The existence of periodic orbits for nonlinear impulsive differential systems. Communications in Nonlinear Science and Numerical Simulation, 1999, 4(1): 50-53.

[3] Qi Jiangang, Fu Xilin. Existence of limit cycles of impulsive differential equations with impulses at variable times. Nonlinear Analysis: Theory, Methods & Applications, 2001, 44(3): 345-353.

[4] 傅希林, 綦建刚. 脉冲自治系统周期解存在及吸引的充要条件. 数学年刊: A 辑, 2002, 23(4): 505-512.

[5] 傅希林, 闫宝强, 刘衍胜. 脉冲微分系统引论. 北京: 科学出版社, 2005.

[6] 傅希林, 闫宝强, 刘衍胜. 非线性脉冲微分系统. 北京: 科学出版社, 2008.

[7] Hu Zhaoping, Han Maoan. Periodic solutions and bifurcations of first-order periodic impulsive differential equations. International Journal of Bifurcation and Chaos, 2009, 19(8): 2515-2530.

[8] Holmes P J. The dynamics of repeated impacts with a sinusoidally vibrating table. Journal of Sound and Vibration, 1982, 84(2): 173-189.

[9] Luo Guanwei, Xie Jianhua. Bifurcations and chaos in a system with impacts. Physica D: Nonlinear Phenomena, 2001, 148(3): 183-200.

[10] Okniński A, Radziszewski B. Dynamics of impacts with a table moving with piecewise constant velocity. Nonlinear Dynamics, 2009, 58(3): 515-523.

[11] Okniński A, Radziszewski B. Bouncing ball dynamics: simple model of motion of the table and sinusoidal motion. International Journal of Non-Linear Mechanics, 2014, 65: 226-235.

[12] Aguiar R R, Weber H I. Mathematical modeling and experimental investigation of an embedded vibro-impact system. Nonlinear Dynamics, 2011, 65(3): 317-334.

[13] Shaw S W, Holmes P J. A periodically forced piecewise linear oscillator. Journal of Sound and Vibration, 1983, 90(1): 129-155.

[14] Shaw S W, Holmes P J. Periodically forced linear oscillator with impacts: chaos and long-period motions. Physical Review Letters, 1983, 51(8): 623.

[15] Shaw S W, Holmes P J. A periodically forced impact oscillator with large dissipation. Journal of Applied Mechanics, 1983, 50(4a): 849-857.

[16] Bapat C N, Popplewell N, McLachlan K. Stable periodic motions of an impactpair. Journal of Sound and Vibration, 1983, 87(1): 19-40.

[17] Bapat C N, Bapat C. Impact-pair under periodic excitation. Journal of Sound and Vibration, 1988, 120(1): 53-61.

[18] Comparin R J, Singh R. Non-linear frequency response characteristics of an impact pair. Journal of Sound and Vibration, 1989, 134(2): 259-290.

[19] Nordmark A B. Non-periodic motion caused by grazing incidence in an impact oscillator. Journal of Sound and Vibration, 1991, 145(2): 279-297.

[20] Budd C, Dux F, Cliffe A. The effect of frequency and clearance variations on single-degree-of-freedom impact oscillators. Journal of Sound and Vibration, 1995, 184(3): 475-502.

[21] Kember S A, Babitsky V I. Excitation of vibro-impact systems by periodic impulses. Journal of Sound and Vibration, 1999, 227(2): 427-447.

[22] Thomas J. Non-smooth dynamics of vibro-impact systems. Columbus: Ohio University, 2000.

[23] Yue Yuan. The dynamics of a symmetric impact oscillator between two rigid stops. Nonlinear Analysis: Real World Applications, 2011, 12(1): 741-750.

[24] Wagg D J. Periodic sticking motion in a two-degree-of-freedom impact oscillator. International Journal of Non-Linear Mechanics, 2005, 40(8): 1076-1087.

[25] Cheng Jianlian, Xu Hui. Nonlinear dynamic characteristics of a vibro-impact system under harmonic excitation. Journal of Mechanics of Materials and Structures, 2006, 1(2): 239-258.

[26] Luo Guanwei, Lv Xiaohong. Controlling bifurcation and chaos of a plastic impact oscillator. Nonlinear Analysis: Real World Applications, 2009, 10(4): 2047-2061.

[27] Luo A C J, Han R P S. The dynamics of a bouncing ball with a sinusoidally vibrating table revisited. Nonlinear Dynamics, 1996, 10(1): 1-18.

[28] Han R P S, Luo A C J, Deng W. Chaotic motion of a horizontal impact pair. Journal of Sound and Vibration, 1995, 181(2): 231-250.

[29] Luo A C J. Period-doubling induced chaotic motion in the LR model of a horizontal impact oscillator. Chaos, Solitons & Fractals, 2004, 19(4): 823-839.

[30] Guo Y, Luo A C J. Complex motions in horizontal impact pairs with a periodic excitation. ASME 2011 International Design Engineering Technical Conferences and Computers and Information in Engineering Conference. American Society of Mechanical Engineers, 2011: 1339-1350.

[31] Guo Y, Luo A C J. Analytical dynamics of a ball bouncing on a vibrating table. ASME 2012 International Mechanical Engineering Congress and Exposition. American Society of Mechanical Engineers, 2012: 67-73.

[32] Luo A C J, Guo Y. Vibro-Impact Dynamics. New York: John Wiley, 2013.

[33]　Heiman M S, Sherman P J, Bajaj A K. On the dynamics and stability of an inclined impact pair. Journal of Sound and Vibration, 1987, 114(3): 535-547.

[34]　Heiman M S, Bajaj A K, Sherman P J. Periodic motions and bifurcations in dynamics of an inclined impact pair. Journal of Sound and Vibration, 1988, 124(1): 55-78.

[35]　Zhang Yanyan, Fu Xilin. On periodic motions of an inclined impact pair. Communications in Nonlinear Science and Numerical Simulation, 2015; 20(3): 1033-1042.

[36]　Fu Xilin, Zhang Yanyan. Stick motions and grazing flows in an inclined impact oscillator, Chaos, Solitons and Fractals, 2015; 76: 218-230.

[37]　张艳燕. 源于碰撞和摩擦的不连续动力系统的周期流研究. 山东师范大学博士学位论文, 2016.

第 5 章 摩擦碰撞振动系统的动力学

本章运用动态域上的不连续动力系统理论研究具有干摩擦的水平碰撞振子模型的复杂动力学行为. 第 5.1 节对摩擦碰撞振动系统模型的研究现状进行了阐述, 并对具有干摩擦的水平碰撞振子模型进行了介绍. 第 5.2 节利用不连续动力系统的流转换理论得到了该模型的两类黏合运动发生或消失和速度边界上擦边流出现的充要条件, 还得到了位移边界上擦边流出现的初步结果, 并用数值模拟加以验证, 揭示了在摩擦力的影响下, 具有干摩擦的水平碰撞振子模型和不具有干摩擦的水平碰撞振子模型动力学行为上的本质区别: 位移边界上的第二类黏合运动在第二阶段转化为速度边界上的第一类黏合运动, 从而两类黏合运动具有相同的消失条件; 位移边界上擦边流的发生依赖于速度边界上穿越流条件是否满足, 从而位移边界上的擦边流可能会不存在. 第 5.3 节定义了不连续边界上的转换集及转换集之间的基本映射, 利用不连续动力系统的映射动力学给出了一般周期流的映射结构并得到了周期流的稳定性和分支的理论分析结果.

5.1 摩擦碰撞振动系统模型

本节首先对碰撞和摩擦同时出现的数学模型 —— 摩擦碰撞振动系统模型的研究现状进行阐述, 然后介绍本章要研究的具有干摩擦的水平碰撞振子模型.

5.1.1 摩擦碰撞振动系统模型简介

绝大多数机械装置的零部件之间都存在间隙, 而间隙的存在使得零部件间在外部激励的作用下不只出现反复碰撞, 还存在摩擦. 例如一个单一的螺栓垂直地连接在一个水平振动的螺栓轴上, 运动过程中螺栓和螺栓轴之间既有碰撞也有摩擦. 所以将连接问题抽象成有碰撞发生、同时还受摩擦影响的摩擦碰撞振动系统, 并对其动力学特性进行研究有助于机械系统的动力学优化设计及噪声控制等实际问题.

1986 年 Keller[1] 利用形式公理化方法对两个刚体在受到摩擦影响下发生碰撞的模型的运动状态进行了理论分析. Ivanov[2] 对带摩擦的碰撞系统建立新模型并给出了该模型的性质. Kleczka 等[3] 用打靶算法研究受摩擦影响的齿轮系统的周期运动, 结果显示摩擦对其周期运动影响很大. Chin 等[4] 利用 Nordmark 映射研究带摩擦的、正弦激励下的碰撞振子的擦边分支, 并利用数值模拟给出三类稳定周期 −1 运动的分支. 1995 年 Bapat[5] 用理论预测和数值模拟两种方法研究带摩擦的斜碰阻尼的周期运动, 比较结果显示两个结论十分吻合. Cone 和 Zadoks[6] 将连接模型抽象成带摩擦的水平碰撞振子, 并利用数值模拟研究其周期运动及其稳定性和分支. Blazejczyk-Okolewska 和 Kapitaniak[7] 研究了带摩擦的碰撞振子的分支结构和混沌行为, 数值结果显示该振子的动力学行为对摩擦系数和碰撞恢复系数的改变非常敏感. Blazejczyk-Okolewska[8] 将导杆和锤的运动抽象成带摩擦的碰撞振子, 利用数值模拟研究该振子的系数对振子行为的影响, 并给出其分支图的全局结构与假设模型中的摩擦力无关的结论. Virgin 和 Begley[9, 10] 研究了一个受到碰撞和摩擦共同影响的分段线性振子的动力学行为, 数值结果和实验结果均显示振子的周期运动和混沌在较大参数范围内存在. 2002 年 Andreaus 和 Casini[11] 对受到摩擦、单边发生碰撞的单自由度碰撞振子的动力学行为进行研究, 讨论了不同运动模式的过渡引起的奇异性. Leine 等[12] 对木头玩具建立模型 —— 带摩擦和碰撞的系统, 利用一维映射研究了该系统的分支. 2007 年 Zinjade 和 Mallik[13] 利用理论分析、数值模拟和试验观察相结合的方法研究碰撞阻尼对单自由度摩擦驱动振子的控制. Leine 和 van de Wouw[14] 利用非光滑系统的 Lyapunov 型稳定性分析和广义 Lasalle 不变性原理给出既有干摩擦又有碰撞的多自由度非线性系统的稳定性结果. 张有强等[15, 16] 研究了单自由度含间隙和干摩擦的碰撞振动系统的动力学行为, 利用半解析和数值模拟方法求解和分析该系统运动过程中存在的复杂黏滑碰撞动力学行为. Svahn 和 Dankowicz[17] 对一个带干摩擦的碰撞振动系统的擦边分支进行了研究. 2014 年 Burns 和 Piiroinen[18] 研究了既有碰撞又有摩擦的刚体结构的两类碰撞映射. 高全福和曹兴潇[19] 以及张艳龙等[20] 研究了含摩擦和间隙的碰撞振动系统的动力学行为, 结合数值分析说明了其动力学行为的复杂性.

综上可以看出, 碰撞和摩擦的综合作用使得对实际问题建立合适的数学模型更加困难, 所建模型的动力学行为也更加复杂, 且对既有碰撞又有摩擦的摩擦碰撞振动系统模型的研究多数是将碰撞和摩擦引起的不连续性放在静态域中进行讨论, 所得结果不能很好地将模型的复杂动力学行为体现出来. 所以利用不连续动力系统理论研究摩擦碰撞振动系统模型的动力学行为是有必要的.

5.1.2　具有干摩擦的水平碰撞振子模型

本章要研究的具有干摩擦的水平碰撞振子模型见图 5.1. 这个水平碰撞振子模型由底座 M 和物体 m 构成. 底座 M 受到水平方向上的周期位移激励 $x(t) = A\sin(\omega t + \tau)$, 其中 A, ω 和 τ 分别是激励振幅、激励频率和激励相角. 在底座 M 中有一个长为 d 的水平间隙, 物体 m 在这个间隙内运动, 在运动过程中物体 m 和底座 M 受到干摩擦力的影响. 与此同时, 一个垂直于运动方向的外力 $\bar{P}$ 作用在物体上.

在绝对坐标系中物体 m 的位移用 $y(t)$ 表示. 当 $|x - y| = d/2$ 时, 物体 m 与间

隙左壁或右壁可能发生碰撞. 忽略碰撞持续的时间, 用碰撞恢复系数 $e(0 < e < 1)$ 来表示碰撞过程中能量的损耗, 也就是说物体 m 相对于底座 M 的相对运动速度碰撞后是碰撞前的 $-e$ 倍.

假设底座 M 是均匀的且 $m \ll M$, 则物体 m 和底座 M 间连续的碰撞和持续的摩擦都不会影响底座 M 的周期位移运动. 绝对坐标系的原点设在当底座 M 处于平衡状态时间隙的中点上.

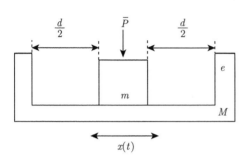

图 5.1　具有干摩擦的水平碰撞振子模型

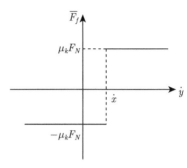

图 5.2　模型中物体所受到的摩擦力

物体 m 和底座 M 之间的干摩擦力 (见图 5.2) 可以表示为

$$\bar{F}_f(\dot{y}) \begin{cases} = \mu_k F_N, & \dot{y} > \dot{x}, \\ \in [-\mu_k F_N, \mu_k F_N], & \dot{y} = \dot{x}, \\ = -\mu_k F_N, & \dot{y} < \dot{x}, \end{cases} \tag{5.1.1}$$

其中 $\dot{()} = \mathrm{d}()/\mathrm{d}t$, μ_k 是滑动摩擦系数, F_N 是作用在间隙表面上的正压力, 即 $F_N = \bar{P} + mg$, g 是重力加速度.

由于有限的间隙和存在的摩擦力, 物体 m 的运动状态可以分成四种: 物体 m 在间隙内滑动; 物体 m 运动到间隙左、右壁时与底座 M 发生碰撞; 由于摩擦力的存在, 物体 m 和底座 M 不能克服摩擦力而一起运动; 由于有限的间隙, 当物体 m 运动到间隙左、右壁后企图穿越间隙左、右壁而与底座 M 一起运动.

当物体 m 在底座 M 的间隙内运动时, 物体 m 只受到滑动摩擦力的影响, 这样的运动称为滑动运动. 此时物体 m 的运动方程表示为

$$m\ddot{y} = -\mu_k(\bar{P} + mg) \cdot \mathrm{sgn}(\dot{y} - \dot{x}), \tag{5.1.2}$$

其中

$$\mathrm{sgn}(\dot{y} - \dot{x}) = \begin{cases} 1, & \text{如果 } \dot{y} - \dot{x} > 0, \\ -1, & \text{如果 } \dot{y} - \dot{x} < 0. \end{cases} \tag{5.1.3}$$

对 (5.1.2) 式整理得

$$\ddot{y} = -\mu_k(P + g) \cdot \mathrm{sgn}(\dot{y} - \dot{x}),$$

其中 $P = \bar{P}/m$.

与此同时底座 M 的运动方程为

$$\ddot{x} = -A\omega^2 \sin(\omega t + \tau).$$

当物体 m 以与底座 M 不同的速度运动到间隙左、右壁时, 物体 m 与底座 M 间的碰撞发生, 物体 m 的运动速度瞬间发生改变, 这个过程表述为

$$
\begin{aligned}
x^+ &= x^-, \quad y^+ = y^-, \quad |y^+ - x^+| = d/2; \\
\dot{x}^+ &= \dot{x}^-, \quad \dot{y}^+ = [(m - Me)\dot{y}^- + M(1+e)\dot{x}^-]/(M+m),
\end{aligned}
\tag{5.1.4}
$$

其中 $()^-$ 和 $()^+$ 分别表示物体 m 与底座 M 在碰撞前和碰撞后的状态.

在两种情况下, 物体 m 和底座 M 可能一起运动. 一种是物体 m 在间隙内运动时受到的摩擦力太大, 物体 m 不能克服摩擦力从而与底座 M 一起运动, 这个运动称为第一类黏合运动; 另一种是物体 m 以和底座 M 一样的速度到达间隙左、右壁, 并意图穿越间隙左、右壁, 由此物体 m 和底座 M 一起运动, 这个运动称为第二类黏合运动. 在这两种状态下, 物体 m 和底座 M 的运动方程可表示为

$$\ddot{x} = \ddot{y} = -\frac{M}{M+m} A\omega^2 \sin(\omega t + \tau).$$

5.2   具有干摩擦的水平碰撞振子模型的流转换

本节首先根据具有干摩擦的水平碰撞振子模型中碰撞的发生和摩擦力方向的改变确定相空间中子域和边界的划分, 其中不连续边界根据性质不同可以分成两类, 一类是位移边界, 一类是速度边界. 然后利用不连续动力系统的流转换理论得到该模型在两类边界上的黏合运动发生和消失、速度边界擦边流出现的判定条件, 并给出位移边界上擦边流发生的初步结果, 最后利用数值模拟验证理论分析结果的合理性.

5.2.1   动态子域的划分及其向量场

由于物体 m 和底座 M 之间的碰撞可以瞬间改变物体 m 的运动速度, 而物体 m 和底座 M 所受摩擦力的方向取决于物体 m 和底座 M 的相对速度的方向, 从而物体 m 的运动变得不连续和更加复杂. 为了对物体 m 的复杂动力学行为进行解析预测, 本小节将物体 m 的运动相空间分成若干子域及其边界, 每个子域中物体 m 的运动是连续的. 利用定义的状态向量和向量场给出在各个子域中物体 m 运动的向量表示.

根据物体 m 和底座 M 之间存在的碰撞和摩擦, 绝对坐标系中的运动相空间可以分成若干子域及其边界.

如果没有第二类黏合运动, 绝对坐标系中的相空间可以分成两个子域

$$
\begin{aligned}
\Omega_1 &= \{(y, \dot{y})|\ y \in (x - d/2, x + d/2),\ \ \dot{y} - \dot{x} > 0\}, \\
\Omega_2 &= \{(y, \dot{y})|\ y \in (x - d/2, x + d/2),\ \ \dot{y} - \dot{x} < 0\}.
\end{aligned}
\tag{5.2.1}
$$

相应的边界定义为

$$
\begin{aligned}
\partial\Omega_{12} &= \partial\Omega_{21} = \{(y, \dot{y})|\varphi_{12} \equiv \dot{y} - \dot{x} = 0,\ \ y \in (x - d/2, x + d/2)\}, \\
\partial\Omega_{1(+\infty)} &= \{(y, \dot{y})|\ \varphi_{1(+\infty)} \equiv y - x - d/2 = 0,\ \ \dot{y} - \dot{x} > 0\}, \\
\partial\Omega_{1(-\infty)} &= \{(y, \dot{y})|\ \varphi_{1(-\infty)} \equiv y - x + d/2 = 0,\ \ \dot{y} - \dot{x} > 0\}, \\
\partial\Omega_{2(+\infty)} &= \{(y, \dot{y})|\ \varphi_{2(+\infty)} \equiv y - x - d/2 = 0,\ \ \dot{y} - \dot{x} < 0\}, \\
\partial\Omega_{2(-\infty)} &= \{(y, \dot{y})|\ \varphi_{2(-\infty)} \equiv y - x + d/2 = 0,\ \ \dot{y} - \dot{x} < 0\},
\end{aligned}
\tag{5.2.2}
$$

其中方程 $\varphi_{\alpha\beta} = 0$ 决定相空间中的边界 $\partial\Omega_{\alpha\beta}$, $\partial\Omega_{\alpha\beta} = \partial\Omega_{\beta\alpha} = \bar{\Omega}_\alpha \cap \bar{\Omega}_\beta$. 这里 $\alpha = 1, 2$ 和 $\beta = \pm\infty$ 代表永久边界, 即在子域 $\Omega_i(i = 1, 2)$ 中的流不能穿越边界 $\partial\Omega_{i(\pm\infty)}$ 而进入其他子域. 边界 $\partial\Omega_{i(\pm\infty)}(i = 1, 2)$ 和边界 $\partial\Omega_{12}$(或$\partial\Omega_{21}$) 具有不同的性质 —— 前者是位移边界, 即运动过程中物体 m 不能穿越这个边界; 后者是速度边界, 即运动过程中物体 m 在这个边界两侧相对于底座 M 的相对运动速度反向. 绝对坐标系中不具有第二类黏合运动的子域和边界的划分见图 5.3. 区域 Ω_1 用横线域表示, 区域 Ω_2 用竖线域表示, 边界 $\partial\Omega_{1(+\infty)}$ 和 $\partial\Omega_{2(-\infty)}$ 用实线表示, 边界 $\partial\Omega_{1(-\infty)}$ 和 $\partial\Omega_{2(+\infty)}$ 用点划线表示, 边界 $\partial\Omega_{12}$ 用虚线表示.

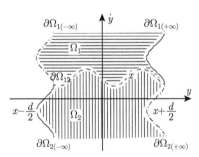

图 5.3 绝对坐标系中不具有第二类黏合运动时子域和边界的划分

第二类黏合运动的发生和消失可以在相空间中形成新的子域和边界. 当第二类黏合运动发生时, 绝对坐标系中的相空间可以定义 Ω_1, Ω_2 和 Ω_3, Ω_4 四个子域

$$
\begin{aligned}
\Omega_1 &= \{(y, \dot{y})|\ y \in (x_{cr} - d/2, x_{cr} + d/2),\ \dot{y} - \dot{x} > 0\}, \\
\Omega_2 &= \{(y, \dot{y})|\ y \in (x_{cr} - d/2, x_{cr} + d/2),\ \dot{y} - \dot{x} < 0\}, \\
\Omega_3 &= \{(y, \dot{y})|\ y \in (-\infty, x_{cr} - d/2),\ \dot{y} = \dot{x},\ y = x - d/2\}, \\
\Omega_4 &= \{(y, \dot{y})|\ y \in (x_{cr} + d/2, +\infty),\ \dot{y} = \dot{x},\ y = x + d/2\}.
\end{aligned}
\tag{5.2.3}
$$

相应的边界定义为

$$\partial\Omega_{12} = \partial\Omega_{21} = \{(y,\dot{y})|\varphi_{12} \equiv \dot{y} - \dot{x} = 0, \quad y \in (x_{cr} - d/2, x_{cr} + d/2)\},$$
$$\partial\Omega_{i3} = \partial\Omega_{3i} = \{(y,\dot{y})| \ \varphi_{i3} \equiv y - x_{cr} + d/2 = 0, \ \dot{y} = \dot{x}_{cr}\}, \qquad (5.2.4)$$
$$\partial\Omega_{i4} = \partial\Omega_{4i} = \{(y,\dot{y})| \ \varphi_{i4} \equiv y - x_{cr} - d/2 = 0, \ \dot{y} = \dot{x}_{cr}\},$$

其中 $i = 1, 2$, x_{cr} 和 $\dot{x}_{cr}$ 分别表示第二类黏合运动发生和消失时底座 M 的位移和速度. 绝对坐标系中出现第二类黏合运动时相图的划分见图 5.4. 子域 Ω_1 和 Ω_2 分别用横线域和竖线域表示, 子域 Ω_3, Ω_4 用方格域表示, 边界 $\partial\Omega_{14}, \partial\Omega_{23}$ 用实线表示, 边界 $\partial\Omega_{24}, \partial\Omega_{13}$ 用点划线表示, 边界 $\partial\Omega_{12}$ 用虚线表示.

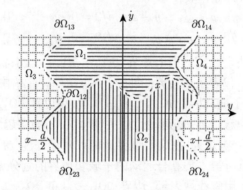

图 5.4　绝对坐标系中具有第二类黏合运动时子域和边界的划分

基于上述定义的子域和边界, 绝对坐标系中的运动变量和向量场表示为

$$\boldsymbol{y}_{(\lambda)} = (y_{(\lambda)}, \dot{y}_{(\lambda)})^{\mathrm{T}}, \quad \boldsymbol{f}_{(\lambda)} = (\dot{y}_{(\lambda)}, f_{(\lambda)})^{\mathrm{T}}, \quad \lambda = 0, 1, 2, 3, 4,$$

其中 $\lambda = 0$ 代表速度边界上的第一类黏合运动, $\lambda = 1, 2$ 代表在子域 Ω_1, Ω_2 中的滑动运动, $\lambda = 3, 4$ 代表在子域 Ω_3, Ω_4 中的第二类黏合运动.

绝对坐标系中物体 m 的运动方程用向量表示为

$$\dot{\boldsymbol{y}}_{(\lambda)} = \boldsymbol{f}_{(\lambda)}(\boldsymbol{y}_{(\lambda)}, t), \quad \lambda = 0, 1, 2, 3, 4.$$

在速度边界 $\partial\Omega_{\alpha\beta}(\alpha \neq \beta \in \{1, 2\})$ 上发生第一类黏合运动时有

$$f_{(0)}(\boldsymbol{y}_{(0)}, t) = -\frac{M}{M + m} A\omega^2 \sin(\omega t + \tau), \qquad (5.2.5)$$

对于滑动运动有

$$f_{(\lambda)}(\boldsymbol{y}_{(\lambda)}, t) = (-1)^{\lambda} \mu_k(P + g), \quad \lambda = 1, 2, \qquad (5.2.6)$$

对于第二类黏合运动有

$$f_{(\lambda)}(\boldsymbol{y}_{(\lambda)}, t) = -\frac{M}{M+m}A\omega^2\sin(\omega t + \tau), \quad \lambda = 3, 4. \tag{5.2.7}$$

在相应的子域内, 底座 M 的运动方程的向量形式为

$$\dot{\boldsymbol{x}}_{(\lambda)} = \boldsymbol{F_{(\lambda)}}(\boldsymbol{x}_{(\lambda)}, t), \; \lambda = 0, 1, 2, 3, 4,$$

其中 $\boldsymbol{x}_{(\lambda)} = (x_{(\lambda)}, \dot{x}_{(\lambda)})^{\mathrm{T}}$, $\boldsymbol{F_{(\lambda)}} = (\dot{x}_{(\lambda)}, F_{(\lambda)})^{\mathrm{T}}$,

$$
\begin{aligned}
F_{(\lambda)}(\boldsymbol{x}_{(\lambda)}, t) &= -A\omega^2\sin(\omega t + \tau), \quad \lambda = 1, 2, \\
F_{(\lambda)}(\boldsymbol{x}_{(\lambda)}, t) &= -\frac{M}{M+m}A\omega^2\sin(\omega t + \tau), \quad \lambda = 0, 3, 4.
\end{aligned}
\tag{5.2.8}
$$

在绝对坐标系下, 物体 m 和底座 M 间发生的碰撞要依赖于它们的相对位移和相对速度, 物体 m 和底座 M 间摩擦力方向的改变要依赖于它们的相对速度方向的变化. 也就是说, 绝对坐标系中区域和边界都是动态的、依赖于时间的, 因此在绝对坐标系下对物体 m 的流转换进行解析预测是比较困难的. 为了简化计算, 引入相对坐标系, 物体 m 相对于底座 M 的位移、速度和加速度分别是: $z = y - x$, $\dot{z} = \dot{y} - \dot{x}$, $\ddot{z} = \ddot{y} - \ddot{x}$. 接下来给出该振子在相对坐标系中子域的划分以及边界的确定.

相对坐标系下的子域 Ω_1, Ω_2 和 Ω_3, Ω_4 表示为

$$
\begin{aligned}
\Omega_1 &= \{(z, \dot{z})|\; z \in (-d/2, +d/2), \; \dot{z} > 0\}, \\
\Omega_2 &= \{(z, \dot{z})|\; z \in (-d/2, +d/2), \; \dot{z} < 0\}, \\
\Omega_3 &= \{(z, \dot{z})|\; z = -d/2, \; \dot{z} = 0\}, \\
\Omega_4 &= \{(z, \dot{z})|\; z = +d/2, \; \dot{z} = 0\}.
\end{aligned}
\tag{5.2.9}
$$

对应的相对坐标系下的边界为

$$
\begin{aligned}
\partial\Omega_{1(+\infty)} &= \{(z, \dot{z})|\; \varphi_{1(+\infty)} \equiv z - d/2 = 0, \; \dot{z} > 0\}, \\
\partial\Omega_{1(-\infty)} &= \{(z, \dot{z})|\; \varphi_{1(-\infty)} \equiv z + d/2 = 0, \; \dot{z} > 0\}, \\
\partial\Omega_{2(+\infty)} &= \{(z, \dot{z})|\; \varphi_{2(+\infty)} \equiv z - d/2 = 0, \; \dot{z} < 0\}, \\
\partial\Omega_{2(-\infty)} &= \{(z, \dot{z})|\; \varphi_{2(-\infty)} \equiv z + d/2 = 0, \; \dot{z} < 0\}, \\
\partial\Omega_{12} = \partial\Omega_{21} &= \{(z, \dot{z})|\; \varphi_{12} \equiv \dot{z} = 0, \; z \in (-d/2, d/2)\}, \\
\partial\Omega_{i3} = \partial\Omega_{3i} &= \{(z, \dot{z})|\; \varphi_{i3} \equiv \dot{z}_{cr} = 0, \; z_{cr} = -d/2\}, \\
\partial\Omega_{i4} = \partial\Omega_{4i} &= \{(z, \dot{z})|\; \varphi_{i4} \equiv \dot{z}_{cr} = 0, \; z_{cr} = d/2\},
\end{aligned}
\tag{5.2.10}
$$

其中 $i = 1, 2$. 边界 $\partial\Omega_{12}$ 是速度边界, 在其两侧物体 m 所受的摩擦力将会改变方向; 边界 $\partial\Omega_{i(\pm\infty)}$ 和 $\partial\Omega_{i4}, \partial\Omega_{i3}(i = 1, 2)$ 是位移边界, 其中边界 $\partial\Omega_{i(\pm\infty)}$ $(i = 1, 2)$ 是碰撞边界, 在其上会发生碰撞; 边界 $\partial\Omega_{i4}, \partial\Omega_{i3}$ $(i = 1, 2)$ 是第二类黏合边界. z_{cr}, $\dot{z}_{cr}$

代表第二类黏合运动发生或消失时的相对位移和相对速度. 图 5.5 给出相对坐标系下子域和边界的划分. 边界 $\partial\Omega_{1(+\infty)}, \partial\Omega_{2(-\infty)}$ 用实线表示, 边界 $\partial\Omega_{1(-\infty)}, \partial\Omega_{2(+\infty)}$ 用点划线表示, 边界 $\partial\Omega_{12}$ 为在 z 轴上的虚线, 而第二类黏合区域 Ω_3, Ω_4 和相应边界 $\partial\Omega_{i4}, \partial\Omega_{i3}$ $(i = 1, 2)$ 变成 z 轴上的两个点.

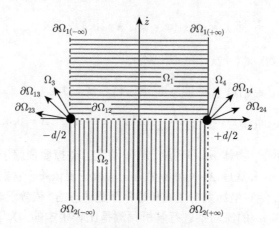

图 5.5　相对坐标系下区域和边界的划分

在相对坐标系下, 状态变量和向量场表示为

$$\boldsymbol{z}_{(\lambda)} = (z_{(\lambda)}, \dot{z}_{(\lambda)})^{\mathrm{T}}, \quad \boldsymbol{g}_{(\boldsymbol{\lambda})} = (\dot{z}_{(\lambda)}, g_{(\lambda)})^{\mathrm{T}}, \quad \lambda = 0, 1, 2, 3, 4.$$

运动方程调整为

$$\dot{\boldsymbol{z}}_{(\lambda)} = \boldsymbol{g}_{(\boldsymbol{\lambda})}(\boldsymbol{z}_{(\lambda)}, \boldsymbol{x}_{(\lambda)}, t),$$

其中 $\dot{\boldsymbol{x}}_{(\lambda)} = \boldsymbol{F}_{(\boldsymbol{\lambda})}(\boldsymbol{x}_{(\lambda)}, t)$, $\lambda = 0$ 表示速度边界上的第一类黏合运动, $\lambda = 1, 2$ 表示子域 Ω_1 和 Ω_2 中的滑动运动, $\lambda = 3, 4$ 表示子域 Ω_3 和 Ω_4 中的第二类黏合运动.

在速度边界 $\partial\Omega_{\alpha\beta}(\alpha \neq \beta \in \{1, 2\})$ 上第一类黏合运动发生时物体 m 的运动方程为

$$g_{(0)}(\boldsymbol{z}_{(0)}, \boldsymbol{x}_{(0)}, t) = 0, \tag{5.2.11}$$

滑动运动时物体 m 的运动方程为

$$g_{(\lambda)}(\boldsymbol{z}_{(\lambda)}, \boldsymbol{x}_{(\lambda)}, t) = (-1)^\lambda \mu_k(P + g) + A\omega^2 \sin(\omega t + \tau), \ \lambda = 1, 2, \tag{5.2.12}$$

第二类黏合运动发生时物体 m 的运动方程为

$$g_{(\lambda)}(\boldsymbol{z}_{(\lambda)}, \boldsymbol{x}_{(\lambda)}, t) = 0, \ \lambda = 3, 4. \tag{5.2.13}$$

5.2.2 流的转换

本小节在相对坐标系下讨论具有干摩擦的水平碰撞振子模型在各边界上流的转换情况, 得到两类边界上黏合运动发生、消失的充要条件和速度边界上擦边流出现的充要条件, 并给出位移边界上擦边流发生的初步结果, 揭示了该振子与不受摩擦力影响的水平碰撞振子模型的动力学行为有本质差别.

在相对坐标系下各边界的法向量均可用

$$\boldsymbol{n}_{\partial \Omega_{ij}} = \left(\frac{\partial \varphi_{ij}}{\partial z}, \frac{\partial \varphi_{ij}}{\partial \dot{z}} \right)^{\mathrm{T}}$$

来确定. 因为在相对坐标系下, 各边界都成为直线, 所以由 (5.2.10) 式得

$$\boldsymbol{n}_{\partial \Omega_{i4}} = \boldsymbol{n}_{\partial \Omega_{i3}} = \boldsymbol{n}_{\partial \Omega_{12}} - (0,1)^{\mathrm{T}} \ (i - 1, 2), \quad \boldsymbol{n}_{\partial \Omega_{1(\pm\infty)}} - \boldsymbol{n}_{\partial \Omega_{2(\pm\infty)}} - (1,0)^{\mathrm{T}}.$$

为了讨论方便, 下文中即将引入的 G 函数记作 $G^{(k,\alpha)}_{\partial \Omega_{ij}}(\boldsymbol{z}_{(\alpha)}, t_{m\pm})$ $(k = 0, 1, 2)$.

首先利用不连续动力系统在不连续边界上的流转换理论给出该振子在速度边界上流的各种穿越情况的判定条件. 根据物体 m 在底座 M 中的实际运动情况, 可以看到在速度边界 $\partial \Omega_{12}$ 或 $\partial \Omega_{21}$ 上可能发生的运动有: 从子域 $\Omega_i(i = 1, 2)$ 出发的流到达边界 $\partial \Omega_{ij}$, 并穿越此边界到达子域 $\Omega_j(j = 2, 1)$; 从子域 $\Omega_i(i = 1, 2)$ 出发的流到达边界 $\partial \Omega_{ij}((i,j) = (1,2)$或$(2,1))$ 后没能穿越此边界, 而是沿着此边界运动; 从子域 $\Omega_i(i = 1, 2)$ 出发的流到达边界 $\partial \Omega_{ij}$ $((i,j) = (1,2)$或$(2,1))$ 后没能穿越此边界, 也没沿着此边界运动, 而是又回到子域 Ω_i 中, 从而形成边界 $\partial \Omega_{ij}$ 上的擦边运动等.

定理 5.2.1 对于 5.1.2 小节中具有干摩擦的水平碰撞振子模型, 子域 $\Omega_i(i = 1, 2)$ 中的流在 t_m 时刻到达其边界 $\partial \Omega_{ij}$, 且将会穿越边界 $\partial \Omega_{ij}$ 到另一子域 $\Omega_j(j = 2, 1)$ 中的充要条件是

$$\left. \begin{aligned} &\text{当} A\omega^2 > \mu_k(P + g) \text{ 时,} \\ &\mathrm{mod}(\omega t_m + \tau, 2\pi) \in \left(\pi + \arcsin \frac{\mu_k(P + g)}{A\omega^2}, 2\pi - \arcsin \frac{\mu_k(P + g)}{A\omega^2} \right), \\ &\hspace{6cm} \text{若}\Omega_1 \to \Omega_2, \\ &\mathrm{mod}(\omega t_m + \tau, 2\pi) \in \left(\arcsin \frac{\mu_k(P + g)}{A\omega^2}, \pi - \arcsin \frac{\mu_k(P + g)}{A\omega^2} \right), \\ &\hspace{6cm} \text{若}\Omega_2 \to \Omega_1; \\ &\text{当} A\omega^2 \leqslant \mu_k(P + g) \text{ 时, 在边界}\partial \Omega_{ij}\text{上没有穿越流.} \end{aligned} \right\}$$

$$(5.2.14)$$

证明 物体 m 在底座 M 中运动时可能会出现这样一种情况: 在 t_m 时刻之前, 物体 m 的运动速度大于 (或小于) 底座 M 的运动速度; 在 t_m 时刻, 物体 m 的

运动速度等于底座 M 的运动速度; 而在 t_m 时刻之后, 物体 m 的运动速度小于 (或大于) 底座 M 的运动速度. 这种运动利用不连续动力系统的流转换理论可表述为: 子域 $\Omega_i(i = 1, 2)$ 中的流在 t_m 时刻穿越边界 $\partial\Omega_{ij}$ 进入到子域 $\Omega_j(j = 2, 1)$ 中, 这种流称为边界 $\partial\Omega_{ij}$ 上的半穿越流. 因此, 这种运动是否发生可用引理 2.3.1 判定. 为此需要给出该振子在边界 $\partial\Omega_{ij}$ 上的零阶 G 函数.

由 (2.2.6) 式, 边界 $\partial\Omega_{12}$(或 $\partial\Omega_{21}$) 上的零阶 G 函数定义为

$$G_{\partial\Omega_{12}}^{(0,i)}(\boldsymbol{z}_{(i)}, t_{m\pm}) = \boldsymbol{n}_{\partial\Omega_{12}}^{\mathrm{T}} \cdot \boldsymbol{g}_{(i)}(\boldsymbol{z}_{(i)}, \boldsymbol{x}_{(i)}, t_{m\pm}), \tag{5.2.15}$$

其中 $i = 1, 2$ 分别表示在子域 Ω_1 和 Ω_2 中的运动, t_m 是边界上的转换时刻.

由 (5.2.12) 式, (5.2.15) 式可计算为

$$G_{\partial\Omega_{12}}^{(0,i)}(\boldsymbol{z}_{(i)}, t_{m\pm}) = (-1)^i \mu_k(P + g) + A\omega^2 \sin(\omega t_m + \tau), \quad i = 1, 2. \tag{5.2.16}$$

由引理 2.3.1, 在边界 $\partial\Omega_{12}$(或 $\partial\Omega_{21}$) 上发生穿越流的充要条件为

$$\left.\begin{array}{l} G_{\partial\Omega_{12}}^{(0,1)}(\boldsymbol{z}_{(1)}, t_{m-}) < 0, \ G_{\partial\Omega_{12}}^{(0,2)}(\boldsymbol{z}_{(2)}, t_{m+}) < 0, \quad \text{若} \ \Omega_1 \to \Omega_2; \\ G_{\partial\Omega_{12}}^{(0,2)}(\boldsymbol{z}_{(2)}, t_{m-}) > 0, \ G_{\partial\Omega_{12}}^{(0,1)}(\boldsymbol{z}_{(1)}, t_{m+}) > 0, \quad \text{若} \ \Omega_2 \to \Omega_1. \end{array}\right\} \tag{5.2.17}$$

将 (5.2.16) 式代入 (5.2.17) 式得

$$\left.\begin{array}{l} \left.\begin{array}{l} -\mu_k(P + g) + A\omega^2 \sin(\omega t_m + \tau) < 0, \\ \mu_k(P + g) + A\omega^2 \sin(\omega t_m + \tau) < 0, \end{array}\right\} \quad \text{若} \ \Omega_1 \to \Omega_2; \\ \left.\begin{array}{l} -\mu_k(P + g) + A\omega^2 \sin(\omega t_m + \tau) > 0, \\ \mu_k(P + g) + A\omega^2 \sin(\omega t_m + \tau) > 0, \end{array}\right\} \quad \text{若} \ \Omega_2 \to \Omega_1. \end{array}\right\} \tag{5.2.18}$$

解上述不等式组 (5.2.18) 式可得结论 (5.2.14) 式. □

在 t_m 时刻, 物体 m 相对于底座 M 的运动速度为零, 而在此之前及之后的相对速度方向相反, 意味着物体 m 所受到的摩擦力方向在 t_m 时刻之前、之后改变了方向, 从而控制物体 m 的运动方程也发生改变, 也就是说在 t_m 时刻之前、之后, 物体 m 的运动流处于不同的子域中, 而在 t_m 时刻实现了子域中的流相对于边界的半穿越. 由定理 5.2.1 知道: 当 $A\omega^2 \leqslant \mu_k(P + g)$ 时, 物体 m 所受的摩擦力不可能改变方向; 当 $A\omega^2$ 大于 $\mu_k(P + g)$ 时, 如果转换相角 $\mathrm{mod}(\omega t_m + \tau, 2\pi)$ 在 $\left(\pi + \arcsin\dfrac{\mu_k(P + g)}{A\omega^2}, 2\pi - \arcsin\dfrac{\mu_k(P + g)}{A\omega^2}\right)$ 之内, 则物体 m 的运动速度由大于底座 M 的运动速度变成小于底座 M 的运动速度; 如果转换相角 $\mathrm{mod}(\omega t_m + \tau, 2\pi)$ 在 $\left(\arcsin\dfrac{\mu_k(P + g)}{A\omega^2}, \pi - \arcsin\dfrac{\mu_k(P + g)}{A\omega^2}\right)$ 之内, 则物体 m 的运动速度由小于底座 M 的运动速度变成大于底座 M 的运动速度, 从而物体 m 的运动状态发生改变.

定理 5.2.2 对于 5.1.2 小节中具有干摩擦的水平碰撞振子模型, 边界 $\partial\Omega_{ij}((i,j)=(1,2)$ 或 $(2,1))$ 上在 t_m 时刻存在第一类黏合运动的充要条件为

$$\left.\begin{aligned}
&\text{当 } A\omega^2 > \mu_k(P+g) \text{ 时,}\\
&\mathrm{mod}(\omega t_m+\tau,2\pi) \in \left(-\arcsin\frac{\mu_k(P+g)}{A\omega^2},\arcsin\frac{\mu_k(P+g)}{A\omega^2}\right)\\
&\qquad\quad \cup\left(\pi-\arcsin\frac{\mu_k(P+g)}{A\omega^2},\pi+\arcsin\frac{\mu_k(P+g)}{A\omega^2}\right);\\
&\text{当 } A\omega^2 \leqslant \mu_k(P+g) \text{ 时,} \quad \text{第一类黏合运动总存在.}
\end{aligned}\right\} \tag{5.2.19}$$

证明 物体 m 因为无法克服静摩擦力而与底座 M 一起运动, 这样的运动过程称为在速度边界 $\partial\Omega_{12}$ 或 $\partial\Omega_{21}$ 上存在第一类黏合运动. 用不连续动力系统的流转换理论表述为: 在子域 $\Omega_i(i=1,2)$ 中的流到达边界 $\partial\Omega_{ij}((i,j)=(1,2)$ 或 $(2,1))$, 然后沿着边界 $\partial\Omega_{ij}$ 运动, 即在子域 $\Omega_i(i=1,2)$ 中的流没能穿越边界 $\partial\Omega_{ij}$, 所以可用引理 2.3.2 来预测第一类黏合运动存在的解析条件.

由引理 2.3.2, 第一类黏合运动存在的充要条件为

$$G^{(0,1)}_{\partial\Omega_{12}}(\boldsymbol{z}_{(1)},t_{m-}) \cdot G^{(0,2)}_{\partial\Omega_{12}}(\boldsymbol{z}_{(2)},t_{m-}) < 0. \tag{5.2.20}$$

将 (5.2.16) 式代入 (5.2.20) 式可得

$$(-\mu_k(P+g)+A\omega^2\sin(\omega t_m+\tau)) \cdot (\mu_k(P+g)+A\omega^2\sin(\omega t_m+\tau)) < 0. \tag{5.2.21}$$

进一步简化为

$$-\mu_k(P+g) < A\omega^2\sin(\omega t_m+\tau) < \mu_k(P+g). \tag{5.2.22}$$

由 (5.2.22) 式得结论. $\qquad\qquad\qquad\qquad\qquad\qquad\qquad\qquad\square$

物体 m 在运动过程中受到摩擦力和相对周期激励的作用, 如果在一段时间内物体 m 受到的摩擦力大于相对周期激励, 则物体 m 和底座 M 间没有相对运动, 即第一类黏合运动存在. 由定理 5.2.2 知道: 当 $A\omega^2$ 小于或等于 $\mu_k(P+g)$ 时, 物体 m 和底座 M 会一直一起运动; 当 $A\omega^2$ 大于 $\mu_k(P+g)$ 时, 如果转换相角 $\mathrm{mod}(\omega t_m+\tau,2\pi)$ 在 $\left(-\arcsin\dfrac{\mu_k(P+g)}{A\omega^2},\arcsin\dfrac{\mu_k(P+g)}{A\omega^2}\right)$ 之内或在 $\left(\pi-\arcsin\dfrac{\mu_k(P+g)}{A\omega^2},\pi+\arcsin\dfrac{\mu_k(P+g)}{A\omega^2}\right)$ 之内时, 物体 m 和底座 M 会一起运动.

定理 5.2.3 对于 5.1.2 小节中具有干摩擦的水平碰撞振子模型, 在边界 $\partial\Omega_{ij} \cdot ((i,j)=(1,2)$ 或 $(2,1))$ 上一旦形成第一类黏合运动, 此运动消失的充要条件为

如果 $A\omega^2 > \mu_k(P+g)$,

$$\left.\begin{array}{ll}
\mathrm{mod}(\omega t_m + \tau, 2\pi) = \arcsin \dfrac{\mu_k(P+g)}{A\omega^2}, & \text{若 } \partial\Omega_{12} \to \Omega_1, \\[3mm]
\mathrm{mod}(\omega t_m + \tau, 2\pi) = \pi + \arcsin \dfrac{\mu_k(P+g)}{A\omega^2}, & \text{若 } \partial\Omega_{21} \to \Omega_2;
\end{array}\right\} \quad (5.2.23)$$

如果 $A\omega^2 \leqslant \mu_k(P+g)$, 第一类黏合运动不会消失.

证明　物体 m 和底座 M 由于无法克服摩擦力而一起运动一段时间后, 在 t_m 时刻物体 m 所受到的相对周期激励等于其所受到的最大静摩擦力, 而后物体 m 所受到的相对周期激励将克服静摩擦力, 则物体 m 将又会在底座 M 的间隙内滑动, 即物体 m 和底座 M 的运动速度再次不同. 用不连续动力系统的流转换理论解释为: 第一类黏合运动消失, 即在边界 $\partial\Omega_{ij}((i,j) = (1,2)$ 或 $(2,1))$ 上的流将会进入到子域 $\Omega_i(i = 1,2)$ 中. 此时 t_m 就是第一类不穿越流和半穿越流的转换时刻. 因此第一类黏合运动消失的充要条件可由引理 2.3.9 来给出. 为此需给出边界 $\partial\Omega_{ij}((i,j) = (1,2)$ 或 $(2,1))$ 上更高阶的 G 函数.

由 (2.2.6) 式, 在边界 $\partial\Omega_{12}($ 或 $\partial\Omega_{21})$ 上的一阶 G 函数定义为

$$G_{\partial\Omega_{12}}^{(1,i)}(\boldsymbol{z}_{(i)}, t_{m\pm}) = \boldsymbol{n}_{\partial\Omega_{12}}^{\mathrm{T}} \cdot D\boldsymbol{g}_{(i)}(\boldsymbol{z}_{(i)}, \boldsymbol{x}_{(i)}, t_{m\pm}), \quad i = 1, 2.$$

将 (5.2.12) 式代入上式得

$$G_{\partial\Omega_{12}}^{(1,i)}(\boldsymbol{z}_{(i)}, t_{m\pm}) = A\omega^3 \cos(\omega t_m + \tau), \quad i = 1, 2. \qquad (5.2.24)$$

由引理 2.3.9, 在边界 $\partial\Omega_{12}($ 或 $\partial\Omega_{21})$ 上第一类黏合运动消失的充要条件为

$$\left.\begin{array}{l}
G_{\partial\Omega_{12}}^{(0,1)}(\boldsymbol{z}_{(1)}, t_{m\mp}) = 0, G_{\partial\Omega_{12}}^{(1,1)}(\boldsymbol{z}_{(1)}, t_{m\mp}) > 0, G_{\partial\Omega_{12}}^{(0,2)}(\boldsymbol{z}_{(2)}, t_{m-}) > 0, \text{若 } \partial\Omega_{12} \to \Omega_1; \\[2mm]
G_{\partial\Omega_{12}}^{(0,2)}(\boldsymbol{z}_{(2)}, t_{m\mp}) = 0, G_{\partial\Omega_{12}}^{(1,2)}(\boldsymbol{z}_{(2)}, t_{m\mp}) < 0, G_{\partial\Omega_{12}}^{(0,1)}(\boldsymbol{z}_{(1)}, t_{m-}) < 0, \text{若 } \partial\Omega_{21} \to \Omega_2.
\end{array}\right\}$$
$$(5.2.25)$$

将 (5.2.16) 式和 (5.2.24) 式代入 (5.2.25) 式得

$$\left.\begin{array}{r}
-\mu_k(P+g) + A\omega^2 \sin(\omega t_m + \tau) = 0, \\
A\omega^3 \cos(\omega t_m + \tau) > 0, \\
\mu_k(P+g) + A\omega^2 \sin(\omega t_m + \tau) > 0, \\
\mu_k(P+g) + A\omega^2 \sin(\omega t_m + \tau) = 0, \\
A\omega^3 \cos(\omega t_m + \tau) < 0, \\
-\mu_k(P+g) + A\omega^2 \sin(\omega t_m + \tau) < 0,
\end{array}\right\} \begin{array}{l} \text{若 } \partial\Omega_{12} \to \Omega_1; \\[8mm] \text{若 } \partial\Omega_{21} \to \Omega_2. \end{array} \quad (5.2.26)$$

进一步化简 (5.2.26) 式可得结论, 即得到第一类黏合运动消失的充要条件.　　□

物体 m 和底座 M 因为无法克服静摩擦力而一起运动过程中, 在 t_m 时刻物体 m 受到的相对周期激励等于最大静摩擦力, 此后物体 m 受到的相对周期激励将克服静摩擦力, 则物体 m 的运动速度与底座 M 的运动速度将不再相等, 物体 m 就有了相对于底座 M 的运动. 由定理 5.2.3 知道: 当 $A\omega^2$ 小于或等于 $\mu_k(P+g)$ 时, 第一类黏合运动不会消失, 也就是说物体 m 和底座 M 将一直一起运动; 当 $A\omega^2$ 大于 $\mu_k(P+g)$ 时, 如果转换相角 $\mathrm{mod}(\omega t_m + \tau, 2\pi)$ 为 $\pi + \arcsin\dfrac{\mu_k(P+g)}{A\omega^2}$, 则物体 m 的运动速度将会小于底座 M 的运动速度, 物体 m 的运动流将进入子域 Ω_2 中; 如果转换相角 $\mathrm{mod}(\omega t_m + \tau, 2\pi)$ 为 $\arcsin\dfrac{\mu_k(P+g)}{A\omega^2}$, 则物体 m 的运动速度将大于底座 M 的运动速度, 物体 m 的运动流将进入子域 Ω_1 中. 在这两种情况下, 物体 m 和底座 M 不再一起运动.

定理 5.2.4 对于 5.1.2 小节中具有干摩擦的水平碰撞振子模型, 子域 $\Omega_i(i = 1,2)$ 中的流到达边界 $\partial\Omega_{ij}((i,j)=(1,2)$ 或 $(2,1))$, 在边界 $\partial\Omega_{ij}$ 上发生第一类黏合运动的充要条件是

$$
\left.
\begin{aligned}
&\text{如果}\ \ A\omega^2 > \mu_k(P+g), \\
&\mathrm{mod}(\omega t_m + \tau, 2\pi) = 2\pi - \arcsin\frac{\mu_k(P+g)}{A\omega^2}, \quad \text{若}\ \ \Omega_1 \to \partial\Omega_{12}, \\
&\mathrm{mod}(\omega t_m + \tau, 2\pi) = \pi - \arcsin\frac{\mu_k(P+g)}{A\omega^2}, \quad \text{若}\ \ \Omega_2 \to \partial\Omega_{21}; \\
&\text{如果}\ \ A\omega^2 \leqslant \mu_k(P+g), \ \ \text{在边界}\partial\Omega_{ij}\text{上没有第一类黏合运动的起始点.}
\end{aligned}
\right\}
$$
$$(5.2.27)$$

证明 在第一类黏合运动存在的一段边界上, 如果在 t_m 时刻某流到达此边界, 然后第一类黏合运动出现, 此时 t_m 不一定是这段边界上第一类黏合运动的起始点. 第一类黏合运动的起始时刻是使条件 (5.2.17) 式不成立的时刻, 也就是穿越流消失而同时第一类黏合运动发生的时刻. 用不连续动力系统的流转换理论解释为: 这个 t_m 时刻是半穿越流转换为第一类不穿越流的转换时刻. 所以可由引理 2.3.6 来判定第一类黏合运动发生的起始条件.

由引理 2.3.6, 在边界 $\partial\Omega_{12}$ (或 $\partial\Omega_{21}$) 上第一类黏合运动发生的充要条件为

$$
\left.
\begin{aligned}
&G^{(0,1)}_{\partial\Omega_{12}}(\boldsymbol{z}_{(1)}, t_{m-}) < 0, G^{(0,2)}_{\partial\Omega_{12}}(\boldsymbol{z}_{(2)}, t_{m\pm}) = 0, G^{(1,2)}_{\partial\Omega_{12}}(\boldsymbol{z}_{(2)}, t_{m\pm}) > 0, \ \ \text{若}\ \Omega_1 \to \partial\Omega_{12}; \\
&G^{(0,1)}_{\partial\Omega_{12}}(\boldsymbol{z}_{(1)}, t_{m\pm}) = 0, G^{(1,1)}_{\partial\Omega_{12}}(\boldsymbol{z}_{(1)}, t_{m\pm}) < 0, G^{(0,2)}_{\partial\Omega_{12}}(\boldsymbol{z}_{(2)}, t_{m-}) > 0, \ \ \text{若}\ \Omega_2 \to \partial\Omega_{21}.
\end{aligned}
\right\}
$$
$$(5.2.28)$$

将 (5.2.16) 式和 (5.2.24) 式代入 (5.2.28) 式得

$$
\left.
\begin{array}{r}
A\omega^2 \sin(\omega t_m + \tau) < \mu_k(P+g), \\
A\omega^2 \sin(\omega t_m + \tau) = -\mu_k(P+g), \\
A\omega^3 \cos(\omega t_m + \tau) > 0,
\end{array}
\right\} \quad 若 \ \Omega_1 \to \partial\Omega_{12};
$$

$$
\left.
\begin{array}{r}
A\omega^2 \sin(\omega t_m + \tau) = \mu_k(P+g), \\
A\omega^2 \sin(\omega t_m + \tau) > -\mu_k(P+g), \\
A\omega^3 \cos(\omega t_m + \tau) < 0,
\end{array}
\right\} \quad 若 \ \Omega_2 \to \partial\Omega_{21}.
$$

$$\text{(5.2.29)}$$

解不等式组 (5.2.29) 式可得结论. □

在 t_m 时刻之前, 物体 m 和底座 M 的运动速度不同, 两者之间存在相对运动; 在 t_m 时刻, 物体 m 和底座 M 的运动速度相同, 且从此刻开始两者间的摩擦力大于非摩擦力, 从而物体 m 和底座 M 一起运动. 这时 t_m 就是第一类黏合运动的起始时刻. 由定理 5.2.4 知道: 当 $A\omega^2$ 小于或等于 $\mu_k(P+g)$ 时, 在边界 $\partial\Omega_{ij}$ ($(i,j) = (1,2)$或$(2,1)$) 上一直存在第一类黏合运动, 所以没有第一类黏合运动的起始点. 当 $A\omega^2$ 大于 $\mu_k(P+g)$ 时, 如果在 t_m 时刻之前, 物体 m 的运动速度大于底座 M 的运动速度, 而在 t_m 时刻两者的速度相等, 且转换相角 $\mathrm{mod}(\omega t_m + \tau, 2\pi)$ 等于 $2\pi - \arcsin \dfrac{\mu_k(P+g)}{A\omega^2}$, 则物体 m 和底座 M 将一起运动一段时间; 如果在 t_m 时刻之前, 物体 m 的运动速度小于底座 M 的运动速度, 而在 t_m 时刻两者的运动速度相等, 且转换相角 $\mathrm{mod}(\omega t_m + \tau, 2\pi)$ 等于 $\pi - \arcsin \dfrac{\mu_k(P+g)}{A\omega^2}$, 则物体 m 和底座 M 也将一起运动一段时间.

定理 5.2.5　对于 5.1.2 小节中具有干摩擦的水平碰撞振子模型, 当第一类黏合运动在边界 $\partial\Omega_{12}$ (或$\partial\Omega_{21}$) 上进行时, 在其上出现擦边流的充要条件为

$$
\left.
\begin{array}{l}
\mathrm{mod}(\omega t_m + \tau, 2\pi) = \pi/2, \quad A\omega^2 = \mu_k(P+g), \quad 在 \ \partial\Omega_{12} \ 上; \\
\mathrm{mod}(\omega t_m + \tau, 2\pi) = 3\pi/2, \quad A\omega^2 = \mu_k(P+g), \quad 在 \ \partial\Omega_{21} \ 上.
\end{array}
\right\}
$$

$$\text{(5.2.30)}$$

证明　当第一类黏合运动正在进行时, 虽然物体 m 和底座 M 一起运动, 但两者之间的静摩擦力仍然存在. 在 t_m 时刻物体 m 和底座 M 所受的周期激励即将克服静摩擦力, 但因为周期激励是周期变化的, 所以物体 m 所受的相对周期激励再次变小, 不能克服静摩擦力, 第一类黏合运动继续进行. 此时称第一类黏合边界 $\partial\Omega_{12}$(或$\partial\Omega_{21}$) 上在 t_m 时刻发生擦边运动. 由不连续动力系统的流转换理论表述为: 物体 m 的运动流与第一类黏合边界 $\partial\Omega_{12}$(或$\partial\Omega_{21}$) 在 t_m 时刻发生相切. 因此可由引理 2.3.4 给出擦边流发生的判定条件, 为此需要给出边界 $\partial\Omega_{12}$(或$\partial\Omega_{21}$) 上更高阶的 G 函数.

由 (2.2.6) 式, 边界 $\partial\Omega_{12}$(或$\partial\Omega_{21}$) 上的二阶 G 函数为

$$
G^{(2,i)}_{\partial\Omega_{12}}(\boldsymbol{z}_{(i)}, t_{m\pm}) = \boldsymbol{n}^{\mathrm{T}}_{\partial\Omega_{12}} \cdot D^2 \boldsymbol{g}_{(i)}(\boldsymbol{z}_{(i)}, \boldsymbol{x}_{(i)}, t_{m\pm}), \quad i = 1, 2. \tag{5.2.31}
$$

将 (5.2.12) 式代入 (5.2.31) 式得

$$G^{(2,i)}_{\partial\Omega_{12}}(\boldsymbol{z}_{(i)}, t_{m\pm}) = -A\omega^4 \sin(\omega t_m + \tau), \quad i = 1, 2. \tag{5.2.32}$$

由引理 2.3.4, 在第一类黏合边界 $\partial\Omega_{12}$(或$\partial\Omega_{21}$) 上发生擦边运动的充要条件为

$$\left.\begin{array}{ll}
G^{(0,1)}_{\partial\Omega_{12}}(\boldsymbol{z}_{(1)}, t_{m\pm}) = 0, & G^{(1,1)}_{\partial\Omega_{12}}(\boldsymbol{z}_{(1)}, t_{m\pm}) = 0, \\[2mm]
G^{(2,1)}_{\partial\Omega_{12}}(\boldsymbol{z}_{(1)}, t_{m\pm}) < 0, & G^{(0,2)}_{\partial\Omega_{12}}(\boldsymbol{z}_{(2)}, t_{m\pm}) > 0, \\[2mm]
G^{(0,2)}_{\partial\Omega_{12}}(\boldsymbol{z}_{(2)}, t_{m\pm}) = 0, & G^{(1,2)}_{\partial\Omega_{12}}(\boldsymbol{z}_{(2)}, t_{m\pm}) = 0, \\[2mm]
G^{(2,2)}_{\partial\Omega_{12}}(\boldsymbol{z}_{(2)}, t_{m\pm}) > 0, & G^{(0,1)}_{\partial\Omega_{12}}(\boldsymbol{z}_{(1)}, t_{m\pm}) < 0,
\end{array}\right\} \begin{array}{l} \text{在 }\partial\Omega_{12}\text{上}; \\[8mm] \text{在 }\partial\Omega_{21}\text{上}. \end{array} \tag{5.2.33}$$

将 (5.2.16) 式、(5.2.24) 式及 (5.2.32) 式代入 (5.2.33) 式得

$$\left.\begin{array}{l}
-\mu_k(P + g) + A\omega^2 \sin(\omega t_m + \tau) = 0, \\[2mm]
A\omega^3 \cos(\omega t_m + \tau) = 0, \\[2mm]
-A\omega^4 \sin(\omega t_m + \tau) < 0, \\[2mm]
\mu_k(P + g) + A\omega^2 \sin(\omega t_m + \tau) > 0, \\[2mm]
\mu_k(P + g) + A\omega^2 \sin(\omega t_m + \tau) = 0, \\[2mm]
A\omega^3 \cos(\omega t_m + \tau) = 0, \\[2mm]
-A\omega^4 \sin(\omega t_m + \tau) > 0, \\[2mm]
-\mu_k(P + g) + A\omega^2 \sin(\omega t_m + \tau) < 0,
\end{array}\right\} \begin{array}{l} \text{在 }\partial\Omega_{12}\text{上}; \\[12mm] \text{在 }\partial\Omega_{21}\text{上}. \end{array} \tag{5.2.34}$$

化简 (5.2.34) 式可得结论. □

当第一类黏合运动在边界 $\partial\Omega_{12}$(或$\partial\Omega_{21}$) 上正在进行时, 物体 m 和底座 M 由于静摩擦力的存在而一起运动. 在 t_m 时刻, 物体 m 和底座 M 所受的周期激励即将克服静摩擦力, 这时可能有两种情况发生: 一种是物体 m 和底座 M 的周期激励克服静摩擦力, 从而物体 m 进入滑动运动模式, 第一类黏合运动消失, 这种情况由定理 5.2.3 给出; 一种是周期激励由于是周期力, 可能再次变小, 没能克服静摩擦力, 从而物体 m 和底座 M 继续一起运动, 第一类黏合运动继续进行, 此时 t_m 时刻就是第一类黏合边界 $\partial\Omega_{12}$(或$\partial\Omega_{21}$) 上的擦边时刻. 由定理 5.2.5 看到: 当 $A\omega^2$ 等于 $\mu_k(P + g)$ 时, 如果转换相角 $\mathrm{mod}(\omega t_m + \tau, 2\pi)$ 为 $\pi/2$, 则在第一类黏合边界 $\partial\Omega_{12}$ 上发生擦边运动; 如果转换相角 $\mathrm{mod}(\omega t_m + \tau, 2\pi)$ 为 $3\pi/2$, 则在第一类黏合边界 $\partial\Omega_{21}$ 上发生擦边运动. 由此可知在第一类黏合边界上发生擦边运动的必要条件是 $A\omega^2 = \mu_k(P + g)$, 而由定理 5.2.1— 定理 5.2.3 知道: 当 $A\omega^2 = \mu_k(P + g)$ 时, 第一类黏合运动一直存在. 所以在定理 5.2.5 的条件下第一类黏合运动一直存在.

定理 5.2.6 对于 5.1.2 小节中具有干摩擦的水平碰撞振子模型, 在 t_m 时刻物体 m 的运动速度等于底座 M 的运动速度, 则在速度边界 $\partial\Omega_{12}$ (或 $\partial\Omega_{21}$) 上发生

擦边运动的充要条件是

如果 $A\omega^2 > \mu_k(P+g)$,

$$\left. \begin{aligned} \mathrm{mod}(\omega t_m + \tau, 2\pi) &= \arcsin \frac{\mu_k(P+g)}{A\omega^2}, \qquad \text{在}\ \partial\Omega_{12}\ \text{上}; \\ \mathrm{mod}(\omega t_m + \tau, 2\pi) &= \pi + \arcsin \frac{\mu_k(P+g)}{A\omega^2}, \quad \text{在}\ \partial\Omega_{21}\ \text{上}. \end{aligned} \right\} \tag{5.2.35}$$

如果 $A\omega^2 \leqslant \mu_k(P+g)$,　　　　　没有擦边运动.

证明　物体 m 在底座 M 的间隙内以非零的相对速度运动, 而在 t_m 时刻物体 m 相对于底座 M 的运动速度为零, 而后又恢复到原来的速度关系. 这种运动用不连续动力系统的流转换理论表述为: 在区域 $\Omega_i(i=1,2)$ 中的流到达边界 $\partial\Omega_{ij}((i,j)=(1,2)$ 或 $(2,1))$, 既没有穿过边界 $\partial\Omega_{ij}$ 进入到另一个区域中, 也没有沿着边界 $\partial\Omega_{ij}$ 运动, 而是又回到这个区域. 这样的运动称为在边界 $\partial\Omega_{12}$ (或 $\partial\Omega_{21}$) 上发生擦边运动.

由引理 2.3.4, 在边界 $\partial\Omega_{12}$ (或 $\partial\Omega_{21}$) 上发生擦边运动的充要条件为

$$G^{(0,i)}_{\partial\Omega_{12}}(\boldsymbol{z}_{(i)}, t_{m\pm}) = 0, \quad (-1)^i \cdot G^{(1,i)}_{\partial\Omega_{12}}(\boldsymbol{z}_{(i)}, t_{m\pm}) < 0, \ \text{在}\ \partial\Omega_{ij}\ \text{上}. \tag{5.2.36}$$

将 (5.2.16) 式和 (5.2.24) 式代入 (5.2.36) 式为

$$\left. \begin{aligned} (-1)^i \cdot \mu_k(P+g) + A\omega^2 \sin(\omega t_m + \tau) &= 0, \\ (-1)^i \cdot A\omega^3 \cos(\omega t_m + \tau) &< 0, \end{aligned} \right\} \quad \text{在}\ \partial\Omega_{ij}\ \text{上}. \tag{5.2.37}$$

进一步化简 (5.2.37) 式可得结论.　　　　　　　　　　　　　　　　　□

物体 m 以大于 (或小于) 底座 M 运动速度的速度在间隙内运动, 而在 t_m 时刻物体 m 的速度等于底座 M 的速度, 接下来可能会有三种情况发生: 一种是物体 m 的速度将小于 (或大于) 底座 M 的速度, 这种情况的判定可见定理 5.2.1; 另一种情况是物体 m 和底座 M 一起运动, 从而发生第一类黏合运动, 此情况的判定可见定理 5.2.2— 定理 5.2.4; 第三种情况是物体 m 的速度再次大于 (小于) 底座 M 的速度, 这时 t_m 是速度边界上的擦边时刻. 由定理 5.2.6 可知: 当 $A\omega^2$ 小于或等于 $\mu_k(P+g)$ 时, 在速度边界 $\partial\Omega_{ij}((i,j)=(1,2)$ 或 $(2,1))$ 上不可能发生擦边运动; 当 $A\omega^2$ 大于 $\mu_k(P+g)$ 时, 若 Ω_1 中的流在 t_m 时刻到达边界 $\partial\Omega_{12}$ 且转换相角 $\mathrm{mod}(\omega t_m + \tau, 2\pi)$ 为 $\arcsin \dfrac{\mu_k(P+g)}{A\omega^2}$, 则在边界 $\partial\Omega_{12}$ 上发生擦边运动; 若 Ω_2 中的流在 t_m 时刻到达边界 $\partial\Omega_{21}$ 且转换相角 $\mathrm{mod}(\omega t_m + \tau, 2\pi)$ 为 $\pi + \arcsin \dfrac{\mu_k(P+g)}{A\omega^2}$, 则在边界 $\partial\Omega_{21}$ 上发生擦边运动.

接下来利用不连续动力系统在不连续边界上的流转换理论给出该振子在位移边界上流的各种穿越情况的解析条件. 物体 m 在间隙内运动的过程中, 当物体 m

运动到间隙左、右壁时, 如果物体 m 的运动速度不同于底座 M 的运动速度, 则物体 m 与间隙左、右壁发生碰撞; 如果物体 m 的运动速度与底座 M 的运动速度相等, 则物体 m 可能与间隙左、右壁轻微接触一下就分开, 从而发生擦边运动; 还有一种可能是物体 m 企图穿越间隙左、右壁, 但不能实现, 从而物体 m 和底座 M 一起运动而发生第二类黏合运动.

定理 5.2.7 对于 5.1.2 小节中具有干摩擦的水平碰撞振子模型, 子域 Ω_i ($i = 1, 2$) 中的流在 t_m 时刻以相对零速度到达第二类黏合边界 $\partial\Omega_{ij}$ ($(i, j) = (1, 4)$ 或 $(2, 3)$)), 则在此边界上发生第二类黏合运动的充要条件为

$$
\left.
\begin{aligned}
&\text{如果 } A\omega^2 > \mu_k(P + g), \\
&\quad \mathrm{mod}(\omega t_m + \tau, 2\pi) \in \left(\arcsin\frac{\mu_k(P+g)}{A\omega^2}, \pi - \arcsin\frac{\mu_k(P+g)}{A\omega^2} \right), \\
&\qquad\qquad\qquad\qquad\qquad\qquad\qquad\qquad\qquad\qquad\qquad\qquad\qquad \text{在}\partial\Omega_{14}\text{上}, \\
&\quad \mathrm{mod}(\omega t_m + \tau, 2\pi) \in \left(\pi + \arcsin\frac{\mu_k(P+g)}{A\omega^2}, 2\pi - \arcsin\frac{\mu_k(P+g)}{A\omega^2} \right), \\
&\qquad\qquad\qquad\qquad\qquad\qquad\qquad\qquad\qquad\qquad\qquad\qquad\qquad \text{在}\partial\Omega_{23}\text{上}; \\
&\text{如果 } A\omega^2 \leqslant \mu_k(P + g), \text{第二类黏合运动不发生}.
\end{aligned}
\right\}
\tag{5.2.38}
$$

证明 当物体 m 到达间隙左、右壁时, 物体 m 的运动速度等于底座 M 的运动速度, 接下来物体 m 企图穿过间隙左、右壁, 则物体 m 和底座 M 将一起运动, 这样的运动称为第二类黏合运动. 利用不连续动力系统的流转换理论表述为: 在子域 $\Omega_i(i = 1, 2)$ 中的流穿越边界 $\partial\Omega_{ij}$ 进入到另一子域 $\Omega_j(j = 4, 3)$ 中. 因此可用引理 2.3.1 来进行解析预测, 为此需要给出位移边界 $\partial\Omega_{14}$、$\partial\Omega_{23}$ 上的零阶 G 函数.

由 (2.2.6) 式, 第二类黏合边界上的零阶 G 函数为

$$
\begin{aligned}
G_{\partial\Omega_{14}}^{(0,i)}(\boldsymbol{z}_{(i)}, t_{m\pm}) &= \boldsymbol{n}_{\partial\Omega_{14}}^{\mathrm{T}} \cdot \boldsymbol{g}_{(i)}(\boldsymbol{z}_{(i)}, \boldsymbol{x}_{(i)}, t_{m\pm}), \quad i = 1, 4, \\
G_{\partial\Omega_{23}}^{(0,j)}(\boldsymbol{z}_{(j)}, t_{m\pm}) &= \boldsymbol{n}_{\partial\Omega_{23}}^{\mathrm{T}} \cdot \boldsymbol{g}_{(j)}(\boldsymbol{z}_{(j)}, \boldsymbol{x}_{(j)}, t_{m\pm}), \quad j = 2, 3.
\end{aligned}
\tag{5.2.39}
$$

将 (5.2.12) 式和 (5.2.13) 式代入 (5.2.39) 式可得

$$
\begin{aligned}
G_{\partial\Omega_{14}}^{(0,1)}(\boldsymbol{z}_{(1)}, t_{m\pm}) &= -\mu_k(P+g) + A\omega^2 \sin(\omega t_m + \tau), \quad G_{\partial\Omega_{14}}^{(0,4)}(\boldsymbol{z}_{(4)}, t_{m\pm}) = 0, \\
G_{\partial\Omega_{23}}^{(0,2)}(\boldsymbol{z}_{(2)}, t_{m\pm}) &= \mu_k(P+g) + A\omega^2 \sin(\omega t_m + \tau), \quad G_{\partial\Omega_{23}}^{(0,3)}(\boldsymbol{z}_{(3)}, t_{m\pm}) = 0.
\end{aligned}
\tag{5.2.40}
$$

由引理 2.3.1 知第二类黏合运动发生的充要条件为

$$
\left.
\begin{aligned}
G_{\partial\Omega_{14}}^{(0,1)}(\boldsymbol{z}_{(1)}, t_{m-}) &> 0, \quad G_{\partial\Omega_{14}}^{(0,4)}(\boldsymbol{z}_{(4)}, t_{m+}) > 0, \quad \text{在}\partial\Omega_{14}\text{上}; \\
G_{\partial\Omega_{23}}^{(0,2)}(\boldsymbol{z}_{(2)}, t_{m-}) &< 0, \quad G_{\partial\Omega_{23}}^{(0,3)}(\boldsymbol{z}_{(3)}, t_{m+}) < 0, \quad \text{在}\partial\Omega_{23}\text{上}.
\end{aligned}
\right\}
\tag{5.2.41}
$$

由于第二类黏合区域具有特殊的动力学性质, 所以将 (5.2.40) 式代入 (5.2.41) 式可得第二类黏合运动发生的充要条件为

$$\left.\begin{array}{l} -\mu_k(P+g) + A\omega^2 \sin(\omega t_m + \tau) > 0, \quad 在\partial\Omega_{14}上; \\ \mu_k(P+g) + A\omega^2 \sin(\omega t_m + \tau) < 0, \quad 在\partial\Omega_{23}上. \end{array}\right\}$$

解上述不等式可得结论 (5.2.38) 式.　　　　　　　　　　　　　　　　　　□

在运动过程中, 当物体 m 以与底座 M 相同的运动速度到达间隙左、右壁时, 接下来可能有三种情况发生: 一种是物体 m 又离开间隙左、右壁, 再次回到滑动状态, 这种运动称为擦边运动, 将在后面讨论; 一种是由于摩擦力的存在, 物体 m 和底座 M 一起运动, 此时物体 m 和间隙左、右壁之间没有相互作用力, 这种运动是速度边界上的第一类黏合运动, 相关讨论可见定理 5.2.2—定理 5.2.4; 还有一种是物体 m 到达间隙左、右壁时仍有向左或向右的运动趋势, 但由于间隙左、右壁阻挡, 物体 m 只能和底座 M 一起运动, 这样的运动就是第二类黏合运动. 由定理 5.2.7 和定理 5.2.3 知, 当 $A\omega^2 \leqslant \mu_k(P+g)$ 时, 物体 m 和底座 M 虽然一起运动, 但不是第二类黏合运动, 而是第一类黏合运动; 当 $A\omega^2 > \mu_k(P+g)$ 时, 如果物体 m 在 t_m 时刻以相对零速度到达间隙右壁且转换相角 $\mathrm{mod}(\omega t_m + \tau, 2\pi)$ 在 $\left(\arcsin\dfrac{\mu_k(P+g)}{A\omega^2}, \pi - \arcsin\dfrac{\mu_k(P+g)}{A\omega^2}\right)$ 之内, 则物体 m 由于间隙右壁阻挡与底座 M 一起运动; 如果物体 m 在 t_m 时刻以相对零速度到达间隙左壁且转换相角 $\mathrm{mod}(\omega t_m + \tau, 2\pi)$ 在 $\left(\pi + \arcsin\dfrac{\mu_k(P+g)}{A\omega^2}, 2\pi - \arcsin\dfrac{\mu_k(P+g)}{A\omega^2}\right)$ 之内, 则物体 m 受到间隙左壁的阻挡与底座 M 一起运动.

定理 5.2.8 对于 5.1.2 小节中具有干摩擦的水平碰撞振子模型, 当第二类黏合运动在子域 Ω_i $(i = 3, 4)$ 中进行时, 此运动在 t_m 时刻消失的充要条件为

$$\left.\begin{array}{l} \mathrm{mod}(\omega t_m + \tau, 2\pi) = \arcsin\dfrac{\mu_k(P+g)}{A\omega^2}, \qquad 在\partial\Omega_{31} 上; \\ \mathrm{mod}(\omega t_m + \tau, 2\pi) = \pi + \arcsin\dfrac{\mu_k(P+g)}{A\omega^2}, \quad 在\partial\Omega_{42} 上. \end{array}\right\} \tag{5.2.42}$$

证明 在第二类黏合运动进行中, 物体 m 和底座 M 一起运动. 因为物体 m 和底座 M 具有不同的运动趋势, 所以静摩擦力一直存在且时时在改变. 当物体 m 所受到的相对周期激励改变方向并克服了静摩擦力, 则第二类黏合运动消失. 由不连续动力系统的流转换理论解释为: 在子域 Ω_i $(i = 3, 4)$ 中的流穿越边界 $\partial\Omega_{ij}$ 进入到子域 Ω_j $(j = 1, 2)$ 中, 则第二类黏合运动消失. 因此第二类黏合运动是否消失可由引理 2.3.1 判定.

由 (2.2.6) 式, 在第二类黏合边界 $\partial\Omega_{ij}((i, j) = (3, 1)$ 或 $(4, 2))$ 上的零阶和一阶

G 函数定义为

$$G^{(0,1)}_{\partial\Omega_{13}}(\boldsymbol{z}_{(1)}, t_{m\pm}) = \boldsymbol{n}^{\mathrm{T}}_{\partial\Omega_{13}} \cdot \boldsymbol{g}_{(1)}(\boldsymbol{z}_{(1)}, \boldsymbol{x}_{(1)}, t_{m\pm}),$$

$$G^{(0,3)}_{\partial\Omega_{13}}(\boldsymbol{z}_{(3)}, t_{m\pm}) = \boldsymbol{n}^{\mathrm{T}}_{\partial\Omega_{13}} \cdot \boldsymbol{g}_{(3)}(\boldsymbol{z}_{(3)}, \boldsymbol{x}_{(3)}, t_{m\pm}),$$

$$G^{(0,2)}_{\partial\Omega_{24}}(\boldsymbol{z}_{(2)}, t_{m\pm}) = \boldsymbol{n}^{\mathrm{T}}_{\partial\Omega_{24}} \cdot \boldsymbol{g}_{(2)}(\boldsymbol{z}_{(2)}, \boldsymbol{x}_{(2)}, t_{m\pm}), \tag{5.2.43}$$

$$G^{(0,4)}_{\partial\Omega_{24}}(\boldsymbol{z}_{(4)}, t_{m\pm}) = \boldsymbol{n}^{\mathrm{T}}_{\partial\Omega_{24}} \cdot \boldsymbol{g}_{(4)}(\boldsymbol{z}_{(4)}, \boldsymbol{x}_{(4)}, t_{m\pm}),$$

$$G^{(1,i)}_{\partial\Omega_{13}}(\boldsymbol{z}_{(i)}, t_{m\pm}) = \boldsymbol{n}^{\mathrm{T}}_{\partial\Omega_{13}} \cdot D\boldsymbol{g}_{(i)}(\boldsymbol{z}_{(i)}, \boldsymbol{x}_{(i)}, t_{m\pm}), \ i = 1, 3,$$

$$G^{(1,j)}_{\partial\Omega_{24}}(\boldsymbol{z}_{(j)}, t_{m\pm}) = \boldsymbol{n}^{\mathrm{T}}_{\partial\Omega_{24}} \cdot D\boldsymbol{g}_{(j)}(\boldsymbol{z}_{(j)}, \boldsymbol{x}_{(j)}, t_{m\pm}), \ j = 2, 4.$$

将 (5.2.12) 式和 (5.2.13) 式代入 (5.2.43) 式可得

$$G^{(0,1)}_{\partial\Omega_{13}}(\boldsymbol{z}_{(1)}, t_{m\pm}) = -\mu_k(P+g) + A\omega^2 \sin(\omega t_m + \tau),$$

$$G^{(0,3)}_{\partial\Omega_{13}}(\boldsymbol{z}_{(3)}, t_{m\pm}) = 0,$$

$$G^{(0,2)}_{\partial\Omega_{24}}(\boldsymbol{z}_{(2)}, t_{m\pm}) = \mu_k(P+g) + A\omega^2 \sin(\omega t_m + \tau),$$

$$G^{(0,4)}_{\partial\Omega_{24}}(\boldsymbol{z}_{(4)}, t_{m\pm}) = 0, \tag{5.2.44}$$

$$G^{(1,i)}_{\partial\Omega_{13}}(\boldsymbol{z}_{(i)}, t_{m\pm}) = A\omega^3 \cos(\omega t_m + \tau), \ i = 1, 3,$$

$$G^{(1,j)}_{\partial\Omega_{24}}(\boldsymbol{z}_{(j)}, t_{m\pm}) = A\omega^3 \cos(\omega t_m + \tau), \ j = 2, 4.$$

由引理 2.3.1, 第二类黏合运动消失的充要条件为

$$\left. \begin{array}{ll} G^{(0,1)}_{\partial\Omega_{13}}(\boldsymbol{z}_{(1)}, t_{m+}) = 0, & G^{(0,3)}_{\partial\Omega_{13}}(\boldsymbol{z}_{(3)}, t_{m-}) = 0, \\ G^{(1,1)}_{\partial\Omega_{13}}(\boldsymbol{z}_{(1)}, t_{m+}) > 0, & G^{(1,3)}_{\partial\Omega_{13}}(\boldsymbol{z}_{(3)}, t_{m-}) > 0, \end{array} \right\} \text{在} \partial\Omega_{31} \text{上;} \\ \left. \begin{array}{ll} G^{(0,2)}_{\partial\Omega_{24}}(\boldsymbol{z}_{(2)}, t_{m+}) = 0, & G^{(0,4)}_{\partial\Omega_{24}}(\boldsymbol{z}_{(4)}, t_{m-}) = 0, \\ G^{(1,2)}_{\partial\Omega_{24}}(\boldsymbol{z}_{(2)}, t_{m+}) < 0, & G^{(1,4)}_{\partial\Omega_{24}}(\boldsymbol{z}_{(4)}, t_{m-}) < 0, \end{array} \right\} \text{在} \partial\Omega_{42} \text{上.} \left. \right\} \tag{5.2.45}$$

将 (5.2.44) 式代入 (5.2.45) 式可得

$$\left. \begin{array}{l} -\mu_k(P+g) + A\omega^2 \sin(\omega t_m + \tau) = 0, \quad A\omega^3 \cos(\omega t_m + \tau) > 0, \ \text{在} \partial\Omega_{31} \text{上;} \\ \mu_k(P+g) + A\omega^2 \sin(\omega t_m + \tau) = 0, \quad A\omega^3 \cos(\omega t_m + \tau) < 0, \ \text{在} \partial\Omega_{42} \text{上.} \end{array} \right\} \tag{5.2.46}$$

进一步简化 (5.2.46) 式得第二类黏合运动消失的充要条件 (5.2.42) 式. □

在第二类黏合运动开始的时候, 物体 m 和底座 M 一起运动, 但物体 m 和间隙左、右壁间有相互作用力, 这是因为当物体 m 运动到间隙左、右壁时, 物体 m 所受到的相对周期激励的数量大于最大静摩擦力的数量, 也就是说如果没有间隙左、右壁的阻挡, 物体 m 将克服摩擦力继续运动. 但由于物体 m 所受到的相对周期激

励是周期变化的, 静摩擦力也是时时在变化. 从某一刻开始, 物体 m 所受到的相对周期激励的数量小于最大静摩擦力的数量, 即物体 m 和间隙左、右壁间的相互作用力成为零, 且因为摩擦力的存在, 这个作用力不可能恢复. 也就是说, 从这一刻起, 第二类黏合运动进入第二阶段, 此阶段与速度边界上的第一类黏合运动相同, 都是因为静摩擦力的作用使得物体 m 和底座 M 一起运动. 当物体 m 的相对速度反向且所受到的相对周期激励能够克服摩擦力时, 物体 m 离开间隙左、右壁, 开始进入滑动状态, 则第二类黏合运动消失. 由定理 5.2.8 知, 物体 m 离开间隙左壁的条件是转换相角 $\mathrm{mod}\,(\omega t_m + \tau, 2\pi)$ 为 $\arcsin\dfrac{\mu_k(P+g)}{A\omega^2}$; 物体 m 离开间隙右壁的条件是转换相角 $\mathrm{mod}\,(\omega t_m + \tau, 2\pi)$ 为 $\pi + \arcsin\dfrac{\mu_k(P+g)}{A\omega^2}$. 这个结论与定理 5.2.4 中速度边界上第一类黏合运动消失的条件相同, 这也印证了在位移边界上的第二类黏合运动在第二阶段与速度边界上的第一类黏合运动重合的结论.

不受摩擦力影响的水平碰撞振子模型的动力学行为由 Guo 和 Luo[21] 给出比较详尽的研究结果, 在位移边界上有多种擦边运动发生, 然而如果有摩擦力的影响, 在位移边界上的擦边运动可能不复存在, 也可能简化为速度边界上的穿越流.

物体 m 在 t_m 时刻以相对零速度到达间隙左、右壁, 这意味着物体 m 的运动流到达速度边界和位移边界的交叉点上. 由于摩擦力的存在, 左右位移边界各被分成两部分, 因此如果在 t_m 时刻之后物体 m 又离开间隙左、右壁, 则物体 m 的相对速度必然反向, 这意味着物体 m 的运动流穿越速度边界, 即从子域 Ω_i $(i = 1, 2)$ 进入到子域 Ω_j $(j = 2, 1)$ 中. 如果这样的运动仍然称为擦边运动, 这种擦边运动不是在单个位移边界 $\partial\Omega_{1(+\infty)}$(或 $\partial\Omega_{1(-\infty)}$) 或单个位移边界 $\partial\Omega_{2(+\infty)}$(或 $\partial\Omega_{2(-\infty)}$) 上的擦边运动, 而是整个右位移边界 $\partial\Omega_{1(+\infty)}$ 和 $\partial\Omega_{2(+\infty)}$ 或左位移边界 $\partial\Omega_{1(-\infty)}$ 和 $\partial\Omega_{2(-\infty)}$ 上的擦边运动. 由上所述可知, 在位移边界上发生的擦边运动与两条边界有关, 从而也就与两个子域内的流有关. 所以这种擦边流的判定不能再用一个子域及其边界上的相切流条件来判定, 而是取决于两个子域中的流是否可以穿过其边界, 也就是说这种擦边流实际上是速度边界上的穿越流. 因此这种擦边运动的发生可由速度边界上穿越流发生的条件来判定, 即可由定理 5.2.1 的结论来判定.

类似地, 物体 m 以相对零速度和相对零加速度在 t_m 时刻到达间隙左、右壁时, 在第二类黏合边界上能否发生擦边运动也取决于速度边界上穿越流的条件能否满足. 如果物体 m 的相对速度和相对加速度均为零, 则在位移边界 $\partial\Omega_{ij}$ $((i, j) = (1, 4)$ 或 $(2, 3))$ 上满足下列条件

$$G^{(0,i)}_{\partial\Omega_{ij}}(\boldsymbol{z}_{(i)}, t_{m\pm}) = (-1)^i \mu_k(P+g) + A\omega^2 \sin(\omega t_m + \tau) = 0, \quad i = 1, 2.$$

由此得出在速度边界上的流满足条件

$$
\left.
\begin{aligned}
&G_{\partial\Omega_{12}}^{(0,1)}(\boldsymbol{z}_{(1)}, t_{m\pm}) = -\mu_k(P+g) + A\omega^2\sin(\omega t_m + \tau) = 0, \\
&G_{\partial\Omega_{12}}^{(0,2)}(\boldsymbol{z}_{(2)}, t_{m\pm}) = \mu_k(P+g) + A\omega^2\sin(\omega t_m + \tau) \\
&\qquad\qquad = 2\mu_k(P+g) > 0,
\end{aligned}
\right\} \text{在}\partial\Omega_{12}\text{上};
$$

$$
\left.
\begin{aligned}
&G_{\partial\Omega_{12}}^{(0,2)}(\boldsymbol{z}_{(2)}, t_{m\pm}) = \mu_k(P+g) + A\omega^2\sin(\omega t_m + \tau) = 0, \\
&G_{\partial\Omega_{12}}^{(0,1)}(\boldsymbol{z}_{(1)}, t_{m\pm}) = -\mu_k(P+g) + A\omega^2\sin(\omega t_m + \tau) \\
&\qquad\qquad = -2\cdot\mu_k(P+g) < 0,
\end{aligned}
\right\} \text{在}\partial\Omega_{21}\text{上}.
$$

这说明在速度边界上的穿越条件 (即 (5.2.17) 式) 不成立, 所以这样的穿越流不存在, 从而在第二类黏合边界上不可能出现即将黏合又分开的运动, 也就是第二类黏合边界上的这种擦边运动不存在.

在第二类黏合运动进行中, 因为在其第二阶段物体 m 和间隙左、右壁间的相互作用力为零, 位移边界上的第二类黏合运动和速度边界上的第一类黏合运动重合, 又因为静摩擦力的存在性及可变性, 物体 m 和间隙左、右壁间的相互作用力不可能再恢复, 所以第二类黏合边界上的运动不可能出现即将进入滑动状态又再次回到第二类黏合运动状态的情形, 也就是第二类黏合边界上的擦边运动不能发生.

以上讨论的在第二类黏合边界上的两种擦边运动在没有摩擦的水平碰撞振子模型的位移边界上均可发生, 详细情况可参见文献 [21].

总之, 当物体 m 的相对速度为零时, 物体 m 的运动流到达速度边界 $\partial\Omega_{12}$(或 $\partial\Omega_{21}$), 此时物体 m 的运动状态是比较复杂的. 如果此时物体 m 的相对位移在 $(-d/2, d/2)$ 内, 则物体 m 的状态可由定理 5.2.1— 定理 5.2.6 判定, 这些情况类似于只受到摩擦力影响没有碰撞发生的摩擦振子的情况. 如果此时物体的相对位移为 $-d/2$ 或 $d/2$, 也就是物体 m 的运动流同时也到达位移边界, 则物体 m 的运动就来到位移边界和速度边界的交叉点. 此时物体 m 的运动状态与不受摩擦力影响的水平碰撞系统的情况大不相同, 因为在位移边界上的运动都与两个滑动区域及其边界有关, 也就是在位移边界上的运动情况同时要考虑速度边界上穿越流的情况: 在位移边界上的第二类黏合运动的消失条件与速度边界上的第一类黏合运动的消失条件相同; 在位移边界上的擦边运动可能不再存在, 也可能转化为速度边界上的穿越运动. 更多关于位移边界上的运动还需进一步考虑.

最后将给出具有干摩擦的水平碰撞振子模型的穿越流、两类黏合运动和擦边运动的数值模拟以验证解析条件, 主要以时间–位移关系图, 时间–速度关系图和相图中的运动轨迹以及物体所受力图演示. 运动的起点以星号表示, 转换点以空心点表示. 底座 M 的位移曲线和速度曲线作为动态边界用虚线表示, 物体 m 的位移曲线、速度曲线和相应的运动轨迹以实线表示. 在受力图中, 摩擦力以点线表示, 物体 m 所受到的相对周期外力以实线表示.

在图 5.6 中展示的是物体 m 在速度边界上发生的第一类黏合运动, 系统的参数为 $A = 10$, $\omega = \pi$, $\mu_k = 0.3$, $g = 9.81$, $\bar{P} = 1$, $e = 0.5$, $\tau = \dfrac{\pi}{6}$, $d = 40$, $M = 1$, $m = 0.01$, 初始条件为 $t_0 = 0.40$, $y_0 = 20.0$, $\dot{y}_0 = -40.320976$. 从物体 m 的时间–位移关系图 (图 5.6(a)) 和时间–速度关系图 (图 5.6(b)) 可以看出在 $t_1 = 0.725008$, 物体 m 和底座 M 的运动速度相同, 此时转换相角 $\mathrm{mod}\,(\omega t_1 + \tau, 2\pi) = \pi - \arcsin\dfrac{\mu_k(P+g)}{A\omega^2}$, 因此从 $t_1 = 0.725008$ 开始第一类黏合运动, 物体 m 和底座 M 一起运动; 在 $t_2 = 0.941658$, 转换相角为 $\mathrm{mod}(\omega t_2 + \tau, 2\pi) = \pi + \arcsin\dfrac{\mu_k(P+g)}{A\omega^2}$, 第一类黏合运动消失, 物体 m 的运动速度在 $t_2 = 0.941658$ 之后小于底座 M 的运动速度, 物体 m 在底座 M 的间隙内滑动. 在图 5.6(c) 和 (d) 中给出的是物体 m 在相图中的运动轨迹和受力图. 从图 5.6(d) 可以看出, 摩擦力和非摩擦力在 $t = t_1, t_2$ 时刻是相等的, 但在 $t_1 < t < t_2$, 非摩擦力不能克服摩擦力, 物体 m 和底座 M 一起运动, 第一类黏合运动正在进行.

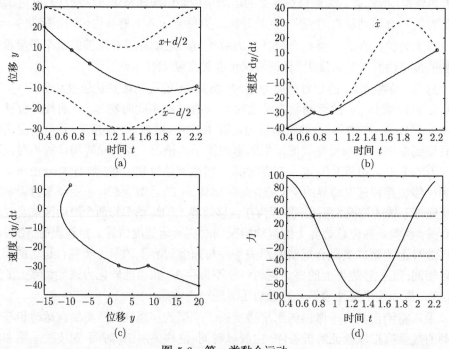

图 5.6　第一类黏合运动

在图 5.6 的系统参数基础上, 取 $d = 10$ 来展示物体 m 在间隙右壁上的第二类黏合运动 (见图 5.7). 初始条件为 $t_0 = 0.50$, $y_0 = 13.660254$, $\dot{y}_0 = -15.707963$. 可以看出在这样的条件下物体 m 和底座 M 一起运动的第二类黏合运动出现. 在

$t_0 = 0.50$, 物体 m 和底座 M 一起运动, 但这不是第一类黏合运动. 虽然物体 m 和底座 M 的运动速度在 $t_0 = 0.50$ 时是相同的, 但此时的转换相角 $\mathrm{mod}(\omega t_0 + \tau, 2\pi)$ 不在 $\left(\pi - \arcsin\dfrac{\mu_k(P+g)}{A\omega^2}, \ \pi + \arcsin\dfrac{\mu_k(P+g)}{A\omega^2}\right)$ 之间, 不满足定理 5.2.2 的条件; 从图 5.7(d) 可以看出, 在 $t_0 = 0.50$ 和 $t_1 = 0.725008$ 之间, 物体 m 所受到的相对周期激励大于摩擦力, 所以物体 m 企图穿过间隙右壁, 但因为右壁的阻挡不能实现. 因此在物体 m 和底座 M 一起运动的开始发生的是第二类黏合运动. 在 $t \in (0.725008, 0.941658)$, 物体 m 所受到的相对周期激励和摩擦力的关系发生变化, 从某一时刻开始物体 m 所受到的相对周期激励将小于摩擦力, 物体 m 和间隙右壁不再有相互作用力, 第二类黏合运动和第一类黏合运动重合. 在 $t_2 = 0.941658$, 物体 m 所受到的相对周期激励不仅反向而且还克服了静摩擦力, 物体 m 离开间隙右壁开始进入滑动状态. 由图 5.7 还可以看出, 在 $t_3 = 1.631372$ 和 $t_4 = 2.550256$, 物体 m 分别与间隙左壁和右壁发生碰撞. 在 $t_5 = 2.712994$ 时刻, 物体 m 的运动速度等于底座 M 的运动速度, 但在此之前物体 m 的运动速度小于底座 M 的运动速度, 在此之后物体 m 的运动速度大于底座 M 的运动速度, 从而物体 m 进入不同的子

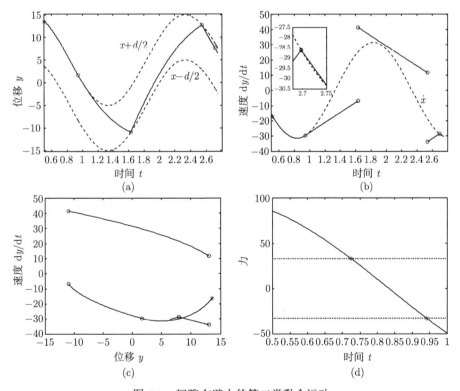

图 5.7 间隙右壁上的第二类黏合运动

域, 物体 m 运动的向量场发生改变. 这也可以从图 5.7(b) 中放大的小图看得更清楚.

图 5.8 给出的是物体 m 在间隙右壁上发生的擦边运动, 其系统参数在图 5.6 的系统参数的基础上取 $d = 4.393558$. 初始条件为 $t_0 = 2.414413$, $y_0 = 7.480561$, $\dot{y}_0 = -7.916003$. 从图 5.8(a) 和 (b) 中可以看到在 $(2.414413, 3.0)$ 之间, 物体 m 的运动速度大于底座 M 的运动速度, 物体 m 向间隙右壁方向移动; 在 $t_1 = 3.0$ 物体 m 到达间隙右壁, 并且物体 m 的运动速度正好等于底座 M 的运动速度; 在 $t_1 = 3.0$ 之后, 物体 m 离开间隙右壁, 物体 m 的运动速度小于底座 M 的运动速度. 由 5.8(b) 看到, 物体 m 的相对运动速度在 $t_1 = 3.0$ 之前和之后改变方向. 结合时刻 $t_1 = 3.0$ 是属于区间 $\left(2\pi + \pi + \arcsin\dfrac{\mu_k(P+g)}{A\omega^2}, 2\pi + 2\pi - \arcsin\dfrac{\mu_k(P+g)}{A\omega^2}\right)$ 之内的, 从图 5.8 可以看出物体 m 在间隙右壁上发生擦边运动的同时, 物体 m 的相对运动速度发生转向. 因此物体 m 在间隙右壁上是否发生擦边运动可由定理 5.2.1 判定.

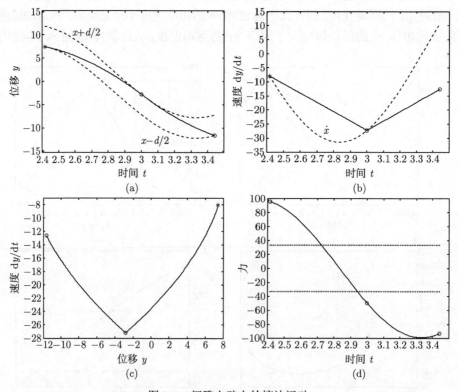

图 5.8　间隙右壁上的擦边运动

图 5.9 给出的是物体 m 和底座 M 一起运动的另一个第一类黏合运动, 其系统参数在图 5.6 的系统参数基础上取 $\mu_k = 0.5$, $d = 9.727422$. 初始条件为 $t_0 =$

1.994955, $y_0 = 1.374707$, $\dot{y}_0 = 24.553138$. 在图 5.9(a) 和 (b) 中分别给出物体 m 运动的时间–位移曲线和时间–速度曲线. 在 $t_1 = 2.994955$, 物体 m 到达间隙右壁, 同时物体 m 的运动速度正好等于底座 M 的运动速度. 接下来物体 m 和底座 M 一起运动. 因为 $\mathrm{mod}(\omega t_1 + \tau, 2\pi)$ 不在区间 $\left(\pi - \arcsin\dfrac{\mu_k(P+g)}{A\omega^2}, \pi + \arcsin\dfrac{\mu_k(P+g)}{A\omega^2}\right)$ 内, 且由图 5.9(d) 看到: 物体 m 所受到的相对周期激励没能克服摩擦力, 所以此时的运动是第一类黏合运动而不是在右壁上的第二类黏合运动, 因此此时物体 m 和间隙右壁之间没有相互作用力.

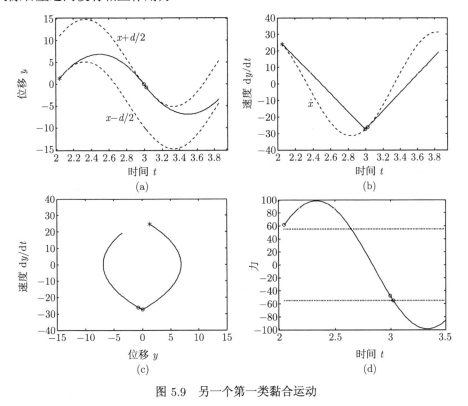

图 5.9 另一个第一类黏合运动

由图 5.7、图 5.8 和图 5.9 可知物体 m 以与底座 M 相同的运动速度到达间隙右 (左) 壁时的运动状态是比较复杂的.

5.3 具有干摩擦的水平碰撞振子模型的周期流

本节利用不连续动力系统的映射动力学对具有干摩擦的水平碰撞振子模型的周期流进行解析预测. 为此首先在不连续边界上定义转换集, 然后根据第 5.2 节

中物体 m 的各种运动情况定义转换集之间所有可能的基本映射, 而该模型的周期流可表示为映射不同顺序的组合, 即给出周期流的一般映射结构. 最后利用映射的 Jacobi 矩阵和特征值给出周期流的稳定性及分支的理论分析结果.

5.3.1　转换集及基本映射

本小节根据模型中流的转换情况在不连续边界上定义转换集及其转换集之间所有可能的基本映射.

利用 (5.2.2) 式中定义的不连续边界, 不出现第二类黏合运动时转换集定义为

$$
\begin{aligned}
\Xi_{1(+\infty)} &= \{(t_k, y_k, \dot{y}_k) | y_k = x_k + d/2, \ \dot{y}_k > \dot{x}_k\}, \\
\Xi_{1(-\infty)} &= \{(t_k, y_k, \dot{y}_k) | y_k = x_k - d/2, \ \dot{y}_k > \dot{x}_k\}, \\
\Xi_{2(+\infty)} &= \{(t_k, y_k, \dot{y}_k) | y_k = x_k + d/2, \ \dot{y}_k < \dot{x}_k\}, \\
\Xi_{2(-\infty)} &= \{(t_k, y_k, \dot{y}_k) | y_k = x_k - d/2, \ \dot{y}_k < \dot{x}_k\}, \\
\Xi_{12}^0 &= \{(t_k, y_k, \dot{y}_k) | \dot{y}_k = \dot{x}_k, \ y_k \in [x_k - d/2, x_k + d/2]\}, \\
\Xi_{12}^+ &= \{(t_k, y_k, \dot{y}_k) | \dot{y}_k = \dot{x}_k^+, \ y_k \in [x_k - d/2, x_k + d/2]\}, \\
\Xi_{12}^- &= \{(t_k, y_k, \dot{y}_k) | \dot{y}_k = \dot{x}_k^-, \ y_k \in [x_k - d/2, x_k + d/2]\},
\end{aligned}
\tag{5.3.1}
$$

其中 $y_k = y(t_k)$, $\dot{y}_k = \dot{y}(t_k)$ 是 t_k 时刻在绝对坐标系下物体 m 的转换位移和转换速度, $\dot{x}_k^+ = \lim\limits_{\delta \to 0^+} (\dot{x}_k + \delta)$, $\dot{x}_k^- = \lim\limits_{\delta \to 0^+} (\dot{x}_k - \delta)$; 转换集 $\Xi_{1(+\infty)}$, $\Xi_{1(-\infty)}$ 和 $\Xi_{2(+\infty)}$, $\Xi_{2(-\infty)}$ 分别定义在位移边界 $\partial\Omega_{1(+\infty)}$, $\partial\Omega_{1(-\infty)}$ 和 $\partial\Omega_{2(+\infty)}$, $\partial\Omega_{2(-\infty)}$ 上, 而 Ξ_{12}^0, Ξ_{12}^+, Ξ_{12}^- 定义在速度边界 $\partial\Omega_{12}$ 上.

不出现第二类黏合运动的基本映射可定义为

$$
\begin{aligned}
&P_1: \ \Xi_{12}^0 \to \Xi_{12}^0, \quad P_2: \ \Xi_{12}^+ \to \Xi_{12}^+, \quad P_3: \ \Xi_{12}^- \to \Xi_{12}^-, \\
&P_4: \ \Xi_{1(-\infty)} \to \Xi_{1(+\infty)}, \quad P_5: \ \Xi_{2(+\infty)} \to \Xi_{2(-\infty)}, \\
&P_6: \ \Xi_{1(-\infty)} \to \Xi_{12}^+, \quad P_7: \ \Xi_{12}^- \to \Xi_{2(-\infty)}, \\
&P_8: \ \Xi_{2(+\infty)} \to \Xi_{12}^-, \quad P_9: \ \Xi_{12}^+ \to \Xi_{1(+\infty)}.
\end{aligned}
\tag{5.3.2}
$$

图 5.10 给出了绝对坐标系下的基本映射. 在绝对坐标系中, 转换集随时间而变化, 换句话说每次碰撞发生在不同位移处, 向量场改变时速度不同.

利用 (5.2.4) 式定义的不连续边界, 出现第二类黏合运动时转换集可以定义为

$$
\begin{aligned}
\Xi_3 &= \{(t_k, y_k, \dot{y}_k) | y_k = x_k - d/2, \ \dot{y}_k = \dot{x}_k\}, \\
\Xi_4 &= \{(t_k, y_k, \dot{y}_k) | y_k = x_k + d/2, \ \dot{y}_k = \dot{x}_k\},
\end{aligned}
\tag{5.3.3}
$$

其中转换集 Ξ_3 定义在子域 Ω_3 的边界上, 转换集 Ξ_4 定义在子域 Ω_4 的边界上.

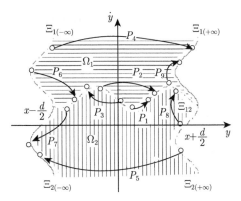

图 5.10 无第二类黏合运动的转换集和基本映射

对于出现第二类黏合运动的基本映射还可定义为

$$
\begin{aligned}
&P_4: \Xi_3 \to \Xi_{1(+\infty)} \quad 或 \ \Xi_{1(-\infty)} \to \Xi_4, \\
&P_5: \Xi_4 \to \Xi_{2(-\infty)} \quad 或 \ \Xi_{2(+\infty)} \to \Xi_3, \\
&P_6: \Xi_3 \to \Xi_{12}^+, \qquad P_7: \Xi_{12}^- \to \Xi_3, \\
&P_8: \Xi_4 \to \Xi_{12}^-, \qquad P_9: \Xi_{12}^+ \to \Xi_4, \\
&P_{10}: \Xi_3 \to \Xi_3, \qquad P_{11}: \Xi_4 \to \Xi_4.
\end{aligned}
\tag{5.3.4}
$$

对于具有或不具有第二类黏合运动的运动, 映射对应的转换集可以用相同的方法处理, 除了 P_{10}, P_{11}, (5.3.2) 式中的映射与 (5.3.4) 式中的映射是相同的. 出现第二类黏合运动的转换集和映射如图 5.11 所示.

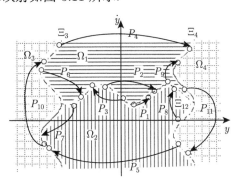

图 5.11 具有第二类黏合运动的转换集和基本映射

映射 P_i $(i = 4, 5, 6, 7, 8, 9)$ 是全局映射, 这些映射把一个转换集中的点映入到另一个转换集中; 映射 P_j $(j = 1, 2, 3, 10, 11)$ 是局部映射, 这些映射把一个转换集中的点映入到这个转换集本身中. 对于上述映射, 假设每个映射的起点和终点分别表示为 $(t_i, y_i, \dot{y}_i)$ 和 $(t_{i+1}, y_{i+1}, \dot{y}_{i+1})$, 其中起点和终点在某个转换集内.

根据上述定义, 映射 P_i $(i = 2, 3, 4, 5, 6, 7, 8, 9)$ 的控制方程为

$$P_k : \begin{cases} f_1^{(k)}(Z_i, t_i, V_{i+1}, t_{i+1}) = 0, \\ f_2^{(k)}(Z_i, t_i, V_{i+1}, t_{i+1}) = 0, \end{cases} \tag{5.3.5}$$

其中如果起点 $(t_i, y_i, \dot{y}_i)$ 在位移边界上, 则 $Z_i = \dot{y}_i$, 如果起点 $(t_i, y_i, \dot{y}_i)$ 在速度边界上, 则 $Z_i = y_i$; 同理如果终点 $(t_{i+1}, y_{i+1}, \dot{y}_{i+1})$ 在位移边界上, 则 $V_{i+1} = \dot{y}_{i+1}$, 如果终点 $(t_{i+1}, y_{i+1}, \dot{y}_{i+1})$ 在速度边界上, 则 $V_{i+1} = y_{i+1}$. 起点和终点可以在同一条位移边界或速度边界上, 也可以不在同一条位移边界或速度边界上.

具体地, 对于映射 P_2, P_4, P_6, P_9, 其运动主要发生在区域 Ω_1 中, 所以其控制方程的具体形式为

$$P_k : \begin{cases} f_1^{(k)}(Z_i, t_i, V_{i+1}, t_{i+1}) = \dot{y}_{i+1} + \mu_k(P + g)(t - t_i) - \dot{y}_i^+ = 0, \\ f_2^{(k)}(Z_i, t_i, V_{i+1}, t_{i+1}) = y_{i+1} + \frac{1}{2}\mu_k(P + g)(t - t_i)^2 - \dot{y}_i^+(t - t_i) - y_i^+ = 0, \end{cases}$$

其中 $\dot{y}_i^+$, y_i^+ 代表发生碰撞后物体 m 的速度和位移 (如果发生碰撞的话). 映射 P_2 的起点和终点在速度边界上, 所以 $\dot{y}_i^+ = A\omega\cos(\omega t_i + \tau), \dot{y}_{i+1} = A\omega\cos(\omega t_{i+1} + \tau)$ 且 $Z_i = y_i$, $V_{i+1} = y_{i+1}$; 映射 P_4 的起点和终点分别在左、右位移边界上, 所以 $y_i^+ = A\sin(\omega t_i + \tau) - d/2, y_{i+1} = A\sin(\omega t_{i+1} + \tau) + d/2$ 且 $Z_i = \dot{y}_i^+$, $V_{i+1} = \dot{y}_{i+1}$; 映射 P_6 的起点和终点分别在左位移边界和速度边界上, 所以 $y_i^+ = A\sin(\omega t_i + \tau) - d/2, \dot{y}_{i+1} = A\omega\cos(\omega t_{i+1} + \tau)$ 且 $Z_i = \dot{y}_i^+$, $V_{i+1} = y_{i+1}$; 映射 P_9 的起点在速度边界上, 终点在右位移边界上, 所以 $\dot{y}_i^+ = A\omega\cos(\omega t_i + \tau)$, $y_{i+1} = A\sin(\omega t_{i+1} + \tau) + d/2$ 且 $Z_i = y_i$, $V_{i+1} = \dot{y}_{i+1}$.

对于映射 P_3, P_5, P_7, P_8, 其运动主要发生在区域 Ω_2 中, 所以其控制方程的具体形式为

$$P_k : \begin{cases} f_1^{(k)}(Z_i, t_i, V_{i+1}, t_{i+1}) = \dot{y}_{i+1} - \mu_k(P + g)(t - t_i) - \dot{y}_i^+ = 0, \\ f_2^{(k)}(Z_i, t_i, V_{i+1}, t_{i+1}) = y_{i+1} - \frac{1}{2}\mu_k(P + g)(t - t_i)^2 - \dot{y}_i^+(t - t_i) - y_i^+ = 0, \end{cases}$$

其中映射 P_3 的起点和终点均在速度边界上, 所以 $\dot{y}_i^+ = A\omega\cos(\omega t_i + \tau)$, $\dot{y}_{i+1} = A\omega\cos(\omega t_{i+1} + \tau)$ 且 $Z_i = y_i$, $V_{i+1} = y_{i+1}$; 映射 P_5 的起点在右位移边界上, 终点在左位移边界上, 所以 $y_i^+ = A\sin(\omega t_i + \tau) + d/2, y_{i+1} = A\sin(\omega t_{i+1} + \tau) - d/2$ 且 $Z_i = \dot{y}_i^+$, $V_{i+1} = \dot{y}_{i+1}$; 映射 P_7 的起点和终点分别在速度边界和左位移边界上, 所以 $\dot{y}_i^+ = A\omega\cos(\omega t_i + \tau), y_{i+1} = A\sin(\omega t_{i+1} + \tau) - d/2$ 且 $Z_i = y_i$, $V_{i+1} = \dot{y}_{i+1}$; 映射 P_8 的起点在右位移边界上, 终点在速度边界上, 所以 $y_i^+ = A\sin(\omega t_i + \tau) + d/2, \dot{y}_{i+1} = A\omega\cos(\omega t_{i+1} + \tau)$ 且 $Z_i = \dot{y}_i$, $V_{i+1} = y_{i+1}$.

发生在转换集 Ξ_{12}^0 上的局部映射是第一类黏合映射 P_1. 根据方程 (5.2.7) 式和第一类黏合运动消失的条件 $g_{(\lambda)}(\boldsymbol{z}_{(\lambda)}, \boldsymbol{x}_{(\lambda)}, t_{i+1}) = 0$ $(\lambda = 1, 2)$, 映射 P_1 的控制方

程为

$$
P_1: \begin{cases}
f_1^{(1)}(Z_i, t_i, V_{i+1}, t_{i+1}) = y_{i+1} - y_i^+ - \dfrac{M}{M+m} A[\sin(\omega t_{i+1} + \tau) - \sin(\omega t_i + \tau)] \\
\qquad\qquad - \dfrac{M}{M+m} A\omega \cos(\omega t_i + \tau)(t_{i+1} - t_i) = 0, \\
f_2^{(1)}(Z_i, t_i, V_{i+1}, t_{i+1}) = (-1)^\lambda \mu_k(P+g) + A\omega^2 \sin(\omega t_{i+1} + \tau) = 0, \quad \lambda \in \{1, 2\}.
\end{cases}
$$

发生在转换集 Ξ_3 或 Ξ_4 上的局部映射是第二类黏合映射 P_{10} 或 P_{11}. 根据定理 5.2.7 和定理 5.2.8 知映射 P_α ($\alpha = 10, 11$) 的控制方程为

$$
P_\alpha: \begin{cases}
f_1^{(\alpha)}(Z_i, t_i, V_{i+1}, t_{i+1}) = \dot{y}_{i+1} - \dot{y}_i^+ - \dfrac{M}{M+m} A\omega[\cos(\omega t_{i+1} + \tau) - \cos(\omega t_i + \tau)] \\
\qquad\qquad = 0, \\
f_2^{(\alpha)}(Z_i, t_i, V_{i+1}, t_{i+1}) = (-1)^\lambda \mu_k(P+g) + A\omega^2 \sin(\omega t_{i+1} + \tau) = 0, \lambda \in \{1, 2\},
\end{cases}
$$

其中

$$
P_{10}: \begin{cases}
y_i = x_i - \dfrac{d}{2}, \ y_{i+1} = x_{i+1} - \dfrac{d}{2}, \ Z_i = \dot{y}_i = \dot{x}_i, \ V_{i+1} = \dot{y}_{i+1} = \dot{x}_{i+1}, \\
mod(\omega t_i + \tau, 2\pi) \in \left(\pi + \arcsin\dfrac{\mu_k(P+g)}{A\omega^2}, 2\pi - \arcsin\dfrac{\mu_k(P+g)}{A\omega^2}\right), \\
mod(\omega t_{i+1} + \tau, 2\pi) \in \left(0, \dfrac{\pi}{2}\right);
\end{cases}
$$

$$
P_{11}: \begin{cases}
y_i = x_i + \dfrac{d}{2}, \ y_{i+1} = x_{i+1} + \dfrac{d}{2}, \ Z_i = \dot{y}_i = \dot{x}_i, \ V_{i+1} = \dot{y}_{i+1} = \dot{x}_{i+1}, \\
mod(\omega t_i + \tau, 2\pi) \in \left(\arcsin\dfrac{\mu_k(P+g)}{A\omega^2}, \pi - \arcsin\dfrac{\mu_k(P+g)}{A\omega^2}\right), \\
mod(\omega t_{i+1} + \tau, 2\pi) \in \left(\pi, \dfrac{3\pi}{2}\right).
\end{cases}
$$

5.3.2 映射结构和周期流

本小节根据定义的基本映射给出了周期流的一般映射结构, 并利用映射结构给出了周期流的解析预测, 从而为进一步分析周期流的局部稳定性和参数分支图做好准备.

为了研究具有干摩擦的水平碰撞振子模型的周期流和混沌, 记基本映射相互作用的映射结构为

$$
P_{n_k n_{k-1} \cdots n_2 n_1} \equiv P_{n_k} \circ P_{n_{k-1}} \circ \cdots \circ P_{n_2} \circ P_{n_1},
$$

其中 $n_k, n_{k-1}, \cdots, n_2, n_1 \in \{1, 2, \cdots, 11\}$.

考虑一个具体周期流的映射结构

$$P_{7(32)^{k_1}6(54)^{k_2}} \equiv P_7 \circ P_{32}^{(k_1)} \circ P_6 \circ P_{54}^{(k_2)},$$

其中 $k_1, k_2 \in \{0, 1, 2, \cdots\}$. 如果 $k_1 = k_2 = 1$, 则映射结构成为

$$P_{732654} \equiv P_7 \circ P_3 \circ P_2 \circ P_6 \circ P_5 \circ P_4.$$

另一方面, 更广义的映射结构为

$$P_{7(32)^{k_{1s}}6(54)^{k_{2s}}\cdots7(32)^{k_{11}}6(54)^{k_{21}}} \equiv P_{7(32)^{k_{1s}}6(54)^{k_{2s}}} \circ \cdots \circ P_{7(32)^{k_{11}}6(54)^{k_{21}}}.$$

对于某个特定映射结构的周期运动, 其转换集可以通过一系列非线性代数方程组确定. 引入向量 $\boldsymbol{Z}_i = (t_i, Z_i)^{\mathrm{T}}$, $\boldsymbol{V}_i = (t_i, V_i)^{\mathrm{T}}$, $\boldsymbol{f}^{(i)} = (f_1^{(i)}, f_2^{(i)})$.

考虑映射结构为 $P_{7(32)^{k_{1s}}6(54)^{k_{2s}}\cdots7(32)^{k_{11}}6(54)^{k_{21}}}$ 的周期运动, 映射关系为

$$P_{7(32)^{k_{1s}}6(54)^{k_{2s}}\cdots7(32)^{k_{11}}6(54)^{k_{21}}} \boldsymbol{Z}_i = \boldsymbol{Z}_{i+2s+\sum_{j=1}^{s}(2k_{1j}+2k_{2j})}, \tag{5.3.6}$$

其中 $k_{1j}, k_{2j} \in \{0, 1, 2, \cdots\}$, $j = 1, 2, \cdots, s$.

由映射 (5.3.6) 中每一个映射的起点和终点出发, 可得到 (5.3.5) 式. 由映射结构可得到一系列非线性向量方程

$$
\begin{aligned}
&\boldsymbol{f}^{(4)}(\boldsymbol{V}_{i+1}, \boldsymbol{Z}_i) = \boldsymbol{0}, \quad \boldsymbol{f}^{(5)}(\boldsymbol{V}_{i+2}, \boldsymbol{Z}_{i+1}) = \boldsymbol{0}, \cdots, \\
&\boldsymbol{f}^{(4)}(\boldsymbol{V}_{i+2k_{21}-1}, \boldsymbol{Z}_{i+2k_{21}-2}) = \boldsymbol{0}, \quad \boldsymbol{f}^{(5)}(\boldsymbol{V}_{i+2k_{21}}, \boldsymbol{Z}_{i+2k_{21}-1}) = \boldsymbol{0}, \\
&\boldsymbol{f}^{(6)}(\boldsymbol{V}_{i+2k_{21}+1}, \boldsymbol{Z}_{i+2k_{21}}) = \boldsymbol{0}, \quad \cdots, \\
&\boldsymbol{f}^{(7)}(\boldsymbol{V}_{i+2s+\sum_{j=1}^{s}(2k_{1j}+2k_{2j})}, \boldsymbol{Z}_{i+2s+\sum_{j=1}^{s}(2k_{1j}+2k_{2j})-1}) = \boldsymbol{0}.
\end{aligned} \tag{5.3.7}
$$

如果周期运动是底座 N 个周期内的周期运动, 则周期运动还需条件

$$
\begin{aligned}
&\boldsymbol{Z}_{i+2s+\sum_{j=1}^{s}(2k_{1j}+2k_{2j})} = \boldsymbol{Z}_i, \\
&t_{i+2s+\sum_{j=1}^{s}(2k_{1j}+2k_{2j})} = t_i + 2N\pi/\omega.
\end{aligned} \tag{5.3.8}
$$

求解方程 (5.3.7) 式和 (5.3.8) 式可得周期运动 (5.3.6) 式在不连续边界上的转换点集. 一旦周期运动的转换点集确定了, 那么周期 -1 运动的局部稳定性和分支就可以通过周期运动的相应映射结构的 Jacobi 矩阵及其特征值来确定.

对任意映射 $P_k : (t_i, Z_i) \to (t_{i+1}, V_{i+1})$, 边界上的两个未知量 (t_{i+1}, V_{i+1}) 可由初始条件表示 (即 $t_{i+1} = t_{i+1}(t_i, Z_i)$, $V_{i+1} = V_{i+1}(t_i, Z_i)$). 注意到在位移边界上 $Z_i = y_i^+$, 否则在速度边界上 $Z_i = y_i^+$. 同理在位移边界上 $V_{i+1} = \dot{y}_{i+1}$, 在速度边界上 $V_{i+1} = y_{i+1}^+$. 函数 $t_{i+1} = t_{i+1}(t_i, Z_i)$, $V_{i+1} = V_{i+1}(t_i, Z_i)$ 在周期运动的转换点

(t_i^*, Z_i^*) 有微小的摄动 $\Delta Z_i = (\Delta t_i, \Delta Z_i)$ 产生终点处的摄动 $\Delta V_i = (\Delta t_{i+1}, \Delta V_{i+1})$,
其线性化为

$$
\begin{pmatrix} \Delta t_{i+1} \\ \Delta V_{i+1} \end{pmatrix} = \left[\begin{array}{cc} \dfrac{\partial t_{i+1}}{\partial t_i} & \dfrac{\partial t_{i+1}}{\partial Z_i} \\ \dfrac{\partial V_{i+1}}{\partial t_i} & \dfrac{\partial V_{i+1}}{\partial Z_i} \end{array} \right]_{(t_i^*, Z_i^*)} \begin{pmatrix} \Delta t_i \\ \Delta Z_i \end{pmatrix},
$$

其中 Jacobi 矩阵为 $\left[\begin{array}{cc} \dfrac{\partial t_{i+1}}{\partial t_i} & \dfrac{\partial t_{i+1}}{\partial Z_i} \\ \dfrac{\partial V_{i+1}}{\partial t_i} & \dfrac{\partial V_{i+1}}{\partial Z_i} \end{array} \right]_{(t_i^*, Z_i^*)}.$

周期运动 $P Z_i = P_{7(32)^{k_{1s}} 6(54)^{k_{2s}} \cdots 7(32)^{k_{11}} 6(54)^{k_{21}}} Z_i = Z_i$ 的 Jacobi 矩阵为

$$
DP = \left[\begin{array}{cc} \dfrac{\partial l_{i+2s+\sum_{j=1}^{s}(2k_{1j}+2k_{2j})}}{\partial t_i} & \dfrac{\partial t_{i+2s+\sum_{j=1}^{s}(2k_{1j}+2k_{2j})}}{\partial Z_i} \\ \dfrac{\partial V_{i+2s+\sum_{j=1}^{s}(2k_{1j}+2k_{2j})}}{\partial t_i} & \dfrac{\partial V_{i+2s+\sum_{j=1}^{s}(2k_{1j}+2k_{2j})}}{\partial Z_i} \end{array} \right]_{2 \times 2}
$$
$$
= DP_7 \cdot (DP_3 \cdot DP_2)^{k_{1s}} \cdot DP_6 \cdot (DP_5 \cdot DP_4)^{k_{2s}}
$$
$$
\cdots DP_7 \cdot (DP_3 \cdot DP_2)^{k_{11}} \cdot DP_6 \cdot (DP_5 \cdot DP_4)^{k_{21}}.
$$

其特征值可由如下方程

$$
|DP - \lambda I| = 0
$$

求得.

如果周期流与不连续的奇异性无关, 那么就可以利用特征值分析来确定周期流的稳定性; 反之, 如果周期流与不连续的奇异性有关, 那么就不能利用特征值分析来确定周期流的稳定性, 也就是说对于具有第一类黏合运动或第二类黏合运动或擦边流的周期流不能使用传统的方法进行局部稳定性分析, 只能通过方程 (5.2.19)—(5.2.29) 和 (5.2.38)—(5.2.46) 中的 G 函数来判别两类黏合运动的出现和消失. 根据方程 (5.2.30)—(5.2.37) 中的条件确定速度边界上的擦边分支, 位移边界上的擦边分支情况比较复杂.

本章对具有干摩擦的水平碰撞振子模型的动力学行为进行了研究. 根据该模型中碰撞的发生和摩擦力方向的改变将相空间表示成若干子域及其边界之并. 不连续边界根据性质不同可以分成两类, 一类是位移边界, 在这类边界上可能发生碰撞; 一类是速度边界, 在这类边界上相对运动速度可能会改变方向. 接下来利用不连续动力系统的流转换理论讨论了不连续边界上具体的流转换条件, 给出了速度边界上第一类黏合运动发生、消失和擦边运动出现的充要条件, 得到了位移边界上第二类黏合运动发生和消失的充要条件, 并得到了位移边界上擦边流发生的初步结果, 利用数值模拟验证了解析条件的合理性. 由此揭示该模型与不受摩擦力影响的水平碰撞振子模型的动力学行为有本质差别: 受摩擦力影响, 位移边界上的第二类黏合运动在第二阶段与速度边界上的第一类黏合运动重合, 从而两类黏合运动消失的条件相同; 位移边界上的擦边流是否发生要看速度边界上穿越流的条件是否满足, 从而位移边界上的擦边流可能成为速度边界上的穿越流, 也可能是不存在的. 关于物体的运动流到达位移边界时相对速度为零的状态转换情况还有待进一步确定. 本章最后定义了不连续边界上的转换集及转换集间的基本映射. 利用基本映射不同顺序的组合给出了该振子周期流的一般映射结构, 并利用映射结构的 Jacobi 矩阵及其特征值得到了周期流的稳定性及分支的理论分析结果.

附　注

本章的主要内容可参看文献 [22, 23], 其中 5.1 节引自文献 [22], 5.2 节中的定理 5.2.1—5.2.8 引自文献 [22, 23], 5.3 节引自文献 [22].

参 考 文 献

[1]　Keller J B. Impact with friction. Journal of Applied Mechanics, 1986, 53(1): 1-4.

[2]　Ivanov A P. A constructive model of impact with friction. Journal of Applied Mathematics and Mechanics, 1988, 52(6): 700-704.

[3]　Kleczka M, Kreuzer E, Schiehlen W. Local and global stability of a piecewise linear oscillator. Philosophical Transactions of the Royal Society of London A: Mathematical, Physical and Engineering Sciences, 1992, 338(1651): 533-546.

[4]　Chin W, Ott E, Nusse H E, et al. Grazing bifurcations in impact oscillators. Physical Review E, 1994, 50(6): 4427-4444.

[5]　Bapat C N. The general motion of an inclined impact damper with friction. Journal of Sound and Vibration, 1995, 184(3): 417-427.

[6]　Cone K M, Zadoks R I. A numerical study of an impact oscillator with the addition of dry friction. Journal of Sound and Vibration, 1995, 188(5): 659-683.

[7]　Blazejczyk-Okolewska B, Kapitaniak T. Dynamics of impact oscillator with dry friction. Chaos, Solitons & Fractals, 1996, 7(9): 1455-1459.

[8]　Blazejczyk-Okolewska B. Study of the impact oscillator with elastic coupling of masses. Chaos, Solitons & Fractals, 2000, 11(15): 2487-2492.

[9]　Begley C J, Virgin L N. Impact response and the influence of friction. Journal of Sound and Vibration, 1998, 211(5): 801-818.

[10]　Virgin L N, Begley C J. Nonlinear features in the dynamics of an impact-friction oscillator. Stochastic and Chaotic Dynamics in the Lakes: Stochaos. AIP Publishing, 2000, 502(1): 469-475.

[11] Andreaus U, Casini P. Friction oscillator excited by moving base and colliding with a rigid or deformable obstacle. International Journal of Non-Linear Mechanics, 2002, 37(1): 117-133.

[12] Leine R I, Van Campen D H, Glocker C H. Nonlinear dynamics and modeling of various wooden toys with impact and friction. Journal of Vibration and Control, 2003, 9: 25-78.

[13] Zinjade P B, Mallik A K. Impact damper for controlling friction-driven oscillations. Journal of Sound and Vibration, 2007, 306(1): 238-251.

[14] Leine R I, van de Wouw N. Stability properties of equilibrium sets of non-linear mechanical systems with dry friction and impact. Nonlinear Dynamics, 2008, 51(4): 551-583.

[15] 张有强, 丁旺才, 孙闯. 单自由度含间隙和干摩擦碰撞振动系统的分岔与混沌. 振动与冲击, 2008, 27(7): 102-105.

[16] 张有强, 丁旺才. 干摩擦对碰撞振动系统周期运动的影响分析. 振动与冲击, 2009, 28(6): 110-112.

[17] Svahn F, Dankowicz H. Controlled onset of low-velocity collisions in a vibro-impacting system with friction. Proceedings of the Royal Society of London A: Mathematical, Physical and Engineering Sciences. The Royal Society, 2009, 465(2112): 3647-3665.

[18] Burns S J, Piiroinen P T. The complexity of a basic impact mapping for rigid bodies with impacts and friction. Regular and Chaotic Dynamics, 2014, 19(1): 20-36.

[19] 高全福, 曹兴潇. 含干摩擦碰撞振动系统的分叉与颤碰分析. 兰州交通大学学报, 2016, 35(1): 137-141.

[20] 张艳龙, 唐斌斌, 王丽, 杜三山. 动摩擦作用下含间隙碰撞振动系统的动力学分析. 振动与冲击, 2017, 36(24): 58-63.

[21] Guo Y, Luo A C J. Complex motions in horizontal impact pairs with a periodic excitation. ASME 2011 International Design Engineering Technical Conferences and Computers and Information in Engineering Conference. American Society of Mechanical Engineers, 2011: 1339-1350.

[22] 张艳燕. 源于碰撞和摩擦的不连续动力系统的周期流研究. 山东师范大学博士学位论文, 2016.

[23] Zhang Yanyan, Fu Xilin. Flow switchability of motions in a horizontal impact pair with dry friction. Communications in Nonlinear Science and Numerical Simulation, 2017, 44: 89-107.

第6章 脉冲 VdP 系统的动力学

Van der Pol(VdP) 振子方程作为非线性振动中的经典模型, 因其刻画了一类具有普遍实际意义的非线性动态问题而早已成为自然科学和工程领域的研究热点. 而在 VdP 振子方程最早描述的 LC 振荡电路优化问题中, 瞬时突变的客观存在使其成为一类特殊的不连续动力系统 —— 脉冲 Van der Pol(脉冲 VdP) 系统. 脉冲 VdP 系统的复杂动态行为的研究不仅在非线性振动理论研究领域具有一定的理论价值, 而且由于该系统考虑了更符合实际的、普遍存在的瞬时突变现象对实际问题的影响, 使其在诸多实践领域更具有实际意义. 第 6.1 节从 VdP 振子方程所描述的 LC 振荡电路问题出发, 系统阐述脉冲 VdP 系统的构建过程. 第 6.2 节给出了由系统不连续导致的脉冲 VdP 系统的复杂动态行为 ——chatter 的动力学分析结果, 借助不连续动力系统的流转换理论和碰撞理论, 通过碰撞点处的局部奇异性分析阐述系统 chatter 现象发生与不发生的诸多解析条件. 第 6.3 节给出了脉冲 VdP 系统的周期吸引子的相应动力学结果. 首先借助不连续动力系统的映射理论, 给出映射意义下的脉冲 VdP 系统的周期流定义. 其次借助特征值理论对系统周期运动的动力学行为进行分析和预测, 并得到其局部稳定性准则和分支结果. 最后将所得结果应用于具体的一类具固定时刻脉冲的脉冲 VdP 系统的周期运动, 仿真模拟非线性振动中脉冲带来的本质影响. 第 6.4 节阐述脉冲 VdP 系统动力学行为在非线性振动中的实际应用. 以金属精细车削加工中刀具的震颤问题和机械加工中高速刨煤机的震颤问题为例, 给出脉冲 VdP 系统在工程等实践领域中的重要应用.

6.1 脉冲 VdP 系统模型

作为非线性理论中经典的自激振动方程, Van der Pol(VdP) 振子方程源自 20 世纪 20 年代 Van der Pol[1] 对振荡电路问题的研究. 由于在其自激振荡中存在特殊的周期行为, 该方程已被广泛应用于自然科学各领域[2-3], 尤其是关于其周期运动的研究目前已成为非线性科学领域的研究热点之一[4-7]. 考虑文献 [8] 中如下的 VdP 振子方程的动力学形式

$$x'' - \mu f(x) + p_0^2 x = 0, \tag{6.1.1}$$

其中 x 为系统变量, $f(x)$ 一般为关于变量的非线性函数, 表示阻尼项, 而 μ 为非线性阻尼项系数, p_0 为参数, 表示外部力系数, 当 p_0 变化时, 系统将因受外部扰动而

发生变化.

方程 (6.1.1) 最初描述了 LC 振荡电路中电流电压的自激振荡现象. 如图 6.1(a) 所示, 左侧的三极管 (基电极 F、板电极 P、栅电极 G) 在互感器 M 的作用下与右侧 LC(电感线圈 L、电容 C、电阻 R) 因不断的充放电而产生特定波形的交流信号回路, 并最终产生自激振荡. 但在此回路充放电切换过程中, 电路饱和电流 I_p 和三极管饱和电流 I_f 的瞬时变化, 以及交变状态下电感线圈电流 i_l 和互感器感应电流 i_m 方向的快速切换都给电路带来不稳定, 直接影响振荡电压 U_p 的稳定性. 采取文献 [9] 中电流跟踪控制可实现对整个系统的优化. 如图 6.1(b) 所示, 在切换控制律下, 即在振荡电压 U_p 的阈值函数约束下, 系统状态在达到饱和电流 I_p, I_f 时, 脉冲控制器将瞬时改变 F 极发射电子的速率, 即以脉冲的形式将状态改变, 使电感线圈电流 i_l 和互感器感应电流 i_m 维持稳定 (参见文献 [10]).

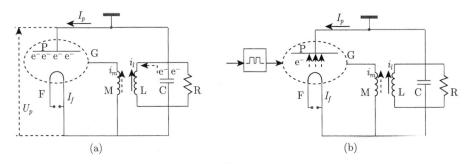

图 6.1

(a) VdP 电路模型; (b) 脉冲 VdP 电路模型

由 Fu 和 Zheng[10] 的研究可知, 借助脉冲控制策略对 VdP 振子方程刻画的 LC 振荡电路中的饱和状态施以瞬时刺激, 可以维持整个电路电流电压稳定的自激振荡, 而描述这一突变问题的方程即脉冲 Van der Pol(脉冲 VdP) 系统

$$\begin{cases} x'' - \mu f(x)x' + p_0^2 x = 0, & \varphi \neq 0, \\ x(t^+) = h(x(t)), & \varphi = 0, \end{cases} \tag{6.1.2}$$

其中切换率 $\varphi = 0$ 源自系统 x 的临界状态. 通过对饱和时振荡电压的临界状态积分, 可以得到随时间变化的饱和状态方程 $\varphi(t, x, x') = x(t) - V(t) = 0$, 其中 $\varphi \in C'(\mathbf{R}_+ \times \mathbf{R}^2, R)$, $V(t)$ 是阈值函数. 另外, 根据电子等量理论, 电压正比于相应电流导数, 因此临界值 $V(t)$ 可看作 F 极向 P 极发射电子的速度函数, 在满足切换率时, 脉冲控制器遵循脉冲函数 $h(x(t))$ 对饱和状态施以刺激.

不同于一般连续 VdP 振子方程 (6.1.1) 的连续解, 脉冲 VdP 系统 (6.1.2) 的解曲线在满足 $\varphi(t, x, x') = 0$ 时发生状态的突变, 即脉冲微分系统的解在遇到脉冲面时受脉冲函数的影响发生跳跃. 在现有的关于脉冲微分系统的理论中, 根据脉冲时刻的不同成因, 脉冲面可以是相空间中一列列平行的固定面, 也可以是依赖于解状态的一个个动态变化的曲面, 各自对应着固定时刻脉冲微分系统和任意时刻脉冲微分系统 (具依赖状态脉冲的脉冲微分系统)[11-14]. 当把脉冲面看做关于状态的函数时, 前者是后者的一种特殊情形. 由于系统 (6.1.2) 的脉冲时刻依赖于解的状态, 而解的这种特殊状态又是随时间动态变化的, 若将相空间中解的这些特殊状态看做一个边界, 则脉冲微分系统具有类似于不连续动力系统的动态边界. 根据第 3 章的内容可以知道, 系统 (6.1.2) 这类具依赖状态脉冲的脉冲微分系统, 属于具边界转换的不连续动力系统.

下面, 基于系统 (6.1.2) 的约束函数 (切换率), 给出脉冲微分系统子域及其之间边界的划分.

定义 6.1.1　对于脉冲 VdP 系统 (6.1.2) 及其约束函数 $\varphi(t, x, x') = 0$, 在相空间 $\Omega \subset \mathbf{R} \times \mathbf{R}$ 内, 两个动态子域分别为

$$
\begin{aligned}
\Omega_1 &= \{(x, x') | \varphi(t, x, x') > 0\}, \\
\Omega_2 &= \{(x, x') | \varphi(t, x, x') < 0\}.
\end{aligned}
\tag{6.1.3}
$$

两个子域之间的动态分离边界为

$$
S = \{(x, x') | \varphi(t, x, x') = 0\}.
\tag{6.1.4}
$$

对于边界上的任意一点, 动态分离边界在该点处的法向量为

$$
{}^t\boldsymbol{n}_S\big|_{(x, x')} = (\nabla\varphi)^{\mathrm{T}}\big|_{(x, x')},
\tag{6.1.5}
$$

其中 $\nabla = (\partial/\partial x, \partial/\partial x')^{\mathrm{T}}$ 为 Hamilton 算子.

对于各个动态子域, 可以根据不受脉冲影响的 VdP 振子方程 (6.1.1) 给出其内的子系统. 首先引入二维向量 $\boldsymbol{x}^{(\alpha)} = (x_1^{(\alpha)}, x_2^{(\alpha)})^{\mathrm{T}} \in \Omega_\alpha \subset \mathbf{R} \times \mathbf{R}$, $\alpha = 1, 2$, 其中 $x_1 = x$, $x_2 = x'$, 系统 (6.1.2) 在子域 $\Omega_\alpha(\alpha = 1, 2)$ 内的连续部分可以转化为向量形式的二维系统

$$
\dot{\boldsymbol{x}}^{(\alpha)} = \boldsymbol{f}(t, \boldsymbol{x}^{(\alpha)}),
\tag{6.1.6}
$$

其中向量场函数 $\boldsymbol{f} = (x_2, \mu f(x_1)x_2 - p_0^2 x_1)^{\mathrm{T}} \in C(\mathbf{R}_+ \times \Omega, \mathbf{R}^2)$.

考虑以子域 $\Omega_\alpha(\alpha = 1, 2)$ 内的某点 $(t_0, \boldsymbol{x}_0^{(\alpha)})$ 为初值, 初始时刻 $t_0 \in T \equiv (t_1, t_2)$, t_1, t_2 为有限时刻. 由连续系统理论, 子系统 (6.1.6) 在子域 Ω_α 内的唯一解记为 $\boldsymbol{x}^{(\alpha)}(t) = \boldsymbol{\Phi}(t_0, \boldsymbol{x}_0^{(\alpha)}, t)$, $t \in T$, 其中 $\boldsymbol{\Phi}$ 是定义在 $\Omega_\alpha \times T$ 上的一个 $C^{r+1}(r \geqslant 1)$ 连续的向量函数. 另外, 与域内流 $\boldsymbol{x}^{(\alpha)}(t)$ 对应的边界流记为 $\boldsymbol{x}^{(0)}(t)$, 相应向量场 $\boldsymbol{F}^{(0)}(\boldsymbol{x}^{(0)}, t)$ 不同于一般具边界转换的不连续动力系统的运动方程, 将在下一节借助边界映射给出.

由约束函数及系统连续部分的方程 (6.1.6), 可以定义约束函数沿着方程 (6.1.6) 的流的导函数

$$D\varphi\Big|_{(6.1.6)} = \frac{\partial\varphi}{\partial\boldsymbol{x}} \cdot \dot{\boldsymbol{x}}\Big|_{(6.1.6)}, \tag{6.1.7}$$

其中 $\dfrac{\partial\varphi}{\partial\boldsymbol{x}} = \left(\dfrac{\partial\varphi}{\partial x_1}, \dfrac{\partial\varphi}{\partial x_2}\right).$

6.2 脉冲 VdP 振子模型的 Chatter 动力学

在脉冲影响下, 脉冲微分方程本质上成为一类具体的不连续动力系统. 由于脉冲的出现, 系统的动力学行为将更加复杂. 例如, 在脉冲 VdP 系统 (6.1.2) 这一具体具边界转换的不连续动力系统的定性研究中, 由于系统流与动态分离边界的碰撞, 甚至是更为复杂的多次碰撞现象 (在 Lakshmikantham 等[11], Chen 等[15], 郑莎莎等 [16], Zheng 和 Fu[17] 中称为脉动现象, 在 Zheng 和 Fu[18] 中称为 chatter 现象) 的出现, 往往使得系统相应轨线的运动形态更为复杂, 给解的性质的研究增加了困难. 然而目前关于不连续动力系统 chatter 现象的研究, 大多数是通过实验室结果寻找参数, 或者是限定碰撞只发生有限次, 讨论过程往往类似于具时间切换的不连续动力系统 (具固定时刻脉冲的脉冲微分系统) 时的情形. 因此本节针对更具一般性的具依赖状态脉冲的脉冲 VdP 系统 (6.1.2) 的 chatter 现象, 借助不连续动力系统的流转换理论和碰撞理论, 通过碰撞点处的局部奇异性阐述系统 chatter 现象发生与不发生的诸多解析条件.

6.2.1 不连续动力系统的 Chatter 行为

从脉冲微分系统的角度来说, chatter 现象是指具有依赖状态脉冲的脉冲微分系统的解曲线碰撞同一脉冲面多于一次的复杂情形 (见图 6.2 中特殊 chatter 现象—— 脉冲聚点的解图像[17,19]). 对于系统 (6.1.2) 的 chatter 现象, 也从系统的流与脉冲面碰撞次数的角度给出定义. 首先给出碰撞的定义.

定义 6.2.1 对于脉冲 VdP 系统 (6.1.2) 所对应的不连续动力系统, 考虑从子域 Ω_α $(\alpha = 1,2)$ 内某点出发的解 $\boldsymbol{x}^{(\alpha)}$, 若存在时刻 t_*, 满足 $\varphi(t, \boldsymbol{x}^{(\alpha)}(t_*)) = 0$, 则称该解与边界 S 发生碰撞.

下面再借助碰撞的定义给出 chatter 现象发生与不发生的定义.

定义 6.2.2 对于脉冲 VdP 系统 (6.1.2), 若其对应的动力系统从子域 $\Omega_\alpha (\alpha = 1,2)$ 内出发的任意解曲线与边界 S 至多发生一次碰撞, 则称 chatter 现象不发生; 否则, 称 chatter 现象发生.

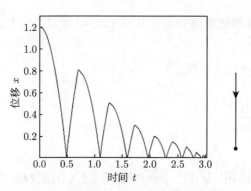

图 6.2　复杂碰撞 ——chatter 现象的解图像

　　解曲线与边界一旦发生碰撞, 相应流的向量场可能会因转换而发生改变, 因此, 在动态分离边界附近解的动力学行为往往需要细致的分析. 接下来将采用不连续动力系统中局部映射的概念, 分析系统解在动态分离边界附近的碰撞情形, 并研究解的运动规律和 chatter 现象.

　　为了构造局部映射, 首先给出相空间中分离边界 S 上的状态转换集.

　　定义 6.2.3　对于脉冲 VdP 系统 (6.1.2), 假设在时刻 t_*, 解与边界 S 发生碰撞, 那么在时刻 t_* 附近, 动态分离边界 S 上的状态转换集及其状态极限子集为

$$
\begin{aligned}
S^0 &= \{\boldsymbol{x}^0 \,\big|\, \varphi(t, \boldsymbol{x}^0) = 0\}, \\
S^1 &= \{\boldsymbol{x}^1 \,\big|\, \varphi(t, \boldsymbol{x}^1) = 0^+\}, \\
S^2 &= \{\boldsymbol{x}^2 \,\big|\, \varphi(t, \boldsymbol{x}^2) = 0^-\},
\end{aligned}
\tag{6.2.1}
$$

其中 $0^- = \lim\limits_{\varepsilon \to 0}(-\varepsilon)$, $0^+ = \lim\limits_{\varepsilon \to 0}\varepsilon$, ε 为任意小的正数.

　　在具边界转换的不连续动力系统中, 边界上的状态转换集 S^0 即动态分离边界 S. 下面在系统 (6.1.2) 相空间相邻两个子域的动态分离边界 S 的状态转换集及其状态极限子集上, 分别定义以下三个局部映射.

　　定义 6.2.4　对任意点 $\boldsymbol{x}^0 \in S$, 构造边界上的局部映射

$$
\begin{aligned}
\mathfrak{R}_0 : \quad & S^0 \to S^0 \\
& \boldsymbol{x}^0 \to \boldsymbol{x}^0,
\end{aligned}
\tag{6.2.2}
$$

$$
\begin{aligned}
\mathfrak{R}_1 : \quad & S^0 \to S^1 \\
& \boldsymbol{x}^0 \to \boldsymbol{x}^1,
\end{aligned}
\tag{6.2.3}
$$

$$
\begin{aligned}
\mathfrak{R}_2 : \quad & S^0 \to S^2 \\
& \boldsymbol{x}^0 \to \boldsymbol{x}^2.
\end{aligned}
\tag{6.2.4}
$$

　　相邻两个子域的动态分离边界上的三个局部映射如图 6.3 所示, 其中阴影部分为两个子域的动态分离边界 $S(S^0)$, 虚线区域为状态极限子集 S^1, S^2, 两个虚线区

域之外的部分 $\Omega_\alpha(\alpha = 1, 2)$ 为定义 6.1.1 中的两个子域, S 与 S^0, S^1, S^2 之间的边界局部映射分别为 $\mathfrak{R}_0, \mathfrak{R}_1, \mathfrak{R}_2$.

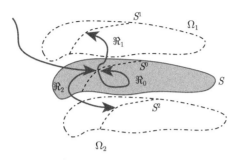

图 6.3　相邻子域边界上的三个局部映射

一旦系统解曲线与动态分离边界发生碰撞, 在三个边界局部映射 $\mathfrak{R}_0, \mathfrak{R}_1, \mathfrak{R}_2$ 的基础上, 可以考虑如下广义局部映射结构

$$\mathfrak{R} = \mathfrak{R}_0^{\lambda_0} \circ \mathfrak{R}_1^{\lambda_1} \circ \mathfrak{R}_2^{\lambda_2}, \tag{6.2.5}$$

其中对于 $i = 0, 1, 2$, 参数 $\lambda_i = 0$ 或者 1, 并且 $\sum\limits_{i=0}^{2} \lambda_i = 1$.

对于时刻 t_*, 其中 $\boldsymbol{x}^{(\alpha)}(t_*) = \boldsymbol{x}^{(0)}(t_*) \in S$, 即域内流一旦达到动态分离边界成为边界流, 可在碰撞点附近给出系统 (6.1.2) 解的运动规律

$$\begin{cases} \boldsymbol{x}^{(\gamma)}(t^+) = \boldsymbol{h}(\mathfrak{R}(\boldsymbol{x}^{(0)}(t))), \\ D^+\boldsymbol{x}^{(0)} = D^+\boldsymbol{h}(\mathfrak{R}(\boldsymbol{x}^{(0)})), \end{cases} \tag{6.2.6}$$

其中 $\gamma = \{i | \lambda_i = 1, i = 0, 1, 2\}$, 即其值取决于碰撞后解曲线将要进入的子域.

另外, 在运动方程 (6.2.6) 中碰撞点的右导数 $D^+\boldsymbol{x}^{(0)}$ 亦取决于碰撞后解曲线所处区域的右导数 $(\gamma = 1, 2)$, 然而当碰撞后解曲线仍然停留在分离边界上, 即 $\mathfrak{R} = \mathfrak{R}_0$ 时, 定义该处 $D^+\boldsymbol{x}^{(0)} = \mathfrak{R}(\boldsymbol{x}^{(0)}) - \boldsymbol{x}^{(0)}$, 即其脉冲的增量函数.

综合方程 (6.1.6) 及 (6.2.6), 可以将原脉冲 VdP 系统 (6.1.2) 转化为连续部分的子系统 (6.1.6) 以及不连续部分的脉冲面附近子系统 (6.2.6). 因此, 对脉冲 VdP 系统 (6.1.2) 解的动态性质的研究可以转化为对不连续动力系统 (6.1.6) 和 (6.2.6) 的流的研究.

如第 2 章所指出的, 对于脉冲 VdP 系统 (6.1.2) 从子域 $\Omega_\alpha(\alpha = 1, 2)$ 内出发的解, 其连续部分可以看做所对应的动力系统 (6.1.6) 在子域 Ω_α 内的流 $\boldsymbol{x}^{(\alpha)}$, 这种流称为域内流 (见文献 [20-25]). 同时, 相邻子域之间的动态分离边界 S 作为脉冲微分系统中最重要的部分, 其上也可以定义新的动力系统. 因此相对于内部区域而言, 称动态分离边界 S 为参照平面, 而其上动力系统的流称为参照流, 记为 $\bar{\boldsymbol{x}}$, 满足如

下动力系统:

$$\begin{cases} \varphi(t, \overline{\boldsymbol{x}}_t) = 0, \\ \dot{\overline{\boldsymbol{x}}}_t = \boldsymbol{f}^{(0)}(t, \overline{\boldsymbol{x}}_t), \end{cases} \tag{6.2.7}$$

其中 $\boldsymbol{f}^{(0)}$ 表示沿着参照平面 S 表面的参照流的向量场.

下面给出不连续动力系统的域内流相对于参照平面上参照流之间的几种典型几何关系.

定义 6.2.5　考虑脉冲 VdP 系统 (6.1.2) 从子域 $\Omega_\alpha(\alpha = 1, 2)$ 内出发的域内流 $\boldsymbol{x}_t^{(\alpha)}$, 以及动态分离边界 S 上的参照流 $\overline{\boldsymbol{x}}_t$. 对于任意时刻 $\tilde{t}$(其中 $\boldsymbol{x}_{\tilde{t}}^{(\alpha)} \notin S$, 即假定 $\boldsymbol{x}_{\tilde{t}}^{(\alpha)}$ 并未与参照平面 S 上的参照流 $\overline{\boldsymbol{x}}_{\tilde{t}}$ 相交), 以及任意小的 $\varepsilon > 0$, 在三个时刻 $[\tilde{t} - \varepsilon, \tilde{t})$, $\tilde{t}$, $(\tilde{t}, \tilde{t} + \varepsilon)$ 处, 记动态分离边界 S 上相应的法向量为 $^{\tilde{t}-\varepsilon}\boldsymbol{n}_S$, $^{\tilde{t}}\boldsymbol{n}_S$ 以及 $^{\tilde{t}+\varepsilon}\boldsymbol{n}_S$.

(i) 在区间 $[\tilde{t} - \varepsilon, \tilde{t})$ 上, 称域内流 $\boldsymbol{x}_t^{(\alpha)}$ 在时刻 $\tilde{t}$ 接近参照平面 S, 若

当 $\boldsymbol{n}_S^{\mathrm{T}} \cdot (\boldsymbol{x}^{(\alpha)} - \overline{\boldsymbol{x}}) < 0$ 时, $^{\tilde{t}}\boldsymbol{n}_S^{\mathrm{T}} \cdot (\boldsymbol{x}_{\tilde{t}}^{(\alpha)} - \overline{\boldsymbol{x}}_{\tilde{t}}) - {}^{\tilde{t}-\varepsilon}\boldsymbol{n}_S^{\mathrm{T}} \cdot (\boldsymbol{x}_{\tilde{t}-\varepsilon}^{(\alpha)} - \overline{\boldsymbol{x}}_{\tilde{t}-\varepsilon}) > 0;$

或

当 $\boldsymbol{n}_S^{\mathrm{T}} \cdot (\boldsymbol{x}^{(\alpha)} - \overline{\boldsymbol{x}}) > 0$ 时, $^{\tilde{t}}\boldsymbol{n}_S^{\mathrm{T}} \cdot (\boldsymbol{x}_{\tilde{t}}^{(\alpha)} - \overline{\boldsymbol{x}}_{\tilde{t}}) - {}^{\tilde{t}-\varepsilon}\boldsymbol{n}_S^{\mathrm{T}} \cdot (\boldsymbol{x}_{\tilde{t}-\varepsilon}^{(\alpha)} - \overline{\boldsymbol{x}}_{\tilde{t}-\varepsilon}) < 0. \quad (6.2.8)$

(ii) 在区间 $(\tilde{t}, \tilde{t} + \varepsilon]$ 上, 称域内流 $\boldsymbol{x}_t^{(\alpha)}$ 在时刻 $\tilde{t}$ 远离参照平面 S, 若

当 $\boldsymbol{n}_S^{\mathrm{T}} \cdot (\boldsymbol{x}^{(\alpha)} - \overline{\boldsymbol{x}}) < 0$ 时, $^{\tilde{t}}\boldsymbol{n}_S^{\mathrm{T}} \cdot (\boldsymbol{x}_{\tilde{t}}^{(\alpha)} - \overline{\boldsymbol{x}}_{\tilde{t}}) - {}^{\tilde{t}+\varepsilon}\boldsymbol{n}_S^{\mathrm{T}} \cdot (\boldsymbol{x}_{\tilde{t}+\varepsilon}^{(\alpha)} - \overline{\boldsymbol{x}}_{\tilde{t}+\varepsilon}) > 0;$

或

当 $\boldsymbol{n}_S^{\mathrm{T}} \cdot (\boldsymbol{x}^{(\alpha)} - \overline{\boldsymbol{x}}) > 0$ 时, $^{\tilde{t}}\boldsymbol{n}_S^{\mathrm{T}} \cdot (\boldsymbol{x}_{\tilde{t}}^{(\alpha)} - \overline{\boldsymbol{x}}_{\tilde{t}}) - {}^{\tilde{t}+\varepsilon}\boldsymbol{n}_S^{\mathrm{T}} \cdot (\boldsymbol{x}_{\tilde{t}+\varepsilon}^{(\alpha)} - \overline{\boldsymbol{x}}_{\tilde{t}+\varepsilon}) < 0. \quad (6.2.9)$

(iii) 在两个有限时间段 $[\tilde{t} - \varepsilon, \tilde{t})$ 和 $(\tilde{t}, \tilde{t} + \varepsilon]$ 上, 称域内流 $\boldsymbol{x}_t^{(\alpha)}$ 在时刻 $\tilde{t}$ 穿越参照平面 S, 若

对 $\boldsymbol{n}_S^{\mathrm{T}} \cdot (\boldsymbol{x}^{(\alpha)} - \overline{\boldsymbol{x}}) < 0$, $t \in [\tilde{t} - \varepsilon, \tilde{t})$,

$$\left.\begin{array}{l} {}^{\tilde{t}}\boldsymbol{n}_S^{\mathrm{T}} \cdot (\boldsymbol{x}_{\tilde{t}}^{(\alpha)} - \overline{\boldsymbol{x}}_{\tilde{t}}) - {}^{\tilde{t}-\varepsilon}\boldsymbol{n}_S^{\mathrm{T}} \cdot (\boldsymbol{x}_{\tilde{t}-\varepsilon}^{(\alpha)} - \overline{\boldsymbol{x}}_{\tilde{t}-\varepsilon}) > 0, \\ {}^{\tilde{t}}\boldsymbol{n}_S^{\mathrm{T}} \cdot (\boldsymbol{x}_{\tilde{t}}^{(\alpha)} - \overline{\boldsymbol{x}}_{\tilde{t}}) - {}^{\tilde{t}+\varepsilon}\boldsymbol{n}_S^{\mathrm{T}} \cdot (\boldsymbol{x}_{\tilde{t}+\varepsilon}^{(\alpha)} - \overline{\boldsymbol{x}}_{\tilde{t}+\varepsilon}) < 0; \end{array}\right\} \tag{6.2.10}$$

或对 $\boldsymbol{n}_S^{\mathrm{T}} \cdot (\boldsymbol{x}^{(\alpha)} - \overline{\boldsymbol{x}}) > 0$, $t \in [\tilde{t} - \varepsilon, \tilde{t})$,

$$\left.\begin{array}{l} {}^{\tilde{t}}\boldsymbol{n}_S^{\mathrm{T}} \cdot (\boldsymbol{x}_{\tilde{t}}^{(\alpha)} - \overline{\boldsymbol{x}}_{\tilde{t}}) - {}^{\tilde{t}-\varepsilon}\boldsymbol{n}_S^{\mathrm{T}} \cdot (\boldsymbol{x}_{\tilde{t}-\varepsilon}^{(\alpha)} - \overline{\boldsymbol{x}}_{\tilde{t}-\varepsilon}) < 0, \\ {}^{\tilde{t}}\boldsymbol{n}_S^{\mathrm{T}} \cdot (\boldsymbol{x}_{\tilde{t}}^{(\alpha)} - \overline{\boldsymbol{x}}_{\tilde{t}}) - {}^{\tilde{t}+\varepsilon}\boldsymbol{n}_S^{\mathrm{T}} \cdot (\boldsymbol{x}_{\tilde{t}+\varepsilon}^{(\alpha)} - \overline{\boldsymbol{x}}_{\tilde{t}+\varepsilon}) > 0. \end{array}\right\} \tag{6.2.11}$$

一旦流 $\boldsymbol{x}_t^{(\alpha)}$ 在时刻 t^* 与边界 S 发生碰撞, 即 $\boldsymbol{x}_{t^*}^{(\alpha)} = \overline{\boldsymbol{x}}_{t^*}$, 上述定义可以相应简化. 如, 穿越参照平面 S 的流 $\boldsymbol{x}_t^{(\alpha)}$ 就可以称为关于边界 S 的穿越流, 如图 6.4 所示. 其中箭头曲线表示各子域内的域内流, 粗虚线表示相邻两子域之间的动态分离边界 S, 箭头虚线表示在边界 S 上不同位置上的法向量方向, $\Omega_\alpha(\alpha = 1, 2)$ 为相邻两个子域, 圆点表示域内流与动态分离边界 S 的碰撞点, 也可看做不同子系统之间的状态转换点.

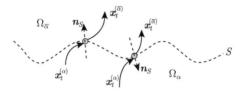

图 6.4 相邻了域边界上的穿越流

6.2.2 脉冲 VdP 系统的 Chatter 行为

借助不连续动力系统的流转换理论, 可以给出脉冲 VdP 系统 (6.1.2) chatter 现象发生与不发生的充分条件.

定理 6.2.1 *考虑脉冲 VdP 系统 (6.1.2) 所对应的域内动力系统 (6.1.6) 和边界上的碰撞系统 (6.2.6), 以及动态分离边界 S 上的动力系统 (6.2.7), 对应的域内流为 $\boldsymbol{x}^{(\alpha)}(\alpha = 1, 2)$, 参照流为 $\overline{\boldsymbol{x}}$, 记动态分离边界 S 上相应的法向量为 $\boldsymbol{n}_S$. 若满足条件*

(C_1) *对于任意时刻 t, 存在函数 $B(t) \in L'(\mathbf{R}_+, \mathbf{R}_+)$, 使得*

$$\boldsymbol{n}_S^{\mathrm{T}}(t, \overline{\boldsymbol{x}}_t) \cdot \boldsymbol{f}^{(\lambda)} \geqslant B(t), \tag{6.2.12}$$

其中 $\lambda \in \{0, \alpha\}, \alpha = 1, 2, \displaystyle\int_t^\infty B(s)\mathrm{d}s = \infty$, 且

$$\begin{cases} \boldsymbol{f}^{(\alpha)} = \boldsymbol{f}^{(\alpha)}(t, \boldsymbol{x}_t^{(\alpha)}), & \text{在 } \Omega_\alpha \text{ 内}, \\ \boldsymbol{f}^{(0)} = \boldsymbol{f}^{(0)}(t, \overline{\boldsymbol{x}}_t) = \dot{\overline{\boldsymbol{x}}}_t, & \text{在 } S \text{ 上}, \end{cases} \tag{6.2.13}$$

则对于脉冲 VdP 系统 (6.1.2) 从子域 $\Omega_\alpha(\alpha = 1, 2)$ 内出发的任意解与脉冲面 S 至多发生一次碰撞, 即 chatter 现象不发生.

证明 设 $\boldsymbol{x}^{(\alpha)}(t) = \boldsymbol{x}^{(\alpha)}(t, t_0, \boldsymbol{x}_0^{(\alpha)})$ 为系统 (6.1.2) 过子域 $\Omega_\alpha(\alpha = 1, 2)$ 内任意点 $(t_0, \boldsymbol{x}_0^{(\alpha)})$ 的解. 根据子域 Ω_α 的定义, 可以知道 $\varphi(t_0, \boldsymbol{x}_0^{(1)}) > 0$ 或 $\varphi(t_0, \boldsymbol{x}_0^{(2)}) < 0$, 下面将根据这两种情况进行证明.

一方面, 对约束函数的几何意义进行说明. 由于 $\varphi(t) = x_1 - V(t)$, 当解曲线在子域 Ω_α 内部时, 约束函数沿着域内子系统 (6.1.6) 的解的导函数为

$$\left. D\varphi \right|_{(6.1.6)} = \frac{\partial \varphi}{\partial \boldsymbol{x}} \cdot \left. \dot{\boldsymbol{x}} \right|_{(6.1.6)}$$

$$= \left(\frac{\partial \varphi}{\partial x_1}, \frac{\partial \varphi}{\partial x_2} \right) \cdot (x_1', x_2')^{\mathrm{T}}$$

$$= x_2 + \frac{\partial \varphi}{\partial x_1} \cdot \frac{\partial x_1}{\partial x_2} \cdot x_2' \tag{6.2.14}$$

$$= x_2 + \frac{\mathrm{d}x_1}{\mathrm{d}t} \Big/ \frac{\mathrm{d}x_2}{\mathrm{d}t} \cdot x_2'$$

$$= 2x_2.$$

由条件 (C_1) 知,

$$\left. D\varphi \right|_{(6.1.6)} \geqslant B(t) \tag{6.2.15}$$

成立.

另一方面, 约束函数关于时间的导数为

$$\varphi'(t, \boldsymbol{x}(t)) = \frac{\mathrm{d}\varphi}{\mathrm{d}t} = x_2 - V'(t). \tag{6.2.16}$$

而 $B(t) \in L'(\mathbf{R}_+, \mathbf{R}_+)$, 且 $\int_t^\infty B(s)\mathrm{d}s = \infty$, 由 (6.2.15) 可推得 $\left. D\varphi \right|_{(6.1.6)} > V'(t)$, 即

$$\varphi'(t, \boldsymbol{x}(t)) > 0. \tag{6.2.17}$$

考虑任意从子域 Ω_1 中出发的解 $\boldsymbol{x}^{(1)}(t)$, 可以得到 $\varphi(t, \boldsymbol{x}^{(1)}(t)) > \varphi(t_0, \boldsymbol{x}_0^{(1)}) > 0, \forall t > t_0$. 由约束函数的定义, 系统解将不再与边界产生任何碰撞, 在这种情形下, chatter 现象将不会发生.

在另一种情形下, 考虑从子域 Ω_2 中出发的解 $\boldsymbol{x}^{(2)}(t)$, 由于 $\varphi(t_0, \boldsymbol{x}_0^{(2)}) < 0$, 因此由 $\varphi(t, \boldsymbol{x}^{(2)}(t))$ 的单调性, 存在 $t_m > t_0$, 使得 $\varphi(t_m) = 0$, 系统流 $\boldsymbol{x}_t^{(2)}$ 将在 t_m 与边界发生碰撞, 其中 $\boldsymbol{x}_{t_m}^{(2)} = \overline{\boldsymbol{x}}_{t_m}$.

下面证明在第二种情形下, 解曲线 $\boldsymbol{x}^{(2)}(t)$ 在 t_m 与边界发生第一次碰撞, 且对于任意 $t \in (t_0, t_m)$, $\varphi(t, \boldsymbol{x}^{(2)}(t)) < 0$, 即 t_m 为解曲线与边界的唯一碰撞时刻. 首先, 证明在此种情形下, 碰撞点附近的边界映射为

$$\Re(\boldsymbol{x}^{(2)}(t_m)) = \Re_1(\boldsymbol{x}^{(2)}(t_m)) \doteq \boldsymbol{x}_{t_m}^1 \in S^1. \tag{6.2.18}$$

否则, 作如下假设 (i) 若 $\lambda_2 = 1$, 即 $\Re(\boldsymbol{x}^{(2)}(t_m)) = \Re_2(\boldsymbol{x}^{(2)}(t_m)) \doteq \boldsymbol{x}_{t_m}^2 \in S^2$. 则广义局部映射的 $\gamma = 2$. 由脉冲函数 $\boldsymbol{h}$ 的连续性, 以及运动方程 (6.2.6), 有

$$\boldsymbol{h}(\Re_2(\boldsymbol{x}^{(2)}(t_m))) = \boldsymbol{h}(\boldsymbol{x}_{t_m}^2) \doteq \boldsymbol{x}^{(2)}(t_m^+) \in \Omega_2, \tag{6.2.19}$$

即 $\varphi(t_m^+, \boldsymbol{x}^{(2)}(t_m^+)) < 0$.

借助上面对约束函数导数的讨论以及 $\varphi(t_m) = 0$, 可以得到

$$D^+\varphi(t_m, \boldsymbol{x}^{(2)}(t_m)) < 0, \qquad (6.2.20)$$

由式 (6.2.17) 可得矛盾;

(ii) 若 $\lambda_0 = 1$, 即 $\Re(\boldsymbol{x}^{(2)}(t_m)) = \Re_0(\boldsymbol{x}^{(2)}(t_m)) \doteq \boldsymbol{x}_{t_m}^0 \in S^0$. 根据区域内部的运动方程 (6.1.6) 可得到

$$\boldsymbol{h}(\Re_0(\boldsymbol{x}^{(2)}(t_m))) = \boldsymbol{h}(\boldsymbol{x}_{t_m}^0) \doteq \boldsymbol{x}^{(0)}(t_m^+) \in S^0 \subset S, \qquad (6.2.21)$$

即系统流将在边界上停留, 且 $\varphi(t_m^+, \boldsymbol{x}^{(0)}(t_m^+)) = 0$. 同时, 由于 $\varphi(t_m, \boldsymbol{x}^{(2)}(t_m)) = 0$, 由 φ 的定义可以得到 $x_1(t_m) = V(t_m)$, 且 $V(t_m^+) = x_1(t_m^+)$.

借助阈值函数 $V(t)$ 的连续性及性质, 有 $x_1(t_m) = x_1(t_m^+)$, 即 $x'(t_m) = x'(t_m^+)$. 因此由电路的等势性, 可以得到

$$\boldsymbol{x}^{(2)}(t_m) = \boldsymbol{x}^{(2)}(t_m^+). \qquad (6.2.22)$$

另一方面, 由方程 (6.2.7), 对任意 $t \in \delta^+(t_m)$, 即 t_m 右侧的任意时刻, $\varphi(t, \bar{\boldsymbol{x}}(t)) = 0$. 另外, 在此处边界附近, $\bar{\boldsymbol{x}}(t) = \boldsymbol{x}^{(2)}(t)$ 成立, 即

$$\bar{\boldsymbol{x}}(t_m) = \boldsymbol{x}^{(2)}(t_m), \quad \bar{\boldsymbol{x}}(t_m^+) = \boldsymbol{x}^{(2)}(t_m^+). \qquad (6.2.23)$$

由 (6.2.22) 可以知道, $\bar{\boldsymbol{x}}(t_m) = \bar{\boldsymbol{x}}(t_m^+)$, 即

$$\dot{\bar{\boldsymbol{x}}}(t) = 0, \quad t \in [t_m, t_m^+]. \qquad (6.2.24)$$

由方程 (6.2.7) 导数的定义, 对于 $t \in [t_m, t_m^+]$, 有

$$\boldsymbol{n}_S^{\mathrm{T}}(t, \overline{\boldsymbol{x}}_t) \cdot \boldsymbol{F}^{(0)} = \boldsymbol{n}_S^{\mathrm{T}}(t, \overline{\boldsymbol{x}}_t) \cdot \dot{\bar{\boldsymbol{x}}} = 0, \qquad (6.2.25)$$

由条件 (C$_1$) 可得矛盾.

综合情形 (i) 与情形 (ii), 可证得 (6.2.18), 即该解曲线将与脉冲面碰撞且穿越进入另一子域 Ω_1 中. □

注 6.2.1　上述定理的条件不同于一般脉冲微分系统理论 Lakshmikantham 等[11], Hu 等[12], Zheng 和 Fu[17] 中关于脉动现象发生与不发生的条件对脉冲面导数限定的要求, 可以借助不连续动力系统流转换理论动态分析边界的奇异性, 针对动态边界上每一点处的法向量进行讨论, 从而得出 chatter 现象的结果. 为进一步应用流转换理论, 下面借助 G 函数给出另一个 chatter 现象不发生的充分条件, 通过参照平面上流的接近、远离以及穿越流的概念改进了证明方法.

定理 6.2.2   在定理 6.2.1 的假设下, 对于脉冲 VdP 系统 (6.1.2) 从子域 Ω_2 内出发的以 $(t_0, \boldsymbol{x}_0)$ 为初始点的解, 若满足条件 (C$_2$)

$$G_S^{(2)}(t, \boldsymbol{x}_t^{(2)}) \geqslant 0, \tag{6.2.26}$$
$$G_S^{(1)}(t, \boldsymbol{x}_t^{(1)}) \neq 2V'(t).$$

则解与脉冲面 S 发生且仅发生一次碰撞, 即 chatter 现象不发生.

证明   令 $\boldsymbol{x}^{(2)}(t) = \boldsymbol{x}^{(2)}(t, t_0, \boldsymbol{x}_0)$ 为脉冲 VdP 系统 (6.1.2) 从子域 Ω_2 内出发的以 $(t_0, \boldsymbol{x}_0)$ 为初始点的解. 根据 Ω_2 的定义, 有 $\varphi(t_0, \boldsymbol{x}_0^{(2)}) < 0$.

由于 $\varphi(t, \boldsymbol{x}) = x_1 - V(t)$, 当解停留在子域 Ω_2 之中时, 由 (6.2.17) 式类似可得

$$D\varphi\bigg|_{(6.1.6)} = 2x_2 = G_S^{(2)}(t, \boldsymbol{x}_t^{(2)}) \geqslant 0, \tag{6.2.27}$$

即当解曲线 $\boldsymbol{x}^{(2)}(t)$ 在子域 Ω_2 之中时, 约束函数 φ 将关于方程 (6.1.6) 递增, 从状态变化的角度, 可以记为 $\varphi|_{\boldsymbol{x}}$.

由于 $\varphi(t_0, \boldsymbol{x}_0^{(2)}) < 0$, 这样将存在状态点 $\boldsymbol{x}_m$, 满足 $\varphi|_{\boldsymbol{x}_m} = 0$. 假设相应时刻为 $t_m > t_0$, 满足 $\boldsymbol{x}(t_m) = \boldsymbol{x}_m$.

首先说明 $\boldsymbol{x}_m$ 是系统 (6.1.2) 轨线 $\boldsymbol{x}$ 与边界 S 的交点, 而 $(t_m, \boldsymbol{x}_m)$ 是解曲线 $\boldsymbol{x}(t)$ 与脉冲面的碰撞点, 即在时刻 t_m, 系统流 $\boldsymbol{x}_t^{(2)}$ 与边界 S 碰撞, 且 $\boldsymbol{x}_{t_m}^{(2)} = \overline{\boldsymbol{x}}_{t_m}$.

然后验证 $(t_m, \boldsymbol{x}_m)$ 是解曲线与脉冲面碰撞的唯一点, 即可以证明在点 t_m 附近, 流 $\boldsymbol{x}_t^{(2)}$ 关于边界是可穿越的.

根据流接近参照面的定义, 考虑任意小区间 $(t_m - \varepsilon, t_m]$. 由 Taylor 级数在 $t_m - \varepsilon$ 关于 t_m 展开 ${}^t\boldsymbol{n}_S^{\mathrm{T}} \cdot (\boldsymbol{x}^{(2)} - \overline{\boldsymbol{x}})$, 且由于在这一小段上参照面不依赖于时间, 于是

$$
\begin{aligned}
\boldsymbol{n}_S^{\mathrm{T}} \cdot (\boldsymbol{x}^{(2)} - \overline{\boldsymbol{x}})\bigg|_{t_m - \varepsilon} &= \boldsymbol{n}_S^{\mathrm{T}} \cdot (\boldsymbol{x}^{(2)} - \overline{\boldsymbol{x}})\bigg|_{t_m} - \varepsilon D(\boldsymbol{n}_S^{\mathrm{T}} \cdot (\boldsymbol{x}^{(2)} - \overline{\boldsymbol{x}}))\bigg|_{t_m} + o(\varepsilon) \\
&= \boldsymbol{n}_S^{\mathrm{T}} \cdot (\boldsymbol{x}^{(2)} - \overline{\boldsymbol{x}})\bigg|_{t_m} - \varepsilon[(D\boldsymbol{n}_S)^{\mathrm{T}} \cdot (\boldsymbol{x}^{(2)} - \overline{\boldsymbol{x}}) \\
&\quad + \boldsymbol{n}_S^{\mathrm{T}} \cdot (\dot{\boldsymbol{x}}^{(2)} - D\overline{\boldsymbol{x}})]\bigg|_{t_m} + o(\varepsilon) \\
&= \varepsilon[(D\boldsymbol{n}_S)^{\mathrm{T}}\bigg|_{t_m} \cdot (\boldsymbol{x}^{(2)} - \overline{\boldsymbol{x}}) + \boldsymbol{n}_S^{\mathrm{T}} \cdot \dot{\boldsymbol{x}}^{(2)}\bigg|_{t_m} - \boldsymbol{n}_S^{\mathrm{T}} \cdot \dot{\overline{\boldsymbol{x}}}\bigg|_{t_m}] + o(\varepsilon) \\
&= -\varepsilon G_S^{(2)}(t_m, \boldsymbol{x}_{t_m}^{(2)}) + o(\varepsilon),
\end{aligned}
\tag{6.2.28}
$$

其中 $D(\cdot) = \mathrm{d}(\cdot)/\mathrm{d}t$.

因此, 考虑到流 $\boldsymbol{x}_t^{(2)}$ 仍停留在子域 Ω_2, 关于边界的法向量指向 Ω_1. 另外, 约束函数 $\varphi(t_m) = 0$ 且 $\varphi(t_m^-) < 0$, 可推出 $\frac{1}{2}D\varphi(t_m^-) \geqslant 0$. 即 $G_S^{(2)}(t_m^-, \boldsymbol{x}_{t_m}^{(2)}) - V'(t_m^-) \geqslant 0$.

实际上, 当流停留在 Ω_2 内, 这两种导数之间关系为

$$
\begin{aligned}
D\varphi(t, \boldsymbol{x}^{(2)}(t))\Big|_{(6.1.6)} &= G_S^{(2)}(t, \boldsymbol{x}_t^{(2)}), \\
\varphi'(t, \boldsymbol{x}^{(2)}(t)) &= \frac{1}{2} D\varphi(t, \boldsymbol{x}^{(2)}(t))\Big|_{(6.1.6)} - V'(t).
\end{aligned}
\tag{6.2.29}
$$

当 $\boldsymbol{n}_S^{\mathrm{T}} \cdot (\boldsymbol{x}^{(2)} - \overline{\boldsymbol{x}}) < 0$ 时,

$$
\boldsymbol{n}_S^{\mathrm{T}} \cdot (\boldsymbol{x}^{(2)} - \overline{\boldsymbol{x}})\Big|_{t_m - \varepsilon} < \boldsymbol{n}_S^{\mathrm{T}} \cdot (\boldsymbol{x}^{(2)} - \overline{\boldsymbol{x}})\Big|_{t_m}.
\tag{6.2.30}
$$

根据流接近参照面的概念, 由 $\varepsilon \to 0$, 流 $\boldsymbol{x}_t^{(2)}$ 在时刻 t_m 是接近边界的, 变成 $\boldsymbol{x}_t^{(1)}$, 即解曲线将与边界发生碰撞且进入另一个子域中.

下面说明流 $\boldsymbol{x}_t^{(1)}$ 在时刻 t_m 之后是远离参照平面的. 类似方程 (6.2.29), 当流停留在 Ω_1 内, 前面讨论的条件, 有

$$
\begin{aligned}
D\varphi(t, \boldsymbol{x}^{(1)}(t))\Big|_{(6.1.6)} &= G_S^{(1)}(t, \boldsymbol{x}_t^{(1)}), \\
\varphi'(t, \boldsymbol{x}^{(1)}(t)) &= \frac{1}{2} D\varphi(t, \boldsymbol{x}^{(1)}(t))\Big|_{(6.1.6)} - V'(t).
\end{aligned}
\tag{6.2.31}
$$

对任意小的区间 $[t_m, t_m + \varepsilon)$, 对于约束函数 φ 在时刻 t_m 关于状态 $\boldsymbol{x}$ 的变化, 仍有 $\varphi(t_m, \boldsymbol{x}(t_m)) = 0$. 由于 $D_{\boldsymbol{x}}\varphi(t_m^-, \boldsymbol{x}^{(2)}(t_m^-)) \geqslant 0$ 在 Ω_2 内成立, 可以得到

$$
D_{\boldsymbol{x}}\varphi(t_m^+, \boldsymbol{x}(t_m^+)) \geqslant 0.
\tag{6.2.32}
$$

关于域内流与边界流之间差量的法向量分量, 类似 Taylor 级数在 $t_m + \varepsilon$ 关于 t_m 展开 ${}^t\boldsymbol{n}_S^{\mathrm{T}} \cdot (\boldsymbol{x}^{(1)} - \overline{\boldsymbol{x}})$, 可得到

$$
\begin{aligned}
\text{当 } \boldsymbol{n}_S^{\mathrm{T}} \cdot (\boldsymbol{x}^{(1)} - \overline{\boldsymbol{x}}) < 0 \text{时,} \quad \boldsymbol{n}_S^{\mathrm{T}} \cdot (\boldsymbol{x}^{(1)} - \overline{\boldsymbol{x}})\Big|_{t_m} - \boldsymbol{n}_S^{\mathrm{T}} \cdot (\boldsymbol{x}^{(1)} - \overline{\boldsymbol{x}})\Big|_{t_m + \varepsilon} > 0, \\
\text{当 } \boldsymbol{n}_S^{\mathrm{T}} \cdot (\boldsymbol{x}^{(1)} - \overline{\boldsymbol{x}}) > 0 \text{时,} \quad \boldsymbol{n}_S^{\mathrm{T}} \cdot (\boldsymbol{x}^{(1)} - \overline{\boldsymbol{x}})\Big|_{t_m} - \boldsymbol{n}_S^{\mathrm{T}} \cdot (\boldsymbol{x}^{(1)} - \overline{\boldsymbol{x}})\Big|_{t_m + \varepsilon} < 0.
\end{aligned}
\tag{6.2.33}
$$

最后说明 t_m 是唯一碰撞点.

由于 $\varphi(t_m^+, \boldsymbol{x}^{(1)}(t_m^+)) > 0$, 一旦存在时刻 $\hat{t}$ 使得 $\varphi(\hat{t}, \boldsymbol{x}^{(1)}(\hat{t})) = 0$, 显然无论 $\boldsymbol{n}_S^{\mathrm{T}} \cdot (\boldsymbol{x}^{(1)} - \overline{\boldsymbol{x}}) < 0$, 还是 $\boldsymbol{n}_S^{\mathrm{T}} \cdot (\boldsymbol{x}^{(1)} - \overline{\boldsymbol{x}}) > 0$, $\varphi'(\hat{t}, \boldsymbol{x}^{(1)}(\hat{t}))$ 将成为零, 根据方程 (6.2.31) 可以说明 $G_S^{(1)}(t, \boldsymbol{x}_t^{(1)})\big|_{\hat{t}} = 2V'(\hat{t})$, 由 (C_2) 可得矛盾.

综上所述, 有

$$
\varphi(t, \boldsymbol{x}_t^{(1)}) > 0, \quad \forall t > t_m.
\tag{6.2.34}
$$

由 Ω_1 的定义, $\boldsymbol{x}_t^{(1)} \in \Omega_1$, 即解曲线将不再与边界碰撞. $\hspace{1em}\square$

注 6.2.2　为了使结果更具有一般性, 可通过改进条件, 借助 G 函数给出另一个定理, 将所有可能纳入结果中.

定理 6.2.3　在定理 6.2.2 的假定下, 若条件 (C_1) 换为

(C_2')

$$\text{当 } \boldsymbol{n}_S^{\mathrm{T}} \cdot (\boldsymbol{x}^{(\alpha)} - \overline{\boldsymbol{x}}) < 0 \text{ 时, } G_S^{(\alpha)}(t, \boldsymbol{x}^{(\alpha)}) \geqslant 0;$$

或

$$\text{当 } \boldsymbol{n}_S^{\mathrm{T}} \cdot (\boldsymbol{x}^{(\alpha)} - \overline{\boldsymbol{x}}) > 0 \text{ 时, } G_S^{(\alpha)}(t, \boldsymbol{x}^{(\alpha)}) \neq 2V'(t),$$

其中 $\alpha = 1, 2$. 则定理 6.2.1 的结论不变.

证明　证明过程见文献 [11].　　　　　　　　　　　　　　　　　　　　　□

6.2.3　Chatter 动力学的仿真

首先, 对系统 (6.1.2) 考虑线性阻尼, 外部环境为理想状态, 即忽略外部干扰, 取参数为

$$\mu = 1, \ p_0 = 1, \ t_0 = 0, \ x(0) = 0.25, \ x'(0) = 0$$

时, 系统状态如图 6.5 所示. 可以看出, 系统自身出现规则的周期振荡行为.

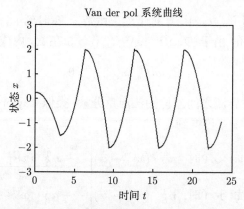

图 6.5　在线性阻尼及外部环境理想状态下的 Van der Pol 方程解曲线

其次, 对系统 (6.1.2) 仍然考虑线性阻尼, 但当外部环境出现微小干扰时, 取参数为 $p_0 = 1.01$, 系统状态如图 6.6 所示, 可以看出系统在原周期行为的基础上, 当满足一定条件, 即系统状态达到某范围的极值时, 出现小幅无规则震荡, 使其解曲线出现不光滑现象.

最后, 我们采用文献 [9] 中的电流跟踪控制策略, 对系统 (6.1.2) 施以适当外部刺激信号, 取脉冲函数 $h = 1.0201x$ 时, 系统在外界线性阻尼以及微小扰动影响下, 一旦系统状态达到约束函数的条件, 外部控制器对系统状态施以一定刺激, 其结果

如图 6.7 所示, 系统在原本出现小幅震荡的局部维持稳定和光滑, 使系统整体呈现周期行为. 其中图 6.7(a) 中实线表示解状态变量, 虚线表示速度变量, 图 6.7(b) 中实线表示相空间中的轨线. 图 6.7 呈现了在适当外部控制下系统状态的稳定周期行为.

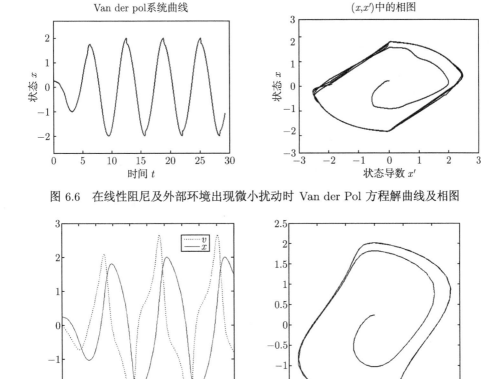

图 6.6 在线性阻尼及外部环境出现微小扰动时 Van der Pol 方程解曲线及相图

图 6.7 在适当外部刺激下的 Van der Pol 方程解曲线

6.3 脉冲 VdP 系统的周期流

VdP 振子方程作为经典的非线性振动方程, 因其特殊的周期吸引子而成为非线性科学领域的研究热点之一. 而由于脉冲的存在, 脉冲 VdP 系统本质上成为一种具体的不连续动力系统, 进而产生不连续动力系统特殊的复杂动态行为, 例如 chatter 等等, 在这些复杂动态行为下系统的周期吸引子形态将更加复杂. 本节以具体的一类具固定时刻脉冲的脉冲 VdP 方程的周期运动为例, 借助不连续动力系统的映射理论, 给出映射意义下的脉冲 VdP 系统的周期流定义, 并对其动力学行为进行分析和预测, 介绍其稳定性准则和分支结果, 最后将其应用于一个具体的实例中.

6.3.1 脉冲 VdP 系统的周期运动

在脉冲 VdP 系统的实际应用中, 根据 Fu 和 Zheng[10] 中的脉冲控制策略, 脉冲控制器将周期性地工作, 补充电子平滑状态的突变. 假设可以从方程 $\varphi(t, x, \dot{x}) = 0$ 显性的求出这些切换时刻, 它可以被看作是整个空间中的一个时间面序列, 被称为脉冲表面, 用 $S_k(k \in Z)$ 表示. 因此为了研究复杂振荡现象, 特别是系统 (6.1.2) 的周期运动, 下面给出系统 (6.1.2) 的一个固定时刻脉冲情形

$$\begin{cases} \ddot{x} - \mu f(x)\dot{x} + p_0^2 x = 0, & t \neq t_k, \\ x(t^+) = h(x(t)), & t = t_k, \\ \dot{x}(t^+) = g(x(t), \dot{x}(t)), & t = t_k, \end{cases} \tag{6.3.1}$$

其中 $t_k = kT$ $(k \in Z)$ 为固定切换时刻, 而 T 为周期振荡的周期.

当系统 (6.3.1) 的脉冲发生时, 通过构造基本映射, 可采取不连续动力系统的流转换理论重点讨论在切换时刻附近流的动力学行为, 并借助不连续动力系统的映射动力学结果解决系统的周期解的稳定性分析和分支预测.

首先确定相应的子域和边界. 我们知道, 由碰撞引起的不连续动力系统可以被看作是由几个连续子系统组成的整体不连续系统, 其运动状态空间由许多连续子域组成[26]. 因此, 按照第三章中对具时间切换的不连续动力系统的划分方式, 可以将 $\mathbf{R} \times \mathbf{R}$ 中的整个空间 $(x, \dot{x})$ 分为随时间变化的几个子域和边界.

定义 6.3.1 对于系统 (6.3.1), 假设 $t_k\mathrm{s}(k \in Z)$ 为有限个脉冲时刻, 介于第 i 次和第 $i+1$ 次脉冲之间的流对应的子空间 (即介于第 i 次和第 $i+1$ 次脉冲之间的连续轨线所处的部分) 为

$$\Omega_i = \{(x(t), \dot{x}(t)) | \dot{x}(t) \neq V, \ t \in (t_i, t_{i+1}), \ t_i = kT, \ k \in Z\}, \quad i = 1, 2, \cdots, M,$$

时刻 t_j 处的第 j 个脉冲面可看作子域 Ω_j 与 Ω_{j+1} 之间的边界, 定义为

$$\partial\Omega_j = \{(x_j, \dot{x}_j) | \dot{x}_j = V, \ t = t_j, \ t_j = kT, \ k \in Z\}, \quad j = 1, 2, \cdots, N,$$

其中 $x_j = x(t_j), \ \dot{x}_j = \dot{x}(t_j)$.

这样, 全体空间 Ω 被划分为若干子空间及其之间的边界, 表示为

$$\Omega = \left(\bigcup_{i=1}^{M} \Omega_i\right) \cup \left(\bigcup_{j=1}^{N} \partial\Omega_j\right),$$

故整个系统的流根据此划分来看也可以分为两个部分.

若任给 $(x^{(i)}, \dot{x}^{(i)}) \in \Omega_i \subset \Omega$, 系统 (6.3.1) 在第 i 个子空间内的方程为

$$\ddot{x}^{(i)} - \mu f(x^{(i)}) \dot{x}^{(i)} + p_0^2 x^{(i)} = 0, \tag{6.3.2}$$

也可以表示为 C^{r_i}-连续系统 $(r_i \geqslant 1)$ 的向量形式

$$\dot{\boldsymbol{x}}^{(i)} \equiv \boldsymbol{F}^{(i)}(t, \boldsymbol{x}^{(i)}, \boldsymbol{p}), \tag{6.3.3}$$

其中 $\boldsymbol{x}^{(i)} = (x^{(i)}, \dot{x}^{(i)})^{\mathrm{T}} \in \Omega_i$, 向量场 $\boldsymbol{F}^{(i)}(t, \boldsymbol{x}^{(i)}, \boldsymbol{p})$ 关于状态向量 $\boldsymbol{x}^{(i)}$ 和时间 t 是 C^{r_i} 连续的, $\boldsymbol{p}$ 表示参数 μ, p_0. 满足初始条件的系统 (6.3.1) 连续部分的解为 $\boldsymbol{x}^{(i)}(t) = \boldsymbol{\Phi}(t_0, \boldsymbol{x}^{(i)}(t_0), t)$, 初始条件为 $(t_0, \boldsymbol{x}^{(i)}(t_0))$.

若任给 $(x_j, \dot{x}_j) \in \partial\Omega_j \subset \Omega$, 系统在分离边界 $\partial\Omega_j$ 上的动态行为可以通过相应的传输率来描述. 为了理解从一个子域到另一个子域的流的非线性动力学, 首先将通过建立基本映射来引入这种传输率, 具体参见第 3 章不连续动力系统的映射动力学.

定义 6.3.2 对于具有有限个脉冲时刻的脉冲 VdP 系统 (6.3.1), 在边界 $\partial\Omega_j$ 上的第 j 个转换集 $\Xi_j (j = 1, 2, \cdots, N)$ 可以定义为

$$\Xi_j = \{(t_j, x_j, \dot{x}_j) | \dot{x}_j = V, \ t_j = kT, \ k \in Z\},$$

而该转换集的右邻子集定义为

$$\Xi_j^+ = \{(t_j^+, x_j^+, \dot{x}_j^+) | x_j^+ = h(x_j), \ \dot{x}_j^+ = g(x_j, \dot{x}_j), \ t_j = kT, \ k \in Z\}, \tag{6.3.4}$$

即在第 j 个切换时刻的传输率.

下面, 可以在具有有限个脉冲时刻的脉冲 VdP 系统 (6.3.1) 相邻两个子域的动态分离边界附近构造如下局部离散映射.

定义 6.3.3 设 $\boldsymbol{x}_i$ 为转换集 Ξ 上的任意点, 则区间 $[t_i, t_{i+1}]$ 上关于相邻转换集的局部离散映射为

$$\begin{aligned} P_i: \quad & \Xi_i^+ \to \Xi_{i+1} \\ & \boldsymbol{x}_i^+ \to \boldsymbol{x}_{i+1}, \end{aligned} \tag{6.3.5}$$

其中方程 (6.3.2) 成立.

同时, 系统 (6.3.1) 在 $t = t_{i+1}$ 时刻的从 Ξ_{i+1} 到其右邻子集 Ξ_{i+1}^+ 的第 $i+1$ 个传输映射为

$$\begin{aligned} P_0^{(i+1)}: \quad & \Xi_{i+1} \to \Xi_{i+1}^+ \\ & \boldsymbol{x}_{i+1} \to \boldsymbol{x}_{i+1}^+, \end{aligned} \tag{6.3.6}$$

其中方程 (6.3.4) 成立.

　　图 6.8 展示了相空间中转换集及相邻子集之间的基本映射, 局部映射 P_i 从右邻子集 Ξ_j^+ 上的实心点 $(t_j^+, x_j^+, \dot{x}_j^+)$ 映射至 Ξ_{j+1} 上的空心点 $(t_{j+1}, x_{j+1}, \dot{x}_{j+1})$, 展示了系统的连续部分, 而 $P_0^{(i+1)}$ 为传输映射, 从 Ξ_{j+1} 上的空心点 $(t_{j+1}, x_{j+1}, \dot{x}_{j+1})$ 映射到右邻子集 Ξ_{i+1}^+ 上的实心点 $(t_{j+1}^+, x_{j+1}^+, \dot{x}_{j+1}^+)$, 展示了第 $i+1$ 次脉冲, 即系统的不连续部分.

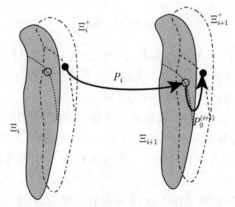

图 6.8　相空间中转换集及相邻子集之间的基本映射

　　由第 3 章中基本元映射的复合, 可以对 $i = i_1, i_2, \cdots, i_k, i_{k+1}$, 在区间 $[t_{i_1}, t_{i_{k+1}}]$ 上得到

$$
\begin{aligned}
P_{i_k i_{k-1} \cdots i_2 i_1}^{(i_2, i_3, \cdots, i_k, i_{k+1})} &= P_{i_k}^{(i_{k+1})} \circ P_{i_{k-1}}^{(i_k)} \circ \cdots \circ P_{i_1}^{(i_2)} \\
&= (P_0^{(i_{k+1})} \circ P_{i_k}) \circ (P_0^{(i_k)} \circ P_{i_{k-1}}) \circ \cdots \circ (P_0^{(i_2)} \circ P_{i_1}),
\end{aligned}
$$

即相空间中不同平面上 k 个不同子映射的全映射, 如图 6.9 所示.

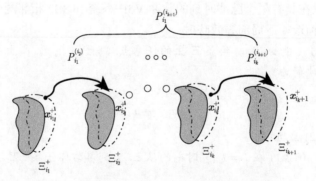

图 6.9　不同转换集之间 k 个不同元映射的复合

　　对于系统 (6.3.1), 下面将给出周期运动的解析条件及稳定性结果. 按照第 3 章中映射意义下的周期运动的定义, 周期条件为

$$\boldsymbol{x}(t_{i_m}) = \boldsymbol{x}(t_{i_0}), \tag{6.3.7}$$

其中 $t_{i_m} - t_{i_0} \equiv mT$ 为常数, 且

$$\boldsymbol{x}^+(t_{i_m}) = \boldsymbol{x}^+(t_{i_0}), \tag{6.3.8}$$

即

$$\left. \begin{aligned} &\boldsymbol{x}(t_{i_j} + T) = \boldsymbol{\Phi}(t_{i_j}^+, \boldsymbol{x}_{i_j}^+, t_{i_j} + T), \\ &x^+(t_{i_j} + T) = h(x(t_{i_j} + T)), \\ &\dot{x}^+(t_{i_j} + T) = g(x(t_{i_j} + T), \dot{x}(t_{i_j} + T)), \\ &\varphi(t_{i_j} + T, x(t_{i_j} + T), \dot{x}(t_{i_j} + T)) = 0, \end{aligned} \right\} \quad j = 0, 1, \cdots, m-1, \tag{6.3.9}$$

其中 T 为系统 (6.3.1) 的周期, Φ 为系统的解函数, 而 $(t_{i_j}^+, \boldsymbol{x}_{i_j}^+) \in \Xi_{i_j}^+$, $\boldsymbol{x}_{i_j}^+ - \boldsymbol{x}^+(t_{i_j})$ 是第 i_j 个子系统的初始点 $(j = 1, 2, \cdots, m)$.

通过系统方程以及转换集的定义可以解得传输率条件为

$$\dot{x}_{i_j} = \dot{x}_{i_j + T} = V, \quad \dot{x}_{i_j}^+ = \dot{x}_{i_j + T}^+ \neq V. \tag{6.3.10}$$

通过求解方程 (6.3.7)—(6.3.10) 可以得到周期-m 运动的解析条件. 下面进行相应周期运动的局部稳定性和分支分析.

定理 6.3.1 对于具有有限个脉冲时刻的脉冲 VdP 系统 (6.3.1), 若存在满足周期解析条件的周期-m 运动, 则可通过广义特征值理论分析其局部稳定性及分支现象.

证明 对于具有有限个脉冲时刻的脉冲 VdP 系统 (6.3.1), 考虑其子空间内的子系统 (6.3.2) 及相应脉冲边界的传输率 (6.3.4). 对于起始于第 i_1 个子系统的转换集 $\Xi_{i_0}^+$, 以切换时刻 t_{i_0} 为初始时刻, $\boldsymbol{x}_{i_0}^+$ 为初始点的周期运动 $\boldsymbol{x}(t) = \boldsymbol{\Phi}(t_{i_0}^+, \boldsymbol{x}_{i_0}^+, t)$, 根据周期运动的定义, 有

$$\boldsymbol{x}^+(t_{i_0}) = \boldsymbol{x}^+(t_{i_0} + kmT). \tag{6.3.11}$$

应用第 3 章中的周期流稳定性定理 3.3.1, 可构造周期运动的映射结构

$$\begin{aligned} \bar{P} &= P^{(k)} = \underbrace{P_{i_0}^{(i_m)} \circ P_{i_0}^{(i_m)} \circ \cdots \circ P_{i_0}^{(i_m)}}_{k\text{项}} \\ &= (P_{i_{m-1}}^{(i_m)} \circ P_{i_{m-2}}^{(i_{m-1})} \circ \cdots \circ P_{i_0}^{(i_1)}) \circ \cdots \circ (P_{i_{m-1}}^{(i_m)} \circ P_{i_{m-2}}^{(i_{m-1})} \circ \cdots \circ P_{i_0}^{(i_1)}). \tag{6.3.12} \\ &= \underbrace{((P_0^{(i_m)} \circ P_{i_{m-1}}) \circ (P_0^{(i_{m-1})} \circ P_{i_{m-2}}) \circ \cdots \circ (P_0^{(i_1)} \circ P_{i_0}))}_{k\text{项}}. \end{aligned}$$

其中 $i_0, i_1, \cdots, i_m$ 是覆盖全空间的脉冲时刻信息.

一旦初始条件 $(t_{i_0}, \boldsymbol{x}_{i_0}^+)$ 给定, 切换时刻及映射结构 (6.3.12) 下的全局周期运动可以由式 (6.3.11) 及其控制方程决定.

另一方面, 根据 Luo[27-28], 基于上述全局复合映射 $\bar{P}$ 的周期运动的局部稳定性可由相应的基本映射的 Jacobi 矩阵求得. 考虑所有切换点 $\boldsymbol{x}_S = (t_S, x_S)^{\mathrm{T}}$ ($S \in \{i_0, i_1, \cdots, i_{m-1}\}$) 及其相应扰动系统 $\Delta \boldsymbol{x}_S = \Delta(t_S, x_S)^{\mathrm{T}}$, 变分方程为

$$\Delta \boldsymbol{x}_{i_0+kmT}^+ = D\bar{P} \Delta \boldsymbol{x}_{i_0}^+.$$

而 (6.3.12) 式的 Jacobi 矩阵为 $D\bar{P} = (DP)^k$, 其中

$$DP = DP_{i_0}^{(i_m)} = DP_{i_{m-1}}^{(i_m)} \cdot DP_{i_{m-2}}^{(i_{m-1})} \cdot \cdots \cdot DP_{i_0}^{(i_1)}$$
$$= \prod_{s=0}^{m-1} DP_0^{(i_{m-s})} \cdot DP_{i_{m-s-1}},$$

且对每一个局部映射 P_S 以及传输映射 $P_0^{(S+1)}$, 有

$$DP_S = \left[\frac{\partial \boldsymbol{x}_{S+1}}{\partial \boldsymbol{x}_S^+} \right],$$

其中方程 (6.3.2) 适用; 同时,

$$DP_0^{(S+1)} = \left[\frac{\partial \boldsymbol{x}_{S+1}^+}{\partial \boldsymbol{x}_{S+1}} \right],$$

其中方程 (6.3.4) 适用. 通过计算 Jacobi 矩阵特征方程

$$|D\bar{P} - \lambda I| = 0,$$

稳定性结果可以由特征值的符号及大小得到.

记矩阵 DP 的迹为 $\mathrm{Tr}(DP)$, 行列式为 $\mathrm{Det}(DP)$, 则 DP 的特征值可表示为

$$\lambda_{1,2} = \frac{1}{2}(\mathrm{Tr}(DP) \pm \sqrt{\Delta}), \tag{6.3.13}$$

其中 $\Delta = [\mathrm{Tr}(DP)]^2 - 4\mathrm{Det}(DP)$. 如果 $\Delta < 0$, 则 (6.3.13) 式可表示为

$$\lambda_{1,2} = \mathrm{Re}(\lambda) \pm \mathrm{i}\mathrm{Im}(\lambda), \tag{6.3.14}$$

其中 $\mathrm{i} = \sqrt{-1}$, $\mathrm{Re}(\lambda) = \frac{1}{2}\mathrm{Tr}(DP)$, $\mathrm{Im}(\lambda) = \frac{1}{2}\sqrt{\Delta}$.

对于所有的特征值 $\lambda_j (j = 1, 2)$,

(i) 若特征值的模均小于 1, 即 $|\lambda_j| < 1$, $j = 1, 2$, 则存在一个稳定的周期-m 运动;

(ii) 若至少一个特征值的模大于 1, 即 $|\lambda_j| > 1$, $j \in \{1, 2\}$, 周期-m 运动不稳定;

(iii) 若其中一个特征值为 $+1$, 而另一个特征值在单位圆内, 即 $|\lambda_j| < 1$, $\lambda_{\bar{j}} = 1$, $j = 1, 2$, $\bar{j} = 2, 1$, 周期-m 运动存在鞍结分支;

(iv) 若其中一个特征值为 -1, 而另一个特征值在单位圆内, 即 $|\lambda_j| < 1$, $\lambda_{\bar{j}} = -1$, $j = 1, 2$, $\bar{j} = 2, 1$, 周期-m 运动存在倍周期分支;

(v) 若其中一个特征值为 0, 即 $\lambda_i = 0$, $i \in \{1, 2\}$, 则该情形为退化情形;

(vi) 若特征值为一对共轭复数, 且模为 1, 即 $|\lambda_j| = 1$, $j = 1, 2$, 则该周期运动存在 Neimark 分支. □

注 6.3.1 在定理 6.3.1 中, 系统由于具固定时刻脉冲的存在而成为具等时切换的不连续动力系统, 得到了周期-m 流的局部稳定性; 令 $m \to \infty$, 可进一步研究其混沌流 (参见 Luo[7]).

6.3.2 周期运动的应用

本部分将上述周期运动的稳定性结果应用于实际例子, 考虑系统 (6.3.1) 的 Newton 定律形式的函数

$$h(x(t)) = e_1 x(t), \quad g(x(t), \dot{x}(t)) = e_2 \dot{x}(t),$$

其中 $e_i (i = 1, 2)$ 为脉冲控制器恢复系数. 取一般阻尼, 得到具体方程

$$\begin{cases} \ddot{x} - \mu \dot{x} + p_0^2 x = 0, & t \neq t_k, \\ x(t^+) = e_1 x(t), & t = t_k, \\ \dot{x}(t^+) = e_2 \dot{x}(t), & t = t_k, \ k \in Z_+. \end{cases} \tag{6.3.15}$$

方程 (6.3.15) 不含脉冲部分的连续解形式为

$$x(t) = e^{\frac{\mu}{2}t} \left(C_1 \sin\left(\frac{\sqrt{4p_0^2 - \mu^2}}{2} t \right) + C_2 \cos\left(\frac{\sqrt{4p_0^2 - \mu^2}}{2} t \right) \right), \tag{6.3.16}$$

其中积分常数 $C_i (i = 1, 2)$ 取决于初始条件.

通过积分, 由通解 (6.3.16), 得到初始条件为 $(t_0, x_0^+, \dot{x}_0^+)$ 的特解为

$$\begin{aligned} &x(t, x_0^+, \dot{x}_0^+, t_0) \\ &= e^{\frac{\mu}{2}(t-t_0)} \left\{ \frac{2}{\sqrt{4p_0^2 - \mu^2}} \sin\left(\frac{\sqrt{4p_0^2 - \mu^2}}{2}(t - t_0) \right) \dot{x}_0^+ \right. \\ &\quad + \left[\frac{-\mu}{\sqrt{4p_0^2 - \mu^2}} \sin\left(\frac{\sqrt{4p_0^2 - \mu^2}}{2}(t - t_0) \right) + \cos\left(\frac{\sqrt{4p_0^2 - \mu^2}}{2}(t - t_0) \right) \right] x_0^+ \left. \right\}, \end{aligned} \tag{6.3.17}$$

其中 $C_1 = \dfrac{2\dot{x}_0}{\sqrt{4p_0^2 - \mu^2}}$, $C_2 = 0$, 而 $t \in (t_0, t_0 + T]$.

对 (6.3.11) 式求导得

$$
\begin{aligned}
&\dot{x}(t, x_0^+, \dot{x}_0^+, t_0) \\
={}& e^{\frac{\mu}{2}(t-t_0)} \left\{ \left[\frac{\mu}{\sqrt{4p_0^2 - \mu^2}} \sin\left(\frac{\sqrt{4p_0^2 - \mu^2}}{2}(t-t_0) \right) + \cos\left(\frac{\sqrt{4p_0^2 - \mu^2}}{2}(t-t_0) \right) \right] \dot{x}_0^+ \right. \\
&\left. - \frac{2p_0^2}{\sqrt{4p_0^2 - \mu^2}} \sin\left(\frac{\sqrt{4p_0^2 - \mu^2}}{2}(t-t_0) \right) x_0^+ \right\},
\end{aligned}
$$

$$(6.3.18)$$

其中 $t \in (t_0, t_0 + T]$.

由解形式 (6.3.17)—(6.3.18), 取 $T = \dfrac{4\pi}{\sqrt{4p_0^2 - \mu^2}}$ 和恢复系数 $e_1 = e_2 = e^{-\frac{\mu}{2}T}$,

满足 $\dot{x}_0 = V$, 全局分段运动为

$$
\begin{aligned}
&x(t, x_i^+, \dot{x}_i^+, t_i) \\
={}& e^{\frac{\mu}{2}(t-t_i)} \left\{ \frac{2}{\sqrt{4p_0^2 - \mu^2}} \sin\left(\frac{\sqrt{4p_0^2 - \mu^2}}{2}(t-t_i) \right) \dot{x}_i^+ \right. \\
&\left. + \left[\frac{-\mu}{\sqrt{4p_0^2 - \mu^2}} \sin\left(\frac{\sqrt{4p_0^2 - \mu^2}}{2}(t-t_i) \right) + \cos\left(\frac{\sqrt{4p_0^2 - \mu^2}}{2}(t-t_i) \right) \right] x_i^+ \right\},
\end{aligned}
$$

其中 $t \in (t_i, t_i + T]$, $i \in \{0, 1, 2 \cdots N\}$.

图 6.10 展示了不受脉冲影响的 (6.3.15) 的连续解曲线在短时 $t_f = 10.060$ 下的张弛振动, 其中参数为

$$\mu = 1.001, \ p_0 = 1.118, \ t_0 = 0, \ x(0) = 0.100, \ x'(0) = 0.001.$$

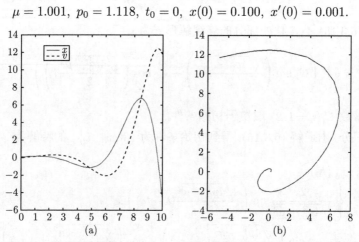

图 6.10 不受脉冲影响的 (6.3.15) 的连续解曲线在短时下的张弛振动

然而, 当脉冲控制器按如下恢复系统

$$e_1 = e_2 = 0.084, \quad T = 6.283, \quad t_f = 16.560$$

作用时, 如图 6.11 所示, 分别展示了 (6.3.15) 的解曲线在长时下的不同行为, 包括不受脉冲影响时的局部震荡响应以及受脉冲影响时的全局稳定震荡, 其中脉冲控制器函数为线性 $h = 0.084x$. 其他结果参见文献 [29].

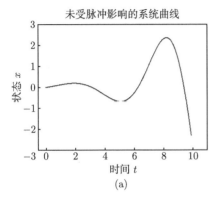
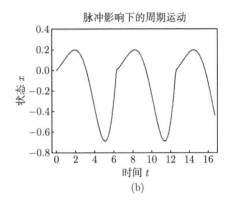

图 6.11 (6.3.15) 的解曲线在长时下的不同行为

(a) 不受脉冲影响时的局部震荡响应; (b) 受脉冲影响时的全局稳定震荡

6.4 脉冲 VdP 系统动力学的应用

VdP 振子方程作为经典的二阶振动方程, 其动力学行为的研究结果在机械工程领域已被广泛应用[30-31], 而考虑瞬时突变现象的脉冲 VdP 系统因考虑了客观脉冲对问题的影响而更符合实际. 本书以 Fu 和 Zheng[32] 金属精细车削加工中刀具的震颤问题和 Zheng 和 Fu[33] 机械加工中高速刨煤机的震颤问题为例, 介绍脉冲 VdP 系统 chatter 动力学结果在非线性振动中的应用.

6.4.1 金属车削刀具的震颤问题

早在 1907 年, Taylor[34] 发现在金属切削过程中, 切削经常伴随工具和工件之间剧烈的相对运动, 引起不稳定的自激振荡现象. 这一现象几乎在所有机械加工过程包括车削、刨削、铣削、钻孔等等中存在[35-37], 至今仍是学术界和工业界的热门研究, 尤其在精密加工制造领域具有重要的应用价值.

从数学模型的角度来看, 影响切削力和振动的参数很多, Merrit[38] 通过分析刀具循环运动中任意点的总力, 考虑切削参数和刀具几何形状, 采用图 6.12 来描述振动车削过程.

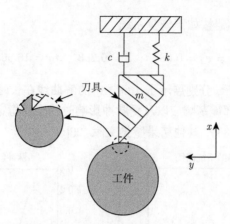

图 6.12　具有相对刚性工件和正交旋转柔性刀具的车削单自由度模型

在此基础上, Fu 和 Zheng[32] 采用正交切削配置, 考虑如图 6.12 的具有相对刚性工件和正交旋转柔性刀具的车削加工过程, 其中机床结构的动态特性包括质量 m、阻尼系数 c 和刚度 k. 在刀具进给方向上的运动方程为

$$mx'' + cx' + kx = f_x(t), \tag{6.4.1}$$

进给方向上的切削力可以表示为

$$f_x(t) = \kappa \alpha h(t), \tag{6.4.2}$$

其中 α 是切屑宽度参数, κ 是物料在进给方向上的特定切割能量常数, $h(t)$ 是瞬时切屑厚度[39], 可以由图 6.13 表示为

$$h(t) = h_0 + x(t - \tau) - x(t). \tag{6.4.3}$$

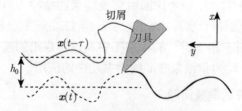

图 6.13　瞬时切屑厚度时滞示意图

由此可以看出时滞的影响是造成震颤现象的一大因素, 即振动发生时, 切割产生的小波可能会在随后的切割过程中加剧振动, 甚至造成更加复杂的震颤现象, 如, 再生震颤.

由上述方程可以得到

$$x'' + \frac{c}{m}x' + \frac{k}{m}x = \frac{\kappa \alpha}{m}[h_0 + x(t - \tau) - x(t)]. \tag{6.4.4}$$

在 Laplace 域中, $x(s-\tau) = x(s)\exp(-s\tau)$ 可以得到

$$x(t-\tau) - x(t) = A\exp(\mathrm{i}\omega t)[-(1-\exp(-\mathrm{i}\omega\tau))], \tag{6.4.5}$$

其中采用 $x(s) - x(s-\tau) = [1-\exp(-\mathrm{i}\omega\tau)]G(s)f_x(s)$ 来处理时滞, $G(s)$ 为力 $f_x(t)$ 和位移 $x(t)$ 之间的传递函数, 由工件和工具接触区确定. 在 Nayfeh 等[40], Quintana 和 Ciurana[41] 的传统研究中, $G(s)$ 的确定较为复杂, 本书不同于一般的实验室研究方法, 考虑到系统可能出现的震颤现象, 将系统可能出现的震颤现象参数空间构造为振动条件集合 $M(t)$. 当系统状态脱离振动条件集合 $M(t)$ 时, 将按照方程 (6.4.4) 工作, 直到状态再次遇到振动条件集合 $M(t)$. 即当状态保持在域 $N(t)$ 时, 振动状态将不被接通, 而一旦动态特性满足条件, 则意味着状态将通过边界切换到域 $M(t)$ 中. 由此基于振动的发生和不发生, 如图 6.14 所示, 整个状态空间可划分为两个子域, 振动条件集合 $M(t)$ 和自由集 $N(t)$, 而两者之间存在边界, 若借助函数 $\Gamma(t,x,x') = 0$ 描述集合 $M(t)$ 中的元素的特性, 那么 $M(t)$ 和自由集 $N(t)$ 之间的边界 Γ 则描绘了振动条件集合的表面, 其中 $\Gamma(t,x,x') \neq 0$ 表示集合 $N(t)$ 中的元素. $M(t)$ 与 $N(t)$ 的具体表示在后面将给出.

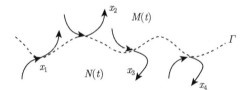

图 6.14　震颤振动区域间不同状态的流

故方程 (6.4.4) 可表示为二阶脉冲振动方程

$$\begin{cases} x'' + \dfrac{c}{m}x' + \dfrac{k}{m}x = \dfrac{\kappa\alpha}{m}[h_0 + x_1(\exp(-\mathrm{i}\omega\tau)-1)], & \Gamma(t,x,x') \neq 0, \\ \varphi: x(t) \longrightarrow \varphi(x(t)), & \Gamma(t,x,x') = 0. \end{cases} \tag{6.4.6}$$

在满足阈值函数的时刻, 其解将服从脉冲算子 φ, 表示瞬时位移的变化. 振动发生时的振动矩也称为脉冲矩, 由阈值函数产生的相应隐函数可以看作是 (t,x,x') 空间中的一个表面 (可以看作碰撞面), 称为脉冲表面, 记作 Γ. 对于方程 (6.4.4) 的原始连续解, 它可能是: (i) 连续函数, 如果积分曲线不与集合 $M(t)$ 相交或在算子 φ 的不动点处作用; (ii) 具有可数个间断点的分段连续函数, 如果积分曲线遇到脉冲表面可数次且不在算子 φ 的不动点处. 前一种情况代表了不连续动力系统子域 $N(t)$ 中的不可穿越流, 如图 6.14 所示的流 x_4, 这对车削系统可能只是一些微小的振动, 在随后的切削中没有任何额外的振动的影响; 而后者则代表震颤现象发生, 它可以与不同类型的流相结合, 如图 6.14 所示的流 $x_i(i=1,2,3)$.

从数学模型看, 方程 (6.4.8) 属于本章所研究的二阶脉冲微分系统, 因此可以应用脉冲 VdP 系统的相应动力学结果, 其中的 chatter 动力学和周期运动的结果均适用.

为了应用脉冲 VdP 系统的 chatter 动力学结果, 首先对系统进一步转化, 令 $x_1 = x$, $x_2 = x'$, 方程 (6.4.4) 可表示为

$$
\begin{cases}
x_1' = x_2, & \Gamma(t, x_1, x_2) \neq 0, \\
x_2' = \left[\dfrac{\kappa\alpha}{m}(\exp(-\mathrm{i}\omega\tau) - 1) - \dfrac{k}{m} \right] x_1 - \dfrac{c}{m}x_2 + \dfrac{\kappa\alpha}{m}h_0, & \Gamma(t, x_1, x_2) \neq 0, \\
\varphi : x_i(t) \longrightarrow \varphi(x_i(t)), & \Gamma(t, x_1, x_2) = 0, \ i = 1, 2.
\end{cases}
\tag{6.4.7}
$$

引入向量 $\boldsymbol{x} = (x_1, x_2)^{\mathrm{T}}$, 上述方程转化为

$$
\begin{cases}
\boldsymbol{x}' = \boldsymbol{F}(t, \boldsymbol{x}), & \Gamma(t, \boldsymbol{x}) \neq 0, \\
\boldsymbol{\Phi} : \boldsymbol{x}(t) \longrightarrow \boldsymbol{\Phi}(\boldsymbol{x}(t)), & \Gamma(t, \boldsymbol{x}) = 0,
\end{cases}
\tag{6.4.8}
$$

其中向量场为 $\boldsymbol{F} = \left(x_2, \left[\dfrac{\kappa\alpha}{m}(\exp(-\mathrm{i}\omega\tau) - 1) - \dfrac{k}{m} \right] x_1 - \dfrac{c}{m}x_2 + \dfrac{\kappa\alpha}{m}h_0 \right)^{\mathrm{T}}$, 脉冲算子为 $\boldsymbol{\Phi} = (\varphi(x_1(t)), \varphi(x_2(t)))^{\mathrm{T}} \in C(\mathbf{R}^2, \mathbf{R}^2)$. 振荡阈值函数 $\Gamma(t, \boldsymbol{x}) \in C'(\mathbf{R}_+ \times \mathbf{R}^2, \mathbf{R})$.

对于振动阈值, 隐函数 $\Gamma(t, \boldsymbol{x}) = 0$ 可以产生相应的动态分离边界. 如果 $\Gamma(t, \boldsymbol{x}) = 0$ 具有可数根作为显式函数 $t = \tau_k(\boldsymbol{x})$, 对于每个 $\boldsymbol{x}$, $k = 1, 2, \cdots$, 满足必要的假设, 那些点 $(\tau_k(\boldsymbol{x}), \boldsymbol{x})$ 在整个空间中构成脉冲表面. 另一方面, 从不连续动力系统区域划分的角度, 该隐函数还将状态空间划分为两个时变域 $M(t)$ 和 $N(t)$, 因此可以作为动态分离边界的约束函数, 而约束函数与集合 $M(t)$ 之间的关系也可以被描述为 $M(t)$ 是函数 $\Gamma(t, \boldsymbol{x})$ 关于状态 x 的核, 即

$$
M(t) = \ker(\Gamma(t, \boldsymbol{x})) = \{ \boldsymbol{x} \in \Omega \mid \Gamma(t, \boldsymbol{x}) = 0 \}.
\tag{6.4.9}
$$

从脉冲微分系统的角度, $M(t)$ 和 $N(t)$ 之间的边界 Γ 代表上述整个空间中的脉冲超平面.

假若在 t 时刻, $\boldsymbol{x} \in \Gamma$, 在动态分离边界上的对应法线向量表示为

$$
{}^t\boldsymbol{n}_\Gamma\big|_{\boldsymbol{x}} = (\nabla\Gamma(t, \boldsymbol{x}))\big|_{\boldsymbol{x}},
\tag{6.4.10}
$$

其中 $\nabla = (\partial/\partial x_1, \partial/\partial x_2)^{\mathrm{T}}$ 是 Hamilton 算子.

为分析金属切削过程中的再生震颤现象, 类似于脉冲 VdP 系统的 chatter 动力学研究, 首先从碰撞的角度给出振动点的概念.

定义 6.4.1 考虑系统 (6.4.8) 以 $(t_0, \boldsymbol{x}_0)$ 为初始条件的解 $\boldsymbol{x}(t) = \boldsymbol{x}(t_0, \boldsymbol{x}_0, t)$. 若存在时刻 t^*, 使得 $\Gamma(t^*, \boldsymbol{x}(t^*)) = 0$, 则称点 $(t^*, \boldsymbol{x}(t^*))$ 为解 $\boldsymbol{x}(t)$ 在全空间中关于脉冲面 Γ 的振动点. 称 $\boldsymbol{x}^*$ 为相空间中轨线 $\boldsymbol{x}$ 与集合 $M(t)$ 的相交点, 其中 $\boldsymbol{x}^* \doteq \boldsymbol{x}(t^*)$. 记为 $(t^*, \boldsymbol{x}^*) \in \Gamma$ 且 $\boldsymbol{x}^* \in M(t)$.

有了振动点的概念, 下面根据振动的发生与否和对系统的影响, 给出再生震颤的定义.

定义 6.4.2 考虑系统 (6.4.8), 假设 $(t^*, \boldsymbol{x}(t^*))$ 是解 $\boldsymbol{x}(t)$ 的一个振动点, 若存在某个确定的 $\delta > 0$, 使得对任意的 $t \in (t^*, t^* + \delta)$, 有 $\Gamma(t, \boldsymbol{x}(t)) = 0$ 成立, 则称再生震颤现象出现; 否则, 如果不能找到这样的 δ, 则称震颤现象是不能再生的.

为了借助不连续动力系统理论分析其动力学行为, 并应用 6.2 节的脉冲 VdP 系统的 chatter 动力学结果, 需考虑边界系统. 对于系统 (6.4.8) 在 $M(t)$ 的分离边界上的解, 意味 $(t^*, \boldsymbol{x}(t^*))$ 是脉冲面上的振动点. 为了区分边界与域中的点, 记交点为 $\boldsymbol{x}(t^*) \doteq \overline{\boldsymbol{x}} \in M(t)$. 同时, 动态分离边界 Γ 可以作为不连续动力系统的参照面. 参照流 $\overline{\boldsymbol{x}}_t$ 始终保持在集合 $M(t)$ 中, 满足

$$\begin{cases} \Gamma(t, \overline{\boldsymbol{x}}_t) = 0, \\ \Gamma(t, \boldsymbol{\Phi}(\overline{\boldsymbol{x}}_t)) = 0, \end{cases} \tag{6.4.11}$$

其中第二个方程表示 $\overline{\boldsymbol{x}}_t$ 是算子 $\boldsymbol{\Phi}$ 在核 Γ 内的不动点.

定理 6.4.1 考虑系统 (6.4.8) 和 (6.4.11), 相应流为 $\boldsymbol{x}_t$ 和 $\overline{\boldsymbol{x}}_t$. 假设对于动态分离边界 Γ, 对应的法向量为 $\boldsymbol{n}_\Gamma$. 若

当 $\boldsymbol{n}_\Gamma^{\mathrm{T}} \cdot (\boldsymbol{x} - \overline{\boldsymbol{x}}) < 0$ 时,

$$\boldsymbol{n}_\Gamma^{\mathrm{T}} \cdot \boldsymbol{F}(t, \boldsymbol{x}) < 0,$$

或当 $\boldsymbol{n}_\Gamma^{\mathrm{T}} \cdot (\boldsymbol{x} - \overline{\boldsymbol{x}}) > 0$ 时,

$$\boldsymbol{n}_\Gamma^{\mathrm{T}} \cdot \boldsymbol{F}(t, \boldsymbol{x}) > 0.$$

那么对系统 (6.4.8) 的从 $N(t)$ 中的任意点 $(t_0, \boldsymbol{x}_0)$ 出发的解, 与脉冲面 Γ 至多只有一个振动点, 即再生震颤将不会出现.

证明 证明过程见 Fu 和 Zheng[32]. □

6.4.2 高速刨煤机的震颤问题

前面利用不连续动力系统的流转换理论, 从碰撞不连续的角度系统地研究了震颤的发生条件和能量变化, 并将典型的车削模型推广到二阶脉冲微分系统. 众所周知, 二阶系统作为一个典型的数学方程, 在非线性振动领域提供了许多重要的力学模型.

刨削是刀具对工件表面进行相对往复运动的一种加工方法. 刨削加工表面的高度分布均匀, 刀头相对较低, 因此刨削工艺主要用于高速刨削平面和槽形金属.

以刨煤机在刨削过程中通过破碎煤层进行开采为例, 由于其在材料表面上的工具闭合, 难以开采坚硬煤层, 并且由于刨刀和输送机的摩擦阻力, 有时会产生振动甚至震颤现象[42-43]. 本节以文献 [44] 中的实例介绍刨削过程, 引入刨削模型来介绍其震颤动力学, 并结合 Luo[20-25] 的不连续动力系统的局部理论, 利用和推广脉冲 VdP 系统 chatter 动力学的研究方法, 介绍高速刨煤机模型震颤现象的实例结果.

图 6.15 展示了双轮驱动刨煤机系统 (驱动轮 I 和从动轮 II), 用两个弹簧阻尼系统描述简化的牵引形式 F_i $(i = 1, 2)$, 其中 $c_i, k_i(i = 1, 2)$ 是对应的阻尼和刚度系数.

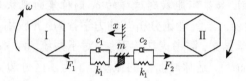

图 6.15　双轮驱动刨煤机的正交刨削过程示意图

如图 6.15 所示, 刨煤机刀片在犁链的牵引下, 沿煤层表面来回运行, 使得该刨削系统的周期运动呈现不连续状态. 为了将前面所得的 chatter 动力学结果应用于高速刨削的刨煤机模型, 通过分析微分方程的解与动力系统的流之间的相关性, 该模型可看作是由两个具有时变区域的子系统和基于时变分离边界的参照动力系统组成的不连续动力系统模型, 包括自由振动区域和冲击区域. 与前面的车削模型不同的是, 在该模型中, 犁体在横向上更强烈地振动, 因此考虑进给位移与阈值函数线性相关的变速边界.

首先给出这种双轮驱动系统的牵引力

$$\begin{cases} F_1 = k_1(x - \omega Rt) + c_1(x' - \omega R), \\ F_2 = k_2(\omega Rt - x) + c_2(\omega R - x'), \end{cases} \tag{6.4.12}$$

其中 F_1 代表驱动轮 I 和犁工具之间的链牵引, F_2 表示由于从动轮 II 而具有相反方向的另一牵引. ω 是驱动轮的角速度, R 是链轮节距轮的半径.

另外, 记 $F_b(t)$ 作为进给方向的切削力, 而摩擦力 $F_\mu(t)$ 为

$$F_\mu = \mu mg, \tag{6.4.13}$$

其中 g 为重力加速度.

因此, 基于力 (6.4.12) 和 (6.4.13) 在给进方向 x 上的方程为

$$mx'' = F_1 - F_2 - F_\mu - F_b(t). \tag{6.4.14}$$

不同于传统实验室中通过传递函数寻找可能的震颤频率的方法, 类似于前面车削模型中对颤振的研究, 考虑该二阶方程可能出现的震颤现象. 首先将产生再生震

颤的参数集合记为 $M(t)$, 基于振动的发生和不发生, 在整个状态空间可划分为两个区域, 振动条件集合 $M(t)$ 和自由集 $N(t)$. 当系统状态满足条件 $M(t)$ 时, 振动造成工件刨削表面的小波振动, 随后机器按照方程 (6.4.14) 工作, 直到状态再次遇到振动条件集合 $M(t)$. 另外, 记 $\Gamma(t,x,x') = 0$ 描述集合 $M(t)$ 中的元素特性, Γ 表示 $M(t)$ 与 $N(t)$ 之间的边界表面, 其中满足 $\Gamma(t,x,x') \neq 0$ 的点 (x,x') 为自由集 $N(t)$ 中的元素.

将系统平滑刨削与震颤发生看成是一个整体的动态系统, 借助上述不连续动力系统区域的划分, 引入脉冲算子, 含振动的方程 (6.4.14) 可看作文献 [33] 中的脉冲系统

$$\begin{cases} x'' = \dfrac{k_1(x - \omega Rt) + c_1(x' - \omega R)}{m} - \dfrac{k_2(\omega Rt - x) + c_2(\omega R - x')}{m} \\ \qquad -\mu g - \dfrac{F_b(t)}{m}, & \Gamma(t,x,x') \neq 0, \\ \varphi : x(t) \longrightarrow \varphi(x(t)), & \Gamma(t,x,x') = 0, \end{cases}$$
$$(6.4.15)$$

其中脉冲算子 $\varphi \in C(M(t), \Omega)$ 将 $M(t)$ 中的点切换至另一区域.

方程 (6.4.15) 作为二阶脉冲微分系统可以应用脉冲 VdP 系统的 chatter 动力学结果分析震颤问题. 考虑参数

$$\mu = 0.3, \quad R = 0.243m, \quad \omega = 1.5/R\ rad/s, \quad c_1 = c_2 = 500Ns/m, \quad m = 3400kg$$

用于周期性运动的数值说明.

另外, 取 $k_1 = K/(L_0 + x)$, $k_2 = K/(L - L_0 - x)$ 为 Hooke 定律的随时间变化的刚度系数, 其中 $K = 6.95 \times 10^7 N$, $L = 200m$ 表示链的长度, $L_0 = 2m$ 表示刨刀被激发时犁和从动轮 II 之间的链的剩余长度.

把犁链的牵引差作为一个简化的平稳随机过程, 并根据方程 (6.4.12) 进行固定平均. 下面的图说明了不同类型的切削力及其在进给方向上的变化对横向振动的影响.

当我们采用固定随机耕犁阻力平均值为 $2 \times 10^3 N$ 时, 忽略状态 x 的扰动, 这意味着变速分离边界的法线向量与状态无关. 在方程式 (6.4.14) 中 G 函数仅根据方程只减去第二项, 即根据方程 (6.4.13) 可以抵消至零. 因此, 图 6.16 展示出了刨削过程中横向振动的几乎平滑的自由运动.

当犁削阻力表现为周期运动, 但当振荡状态达到分离边界时突然增大, 使得 G 函数为零. 因此, 在图 6.17 中, 可以看到一些复杂的扰动作为速度方向上的影响, 这会导致在一定的时间尺度之后的不稳定, 甚至更复杂的现象, 例如震颤.

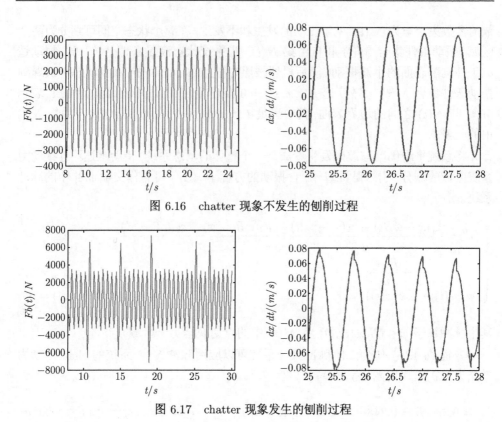

图 6.16　chatter 现象不发生的刨削过程

图 6.17　chatter 现象发生的刨削过程

　　本章首先从 VdP 振子方程所描述的 LC 振荡电路问题出发, 系统介绍了脉冲 VdP 系统的构建过程. 然后以 chatter 现象为例, 介绍了由于脉冲的存在而导致的系统的复杂动态行为. 借助不连续动力系统的流转换理论和碰撞理论, 通过碰撞点处的局部奇异性总结了系统 chatter 现象发生与不发生的诸多解析条件. 之后借助不连续动力系统的映射理论, 介绍了脉冲 VdP 系统的周期运动的相应动力学结果以及其局部稳定性准则和分支结果, 并将所得结果应用于具体的一类具固定时刻脉冲的脉冲 VdP 系统中, 仿真模拟非线性振动中脉冲带来的本质影响. 最后介绍了脉冲 VdP 系统动力学行为在非线性振动中的实际应用, 以金属精细车削加工中刀具的震颤问题和机械加工中高速刨煤机的震颤问题为例, 总结了脉冲 VdP 系统 chatter 现象与机械加工中普遍存在的震颤现象的关系. 总之, 脉冲 VdP 系统的复杂动态行为的研究不仅在非线性振动理论研究领域具有一定的理论价值, 今后还可以继续在诸多实践领域挖掘脉冲 VdP 系统更多的应用价值.

附　注

　　本章中定义 6.1.1、定义 6.2.1—定义 6.2.5 来自于文献 [10], 定义 6.3.1—定义

6.3.3 来自于文献 [29], 定义 6.4.1—定义 6.4.2 来自于文献 [32], 定理 6.2.1—定理 6.2.3 来自于文献 [10], 定理 6.3.1 来自于文献 [29], 定理 6.4.1 来自于文献 [32].

参 考 文 献

[1]   Van der Pol B. A theory of the amplitude of free and forced triode vibrations. Radio Review, 1920, 1: 701-710, 754-762.

[2]   Andronov A A, Witt A A, Khaikin S E. Theory of oscillations. Oxford: Pergamon Press, 1966.

[3]   Stoker J J. Nonlinear Vibrations. New York: Interscience Publishers, 1950.

[4]   Andersen C M, Geer J F. Power series expansions for the frequency and period of the limit cycle of the van der Pol equation. Siam Journal on Applied Mathematics, 1982, 42: 678-693.

[5]   Mahmoud G M, Farghaly A A M. Chaos control of chaotic limit cycles of real and complex van der Pol oscillators. Chaos, Solitons and Fractals, 2004, 21: 915-924.

[6]   Kovacic I. On the motion of a generalized van der Pol oscillator. Communications in Nonlinear Science and Numerical Simulation, 2011, 16: 1640-1649.

[7]   Kovacic I, Mickens R E. A generalized van der Pol type oscillator: Investigation of the properties of its limit cycle. Mathematical and Computer Modelling, 2012, 55(3-4): 645-653.

[8]   Wang Haiqi. Nonlinear Vibrations. Beijing: Higher Education Press, 1992.

[9]   Yu H G, Zhong S M, Agarwal R P. Mathematics analysis and chaos in an ecological model with an impulsive control strategy. Communications in Nonlinear Science and Numerical Simulation, 2011, 16: 776-786.

[10] Fu Xilin, Zheng Shasha. Chatter dynamic analysis for Van der Pol Equation with impulsive effect via the theory of flow switchability. Communications in Nonlinear Science and Numerical Simulation, 2014, 19: 3023 – 3035.

[11] Lakshmikantham V, Bainov D D, Simeonov P S. Theory of Impulsive Differential Equations. Singapore: World Scientific, 1989.

[12] Hu S, Lakshmikantham V, Leela S. Impulsive differential systems and the pulse phenomenon. Journal of Mathematical Analysis and Applications, 1989, 137: 605-612.

[13] 傅希林, 闫宝强, 刘衍胜. 脉冲微分系统引论. 北京: 科学出版社, 2005.

[14] Benchohra M, Henderson J, Ntouyas S. Impulsive Differential Equations and Inclusions. New York: Hindawi Publishing Corporation, 2006.

[15] Chen Shaozhu, Qi Jiangang, Jin Mingzhong. Pulse phenomena of second-order impulsive differential equations with variable moments. Computers and Mathematics with Applications, 2003, 46: 1281-1287.

[16]　郑莎莎, 傅希林. 脉冲微分系统解的脉动现象的研究. 科学技术与工程, 2011, 11(1): 4-6.

[17]　Zheng Shasha, Fu Xilin. Pulse phenomena for impulsive dynamical systems. Discontinuity, Nonlinearity, and Complexity, 2013, 2(3): 225-245.

[18]　Zheng Shasha, Fu Xilin. Chatter dynamics on impulse surfaces in impulsive differential systems. Journal of Applied Nonlinear Dynamics, 2013, 2(4): 373-396.

[19]　Bajo I. Pulse accumulation in impulsive differential equations with variable times. Journal of Mathematical Analysis and Applications, 1997, 216: 211-217.

[20]　Luo A C J. A theory for non-smooth dynamical systems on connectable domains. Communications in Nonlinear Science and Numerical Simulation, 2005, 10: 1-55.

[21]　Luo A C J. Imaginary, sink and source flows in the vicinity of the separatrix of non-smooth dynamic systems. Journal of Sound and Vibration, 2005, 285: 443-456.

[22]　Luo A C J. Singularity and Dynamics on Discontinuous Vector Fields. Amsterdam: Elsevier, 2006.

[23]　Luo A C J. Global Transversality, Resonance and Chaotic Dynamics. Singapore: World Scientific, 2008.

[24]　Luo A C J. Discontinuous Dynamical Systems on Time-varying Domains. Beijing: Higher Education Press, 2009.

[25]　Luo A C J. Discontinuous Dynamical Systems. Beijing: Higher Education Press, 2012.

[26]　Luo A C J, Guo Y. Vibro-Impact Dynamics. New York: John Wiley, 2013.

[27]　Luo A C J. Regularity and Complexity in Dynamical Systems. New York: Springer, 2012.

[28]　Luo A C J. Discrete and Switching Dynamical Systems. Beijing: Higher Education Press, 2012.

[29]　Zheng Shasha, Fu Xilin. Periodic motion of the Van der Pol Equation with impulsive effect. International Journal of Bifurcation and Chaos, 2015, 25(9):1550119.

[30]　Tobias S A. Machine Tool Vibration. Glasgow: Blackie and Sons Ltd, 1965.

[31]　Altintas Y. Manufacturing Automation . Cambridge: Cambridge University Press, 2000.

[32]　Fu Xilin, Zheng Shasha. New approach in dynamics of regenerative chatter research of turning. Communications in Nonlinear Science and Numerical Simulation, 2014, 19: 4013-4023.

[33]　Zheng Shasha, Fu Xilin. Chatter dynamic analysis for a planing model with the effect of pulse. Journal of Applied Analysis and Computation, 2015, 5(4):767-780.

[34]　Taylor F W. On the art of cutting metals. Transactions of the ASME, 1907, 28: 31-350.

[35]　Arnold R N. The mechanism of tool vibration in the cutting of steel. Proceedings of the Institution of Mechanical Engineers, 1946, 154: 261-284.

[36]　Davies M A, Pratt J R, Dutterer B S, Burns T J. The stability of low radial immersion milling. CIRP Annals, 2000, 49(1): 37-40.

[37]　Li H Z, Li X P, Chen X Q. A novel chatter stability criterion for the modelling and simulation of the dynamic milling process in the time domain. International Journal of Advanced Manufacturing Technology, 2003, 22: 619-625.

[38]　Merrit H E. Theory of self-excited machine-tool chatter: contribution to machine tool chatter research-1. Journal of Engineering for Industry, 1965, 87(4): 447-454.

[39]　Atkins T. Prediction of sticking and sliding lengths on the rake faces of tools using cutting forces. International Journal of Mechanical Sciences, 2015, 91: 33-45.

[40]　Nayfeh A H, Chin C M, Pratt J R. Applications of perturbation methods to tool chatter dynamics. Dynamics of Material Processing and Manufacturing, Wiley, 1997, 123-193.

[41]　Quintana G, Ciurana J. Chatter in machining processes: a review. International Journal of Machine Tools and Manufacture, 2011, 51: 363-376.

[42]　Sexton J S, Stone B J. An investigation of the transient effects during variable speed cutting. ARCHIVE Journal of Mechanical Engineering Science, 1980, 22(3): 107-118.

[43]　Tsao T C, Mccarthy M W, Kapoor S G. A new approach to stability analysis of variable speed machining systems. International Journal of Machine Tools and Manufacture, 1993, 33(6): 791-808.

[44]　Kang Xiaomin, Li Guixuan. Single-degree-of-freedom dynamic model of coal plough and its simulation. Journal of Vibration and Shock, 2009, 28(2): 191-195.

第 7 章 不连续动力系统的互动

本章阐述不连续动力系统间的互动理论及应用. 第 7.1 节先介绍不连续动力系统具有奇异性的互动问题, 并对特殊的一种互动——同步现象做简单介绍; 第 7.2 节利用流转换理论研究弹簧振子模型与 Van der Pol 振子模型之间的同步问题, 给出两个系统同步判定的充要条件, 并得到了系统间达到同步和同步结束切换分支点判定的充要条件; 第 7.3 节将利用映射动力学研究两个具有脉冲影响的动力系统之间的离散时间同步问题, 给出两个系统离散同步判定的充要条件, 并得到了系统间达到同步和同步结束切换分支点判定的充要条件.

7.1 不连续动力系统具有奇异的互动

本节介绍两个不同动力系统之间的互动问题, 并利用不连续动力系统理论来研究互动引起的两个系统的复杂动力学性质. 考虑如下的两个动力系统

$$\dot{\boldsymbol{x}} = F(\boldsymbol{x}, t, \boldsymbol{p}) \in \mathbf{R}^n \tag{7.1.1}$$

和

$$\dot{\tilde{\boldsymbol{x}}} = \tilde{F}(\tilde{\boldsymbol{x}}, t, \tilde{\boldsymbol{p}}) \in \mathbf{R}^{\tilde{n}}, \tag{7.1.2}$$

其中 $\boldsymbol{F} = (F_1, F_2, \cdots, F_n)^{\mathrm{T}}, \boldsymbol{x} = (x_1, x_2, \cdots, x_n)^{\mathrm{T}}, \boldsymbol{p} = (p_1, p_2, \cdots, p_n)^{\mathrm{T}}; \tilde{\boldsymbol{F}} = (\tilde{F}_1, \tilde{F}_2, \cdots, \tilde{F}_n)^{\mathrm{T}}, \tilde{\boldsymbol{x}} = (\tilde{x}_1, \tilde{x}_2, \cdots, \tilde{x}_n)^{\mathrm{T}}, \tilde{\boldsymbol{p}} = (\tilde{p}_1, \tilde{p}_2, \cdots, \tilde{p}_n)^{\mathrm{T}}.$ 函数 $\boldsymbol{F}$ 和 $\tilde{\boldsymbol{F}}$ 可以与时间有关, 也可以与时间无关. 下面在时间区间 $I = (t_1, t_2), U_{\boldsymbol{x}} \subset \mathbf{R}^n$ 及 $\tilde{U}_{\tilde{\boldsymbol{x}}} \subset \mathbf{R}^{\tilde{n}}$ 上进行研究. 对于初始条件 $(t_0, \boldsymbol{x}_0) \in I \times U_{\boldsymbol{x}}$ 和 $(t_0, \tilde{\boldsymbol{x}}_0) \in I \times \tilde{U}_{\tilde{\boldsymbol{x}}}$, 两个系统的流分别为 $\boldsymbol{x}(t) = \boldsymbol{\Phi}(t, \boldsymbol{x}_0, t_0, \boldsymbol{p})$ 和 $\tilde{\boldsymbol{x}}(t) = \tilde{\boldsymbol{\Phi}}(t, \tilde{\boldsymbol{x}}_0, t_0, \tilde{\boldsymbol{p}})$.

定义 7.1.1 如果系统 (7.1.1) 和系统 (7.1.2) 的流 $\boldsymbol{x}(t)$ 和 $\tilde{\boldsymbol{x}}(t)$ 关于时间 t 满足

$$\varphi(\boldsymbol{x}(t), \tilde{\boldsymbol{x}}(t), t, \boldsymbol{\lambda}) = 0, \quad \boldsymbol{\lambda} \in \mathbf{R}^{n_0}, \tag{7.1.3}$$

则称系统 (7.1.1) 和系统 (7.1.2) 关于时间 t 按约束条件 (7.1.3) 互动.

由上述定义可知, 系统 (7.1.1) 和系统 (7.1.2) 的互动发生在满足条件 (7.1.3) 的边界上. 这种约束条件 (7.1.3) 会使得两个动力系统的定义域和边界相互影响, 从而导致不连续的动力学行为. 另外, 在实际问题中影响两个动力系统互动的约束条件未必只有一个, 可以有多个.

定义 7.1.2 假设有 l 个不同的函数 $\varphi_j(\boldsymbol{x}(t), \tilde{\boldsymbol{x}}(t), t, \boldsymbol{\lambda}_j)(j \in L, L = \{1, 2, \cdots, l\})$. 如果系统 (7.1.1) 和系统 (7.1.2) 的流 $\boldsymbol{x}(t)$ 和 $\tilde{\boldsymbol{x}}(t)$ 关于时间 t 满足

$$\varphi_j(\boldsymbol{x}(t), \tilde{\boldsymbol{x}}(t), t, \boldsymbol{\lambda}_j) = 0, \quad \boldsymbol{\lambda}_j \in \mathbf{R}^{n_j} \text{ 和 } j \in L, \tag{7.1.4}$$

则称系统 (7.1.1) 和系统 (7.1.2) 关于时间 t 按 l 个约束条件 (7.1.4) 互动.

通过上述定义, 系统 (7.1.1) 和系统 (7.1.2) 发生 l 个约束条件下的互动. 这 l 个约束条件将把两个系统的相空间分成相应的多个子域, 并且这些子域会随着时间变化. 不失一般性, 考虑在第 j 个约束条件下的两个系统互动问题. 互动的边界由 (7.1.4) 中的第 j 个条件确定, 并且把相空间中相应的区域分别分成两部分 $\mho_{(\alpha_j, j)}$ 和 $\tilde{\mho}_{(\alpha_j, j)}(\alpha_j = 1, 2)$. 在第 α_j 个开子域 $\mho_{(\alpha_j, j)}$ 上, 存在一个 $C^{r_{\alpha_j}}(r_{\alpha_j} \geqslant 1)$ 连续的系统

$$\left.\begin{array}{l} \dot{\boldsymbol{x}}^{(\alpha_j, j)} \equiv \boldsymbol{F}^{(\alpha_j, j)}\left(\boldsymbol{x}^{(\alpha_j, j)}, t, \boldsymbol{p}^{(\alpha_j, j)}\right) \in \mathbf{R}^n, \\ \boldsymbol{x}^{(\alpha_j, j)} = \left(x_1^{(\alpha_j, j)}, x_2^{(\alpha_j, j)}, \cdots, x_n^{(\alpha_j, j)}\right)^{\mathrm{T}} \in \mho_{(\alpha_j, j)}. \end{array}\right\}$$

在子域 $\mho_{(\alpha_j, j)}$ 上, 向量场 $\boldsymbol{F}^{(\alpha_j, j)}$ 在所有时刻关于状态变量 $\boldsymbol{x}^{(\alpha_j, j)}$ 是 $C^{r_{\alpha_j}}(r_{\alpha_j} \geqslant 1)$ 连续的, 并且系统 (7.1.1) 的连续流 $\boldsymbol{x}^{(\alpha_j, j)}(t) = \boldsymbol{\Phi}^{(\alpha_j, j)}(\boldsymbol{x}^{(\alpha_j, j)}(t_0), t, \boldsymbol{p}^{(\alpha_j, j)})$ 是 $C^{r_{\alpha_j}+1}$ 连续的, 满足初始条件 $\boldsymbol{x}^{(\alpha_j, j)}(t_0) = \boldsymbol{\Phi}^{(\alpha_j, j)}(\boldsymbol{x}^{(\alpha_j, j)}(t_0), t_0, \boldsymbol{p}^{(\alpha_j, j)})$.

相应的, 由第 j 个条件所确定的边界如下定义.

定义 7.1.3 定义集合

$$\begin{aligned} S_{(\alpha_j \beta_j, j)} = \partial \mho_{(\alpha_j \beta_j, j)} &= \bar{\mho}_{(\alpha_j, j)} \cap \bar{\mho}_{(\beta_j, j)} \\ &= \left\{\boldsymbol{x}^{(0, j)} \big| \varphi_j(\boldsymbol{x}^{(0, j)}, \tilde{\boldsymbol{x}}^{(0, j)}, t, \boldsymbol{\lambda}) = 0\right\} \subset \mathbf{R}^{n-1} \end{aligned} \tag{7.1.5}$$

为系统 (7.1.1) 的相空间在 (7.1.4) 中第 j 个互动约束条件下的边界.

类似的, 对于系统 (7.1.2) 在互动约束条件的影响下也有相应子域上的连续系统

$$\left.\begin{array}{l} \dot{\tilde{\boldsymbol{x}}}^{(\alpha_j, j)} = \tilde{\boldsymbol{F}}^{(\alpha_j, j)}\left(\tilde{\boldsymbol{x}}^{(\alpha_j, j)}, t, \tilde{\boldsymbol{p}}^{(\alpha_j, j)}\right) \in \mathbf{R}^{\tilde{n}}, \\ \tilde{\boldsymbol{x}}^{(\alpha_j, j)} = \left(\tilde{x}_1^{(\alpha_j, j)}, \tilde{x}_2^{(\alpha_j, j)}, \cdots, \tilde{x}_n^{(\alpha_j, j)}\right)^{\mathrm{T}} \in \tilde{\mho}_{(\alpha_j, j)}. \end{array}\right\}$$

在子域 $\tilde{\mho}_{(\alpha_j, j)}$ 上, 向量场 $\tilde{\boldsymbol{F}}^{(\alpha_j, j)}$ 在所有时刻关于状态变量 $\tilde{\boldsymbol{x}}^{(\alpha_j, j)}$ 是 $C^{\tilde{r}_{\alpha_j}}(\tilde{r}_{\alpha_j} \geqslant 1)$ 连续的, 并且系统 (7.1.2) 的连续流 $\tilde{\boldsymbol{x}}^{(\alpha_j, j)}(t) = \tilde{\boldsymbol{\Phi}}^{(\alpha_j, j)}(\tilde{\boldsymbol{x}}^{(\alpha_j, j)}(t_0), t, \tilde{\boldsymbol{p}}^{(\alpha_j, j)})$ 是 $C^{\tilde{r}_{\alpha_j}+1}$ 连续的, 满足初始条件 $\tilde{\boldsymbol{x}}^{(\alpha_j, j)}(t_0) = \tilde{\boldsymbol{\Phi}}^{(\alpha_j, j)}(\tilde{\boldsymbol{x}}^{(\alpha_j, j)}(t_0), t_0, \tilde{\boldsymbol{p}}^{(\alpha_j, j)})$.

相应的, 系统 (7.1.2) 由第 j 个条件所确定的边界如下定义.

定义 7.1.4 定义集合

$$\begin{aligned} \tilde{S}_{(\alpha_j \beta_j, j)} = \partial \tilde{\mho}_{(\alpha_j \beta_j, j)} &= \bar{\tilde{\mho}}_{(\alpha_j, j)} \cap \bar{\tilde{\mho}}_{(\beta_j, j)} \\ &= \left\{\tilde{\boldsymbol{x}}^{(0, j)} \big| \varphi(\boldsymbol{x}^{(0, j)}, \tilde{\boldsymbol{x}}^{(0, j)}, t, \boldsymbol{\lambda}) = 0\right\} \subset \mathbf{R}^{\tilde{n}-1}, \end{aligned}$$

为系统 (7.1.2) 的相空间在 (7.1.4) 中第 j 个互动约束条件下的边界.

在边界上, 可以定义如下动力系统

$$\left.\begin{aligned}\dot{\boldsymbol{x}}^{(0,j)} &= \boldsymbol{F}^{(0,j)}(\boldsymbol{x}^{(0,j)}, \tilde{\boldsymbol{x}}^{(0,j)}, t, \boldsymbol{\lambda}_j), \\ \dot{\tilde{\boldsymbol{x}}}^{(0,j)} &= \tilde{\boldsymbol{F}}^{(0,j)}(\boldsymbol{x}^{(0,j)}, \tilde{\boldsymbol{x}}^{(0,j)}, t, \boldsymbol{\lambda}_j),\end{aligned}\right\}$$

其中 $\boldsymbol{x}^{(0,j)} = (x_1^{(0,j)}, x_2^{(0,j)}, \cdots, x_n^{(0,j)})^{\mathrm{T}}, \tilde{\boldsymbol{x}}^{(0,j)} = (\tilde{x}_1^{(0,j)}, \tilde{x}_2^{(0,j)}, \cdots, \tilde{x}_n^{(0,j)})^{\mathrm{T}}$. 流 $\boldsymbol{x}^{(0,j)}$ 和 $\tilde{\boldsymbol{x}}^{(0,j)}$ 分别是 $C^{r_{\alpha_j}+1}$ 和 $C^{\tilde{r}_{\alpha_j}+1}$ 连续的.

为了描述两个动力系统之间的互动, 下面介绍由系统 (7.1.1) 和 (7.1.2) 生成的合成系统

$$\boldsymbol{X} = (\boldsymbol{x}; \tilde{\boldsymbol{x}}) = (x_1, \cdots, x_n; \tilde{x}_1, \cdots, \tilde{x}_n)^{\mathrm{T}} \in \mathbf{R}^{n+\tilde{n}}.$$

根据互动的约束条件 (7.1.3) 或 (7.1.4), 系统 (7.1.1) 和系统 (7.1.2) 之间的互动可以用不连续动力系统来描述, 其相空间中的相应区域被互动边界分成了两个子域. 互动的边界和区域定义如下.

定义 7.1.5　定义

$$\begin{aligned}\partial\Omega_{12} &= \bar{\Omega}_1 \cap \bar{\Omega}_2 \\ &= \left\{\boldsymbol{X}^{(0)} \,\middle|\, \begin{array}{l}\varphi(\boldsymbol{X}^{(0)}, t, \boldsymbol{\lambda}) = \varphi(\boldsymbol{x}^{(0)}(t), \tilde{\boldsymbol{x}}^{(0)}(t), t, \boldsymbol{\lambda}) = 0, \\ \varphi \text{是} C^r \text{连续}(r \geqslant 1)\end{array}\right\} \subset \mathbf{R}^{n+\tilde{n}-1}\end{aligned}$$

为系统 (7.1.1) 和 (7.1.2) 在约束条件 (7.1.3) 下 $(n+\tilde{n})$ 维互动相空间中的互动边界; 并定义合成系统的两个相应区域分别为

$$\left.\begin{aligned}\Omega_1 &= \left\{\boldsymbol{X}^{(1)} \,\middle|\, \begin{array}{l}\varphi(\boldsymbol{X}^{(1)}, t, \boldsymbol{\lambda}) = \varphi(\boldsymbol{x}^{(1)}(t), \tilde{\boldsymbol{x}}^{(1)}(t), t, \boldsymbol{\lambda}) > 0, \\ \varphi \text{是} C^r \text{连续的}(r \geqslant 1)\end{array}\right\} \subset \mathbf{R}^{n+\tilde{n}}, \\ \Omega_2 &= \left\{\boldsymbol{X}^{(2)} \,\middle|\, \begin{array}{l}\varphi(\boldsymbol{X}^{(2)}, t, \boldsymbol{\lambda}) = \varphi(\boldsymbol{x}^{(2)}(t), \tilde{\boldsymbol{x}}^{(2)}(t), t, \boldsymbol{\lambda}) > 0, \\ \varphi \text{是} C^r \text{连续的}(r \geqslant 1)\end{array}\right\} \subset \mathbf{R}^{n+\tilde{n}}.\end{aligned}\right\}$$

合成系统的区域或边界可以通过两个系统的区域或边界的直积表示为

$$\left.\begin{aligned}\Omega_\alpha &= \mho_\alpha \otimes \tilde{\mho}_\alpha, \quad \alpha \in \{1, 2\}, \\ \partial\Omega_{\alpha\beta} &= \partial\mho_{\alpha\beta} \otimes \partial\tilde{\mho}_{\alpha\beta}, \quad \alpha, \beta \in \{1, 2\}.\end{aligned}\right\}$$

在这两个区域 $\Omega_\alpha(\alpha = 1, 2)$ 上, 合成系统关于互动边界是不连续的, 记为

$$\dot{\boldsymbol{X}}^{(\alpha)} = \boldsymbol{\mathcal{F}}^{(\alpha)}(\boldsymbol{X}^{(\alpha)}, t, \boldsymbol{\pi}^{(\alpha)}),$$

其中 $\boldsymbol{\mathcal{F}}^{(\alpha)} = (\boldsymbol{F}^{(\alpha)}; \tilde{\boldsymbol{F}}^{(\alpha)})^{\mathrm{T}}, \boldsymbol{\pi}^{(\alpha)} = (\boldsymbol{p}_\alpha, \tilde{\boldsymbol{p}}_\alpha)^{\mathrm{T}}$. 假设在互动边界 $\varphi(\boldsymbol{X}^{(0)}, t, \boldsymbol{\lambda}) = 0$ 上有方向场 $\boldsymbol{\mathcal{F}}^{(0)}(\boldsymbol{X}^{(0)}, t, \boldsymbol{\lambda})$, 那么边界 $\partial\Omega_{12}$ 上相应的动力系统表示为

$$\dot{\boldsymbol{X}}^{(0)} = \boldsymbol{\mathcal{F}}^{(0)}(\boldsymbol{X}^{(0)}, t, \boldsymbol{\lambda}).$$

如果互动的约束条件与时间无关, 那么由约束条件确定的互动边界也是不变的. 如果约束条件与时间有关, 那么互动边界是随时间变化的, 相应的合成系统也是随时间变化的.

如果约束条件是 (7.1.4) 中的多个条件的话, 假设只考虑第 j 个互动边界, 则上述的定义可以相应的进行推广.

定义 7.1.6 对于 (7.1.4) 中的第 j 个约束条件, 定义

$$
\begin{aligned}
&\partial \Omega_{(\alpha_j\beta_j, j)}\\
&= \bar{\Omega}_{(\alpha_j, j)} \cap \bar{\Omega}_{(\beta_j, j)}\\
&= \left\{ \boldsymbol{X}^{(0,j)} \middle| \begin{array}{l} \varphi(\boldsymbol{X}^{(0,j)}, t, \boldsymbol{\lambda}_j) \equiv \varphi(\boldsymbol{x}^{(0,j)}(t), \tilde{\boldsymbol{x}}^{(0,j)}(t), t, \boldsymbol{\lambda}_j) = 0, \\ \varphi_j \text{是} C^{r_j} \text{连续}(r_j \geqslant 1) \end{array} \right\} \subset \mathbf{R}^{n+\tilde{n}-1},
\end{aligned}
$$

为系统 (7.1.1) 和 (7.1.2) 在第 j 个约束条件下 $(n+\tilde{n})$ 维互动相空间中的互动边界; 并定义合成系统的两个相应区域分别为

$$
\left.
\begin{aligned}
\Omega_{(1,j)} &= \left\{ \boldsymbol{X}^{(1,j)} \middle| \begin{array}{l} \varphi_j(\boldsymbol{X}^{(1,j)}, t, \boldsymbol{\lambda}_j) \equiv \varphi_j(\boldsymbol{x}^{(1,j)}(t), \tilde{\boldsymbol{x}}^{(1,j)}(t), t, \boldsymbol{\lambda}_j) > 0, \\ \varphi_j \text{是} C^{r_j} \text{连续的}(r_j \geqslant 1) \end{array} \right\} \subset \mathbf{R}^{n+\tilde{n}}, \\
\Omega_{(2,j)} &= \left\{ \boldsymbol{X}^{(2,j)} \middle| \begin{array}{l} \varphi_j(\boldsymbol{X}^{(2,j)}, t, \boldsymbol{\lambda}_j) \equiv \varphi_j(\boldsymbol{x}^{(2,j)}(t), \tilde{\boldsymbol{x}}^{(2,j)}(t), t, \boldsymbol{\lambda}_j) > 0, \\ \varphi_j \text{是} C^{r_j} \text{连续的}(r_j \geqslant 1) \end{array} \right\} \subset \mathbf{R}^{n+\tilde{n}}.
\end{aligned}
\right\}
$$

对于第 j 个约束条件而言, 合成系统的区域或边界可以通过两个系统的区域或边界的直积表示为

$$
\left.
\begin{aligned}
\Omega_{(\alpha_j, j)} &= \mho_{(\alpha_j, j)} \otimes \tilde{\mho}_{(\alpha_j, j)}, \quad \alpha_j \in \{1, 2\}, \\
\partial \Omega_{(\alpha_j\beta_j, j)} &= \partial \mho_{(\alpha_j\beta_j, j)} \otimes \partial \tilde{\mho}_{(\alpha_j\beta_j, j)}, \quad \alpha_j, \beta_j \in \{1, 2\}.
\end{aligned}
\right\}
$$

在第 j 个约束条件形成的两个区域 $\Omega_{(\alpha_j, j)}(\alpha = 1, 2)$ 上, 合成系统关于第 j 个约束条件确定的互动边界是不连续的, 记为

$$
\dot{\boldsymbol{X}}^{(\alpha_j, j)} = \boldsymbol{\mathcal{F}}^{(\alpha_j, j)}(\boldsymbol{X}^{(\alpha_j, j)}, t, \boldsymbol{\pi}^{(\alpha_j)}),
$$

其中 $\boldsymbol{\mathcal{F}}^{(\alpha_j, j)} = (\boldsymbol{F}^{(\alpha_j, j)}; \tilde{\boldsymbol{F}}^{(\alpha_j, j)})^{\mathrm{T}}, \boldsymbol{\pi}^{(\alpha_j)} = (\boldsymbol{p}_{\alpha_j}, \tilde{\boldsymbol{p}}_{\alpha_j})^{\mathrm{T}}$.

假设在互动边界 $\varphi_j(\boldsymbol{X}^{(0,j)}, t, \boldsymbol{\lambda}_j) = 0$ 上有方向场 $\boldsymbol{\mathcal{F}}^{(0,j)}(\boldsymbol{X}^{(0,j)}, t, \boldsymbol{\lambda}_j)$, 那么在边界 $\partial \Omega_{(12,j)}$ 上相应的动力系统表示为

$$
\dot{\boldsymbol{X}}^{(0,j)} = \boldsymbol{\mathcal{F}}^{(0,j)}(\boldsymbol{X}^{(0,j)}, t, \boldsymbol{\lambda}_j).
$$

有了上述的定义, 就可以用不连续动力系统的理论来研究具有互动边界的两个不连续动力系统的动力学行为. 具体内容可参看文献 [21].

不论是在自然界还是在实际应用领域, 不同个体之间的互动现象都广泛存在. 比如海中的鱼群由于自我保护的能力有限, 在游动的时候总是结成一个群体按照统一的模式运动. 即使出现捕食者时, 为了避险, 鱼群的运动状态会发生改变, 但是很快所有的鱼又会形成统一的运动模态. 这种现象在现实生活中非常普遍, 常见的还有鸟群迁徙中飞行编队、蚁群协同合作寻找食物、萤火虫的同步发光、演播室观众的掌声趋于一致以及机器人执行命令的协调与一致性等.

上述现象中存在的共同特点是, 形成群体行为的每个个体系统在本质上都各自具有固定的特征, 可以用独立的动力系统分别进行刻画, 并且行为方式相对比较简单. 但是当多个系统通过互动形成一个整体后, 通过群体内所有系统或相邻部分系统之间的相互影响, 整个群体会呈现出一种更复杂、更有效、更智能化的整体运动. 这种多个系统之间的互动现象引起了研究者的关注, 并对其进行了深入的研究. 研究的重点是各系统间的互动方式与动力学行为之间的相互作用. 这些相互作用的动力系统经过一段时间的演化后或者具有相同的集体行为或者仍然保持原有的无序状态.

同步问题作为最有代表性的集体间的互动行为, 对该问题的研究更具有重要的理论意义和应用价值.

最早关于同步的研究可以追溯到 1665 年, 荷兰物理学家 Huygens[1] 提出了"同步"的概念, 他通过观察悬挂在同一根杆上的两个单摆的运动, 发现了摆以相同的频率进行摆动, 并且相位相差 180 度. Huygens 还发现这种反相同步状态关于扰动是鲁棒的, 并推断出产生这种效应的根本原因是通过悬挂框架不可见运动导致的两个摆之间的极小的相互作用. 同步的定义指的是在一般的过程中, 两个 (或多个) 动力系统 (或相同或不相同) 在周期外力或噪音影响下相互作用, 以实现某种集体行为. 尤其是, 当系统出现复杂的奇异吸引子或复杂的动力学行为时, 这种同步问题的研究就至关重要了.

事实上, 当一个非线性动力系统具有奇异吸引子, 其动力学行为严重依赖于初始条件时, 它就会产生混沌运动. 这意味着即使是两个完全相同 (但分离或不互动) 的系统, 也会从几乎相同的初始状态产生两个轨迹, 它们会自然地、指数地在时间上分离. 因此, 混沌系统本质上是不服从同步的系统, 即使系统是相同的, 但初始条件略有不同, 相应的轨迹也会以不同步的方式随时间演化. 因为在实验或自然界中, 各种过程的初始状态从来都无法达到精确, 因此如何能在互动情况下达到混沌系统的同步这一实际问题引起了人们极大的研究兴趣.

在研究互动影响下混沌系统的同步现象时, 一般从两种不同的角度来对观测结果进行分类.

第一种是根据同步现象的性质对观测到的群体状态进行分类. 现在已有多种同步状态被深入研究, 它们分别是: 完全同步 (complete synchronization)[2, 3, 4]、

相位同步 (phase synchronization)[5, 6]、时滞同步 (lag synchronization)[7]、广义同步 (generalized synchronization)[8, 9]、间歇滞后同步 (intermittent lag synchronization)[7, 10]、不完全相位同步 (imperfect phase synchronization)[11] 和几乎同步 (almost synchronization)[12].

完全同步是首先被发现的同步现象, 它是最简单的同步形式. 它表现为两个相互作用的完全相同系统的混沌轨迹的完美连接, 并在随后的时间中保持一致[4]. 这种现象严格地对应于同步误差 (两个系统的状态之间的差异) 渐近消失的情形.

相位同步是在不同的系统相互作用的过程中出现的同步现象, 其中产生了一个适当定义的相位的锁定, 而不是通常情况下高度关注系统的振幅[5]. 因此, 相位同步是相对较弱的同步现象, 与完全同步或广义同步相比, 相位同步通常是在非常小的相互作用时出现.

时滞同步表示一个系统的实际输出和另一个系统的延迟输出之间差异的有界性. 使两个系统等效的时间差 τ 称为滞后时间. 这种同步表明, 两个系统的输出的相位和振幅被同时锁定, 但是有一个时间差[7].

广义同步则是一种更复杂的同步现象, 涉及到不同系统之间的相互作用, 它的出现是由于一个系统的输出与另一个 (不一定相同) 系统的输出相关联的关联函数的出现导致的[8, 9]. 由于这个函数很可能不是可逆的, 所以广义同步的概念是一个不对称的概念. 在这种情况下, 一个系统的状态可以通过对另一个系统的测量来预测, 但是反之则不然.

间歇滞后同步是两个系统在大多数情况下都保持滞后同步的状态, 但会持续发生不同步行为的间歇性爆发[7, 10], 通常在系统轨迹通过滞后同步局部不稳定的区域时发生.

不完全相位同步是在相位同步状态中持续发生相滑移的一种机制. 这种同步机制是相位不一致的耦合振荡器的特性, 即它们在较宽的频率分布范围内振荡.

几乎同步状态表示的是一个系统变量的子集与另一个系统的相应变量的子集之间差的渐近有界性, 而不意味着不属于两个子集的变量之间存在某种特定的关系.

第二种是按耦合的性质来区分不同的同步现象. 例如, 系统间的相互作用是对称的还是不对称的将导致同步状态的过程产生很大的差异. 特别是应该区分两种主要情况: 单向耦合和双向耦合. 前一种情况, 存在一个主动系统, 其输出影响被动系统的行为. 这意味着主动系统的运动是不受影响的, 并决定了被动系统的变化. 而双向耦合情形下, 两个子系统相互影响, 耦合因子将动力学特征调整到一个同步流形上. 此外, 此种情况下耦合性质不一定是线性的, 甚至不一定是连续的. 在实际问题中存在许多相关的情况, 用非线性耦合或不连续耦合来描述更加符合实际需要.

本章将综合上述两种情况对复杂系统间的同步进行研究. 主要研究在单向耦合

下, 两个完全不同的混沌系统的同步问题. 此时所选取的耦合条件是非线性且不连续的, 在此基础上利用不连续动力系统的流转换理论讨论被动系统相对于主动系统的同步性质, 主要是两个系统完全同步与部分时间同步两种状态, 并建立相应的解析条件[13, 14].

7.2　弹簧振子模型与 VdP 振子模型的同步

本节以弹簧振子模型与 VdP 振子模型组成的模型作为研究对象. 每个振子有固有的动力学特征, 并且都是二阶的非线性微分系统. 将其中一个振子作为主动系统, 另一个振子作为被动系统, 然后研究系统的同步问题, 并给出相应的解析条件.

7.2.1　不连续动力系统的建立

下面假设弹簧振子模型为主动系统, 其动力学方程如下

$$\ddot{u} + a_0 \sin u = A_0 \sin \omega t, \tag{7.2.1}$$

其中 a_0, $A_0 \in R$, ω 为系统的固有频率.

同时, 假设被动系统是不同于主动系统的 VdP 振子模型, 其动力学方程如下

$$\ddot{v} + \varepsilon(v^2 - 1)\dot{v} + v = 0, \quad \varepsilon > 0. \tag{7.2.2}$$

被动系统 (7.2.2) 与主动系统 (7.2.1) 的动力学特征完全不同, 它们形成了一个由两个异质动力系统组成的不连续动力系统.

为方便起见, 下面将两个振子模型的运动状态变量写成以下向量形式

$$\boldsymbol{U} = (u_1, u_2)^{\mathrm{T}} \text{ 和 } \boldsymbol{V} = (v_1, v_2)^{\mathrm{T}},$$

其中 $u_1 = u$, $u_2 = \dot{u}_1$, $v_1 = v$, $v_2 = \dot{v}_1$.

与之对应地, 把上述两个振子的动力学方程也写为向量形式, 那么对应的向量形式下的运动向量场表示为

$$\boldsymbol{\mathcal{H}}(\boldsymbol{U}, t) = (u_2, \mathcal{H}_2(\boldsymbol{U}, t)), \quad \boldsymbol{H}(\boldsymbol{V}, t) = (v_2, H_2(\boldsymbol{V}, t)).$$

这样, 主动系统 (7.2.1) 的动力学方程就变为

$$\dot{\boldsymbol{U}} = \boldsymbol{\mathcal{H}}(\boldsymbol{U}, t), \tag{7.2.3}$$

其中 $\dot{u}_1 \equiv u_2$, $\dot{u}_2 = \mathcal{H}_2(\boldsymbol{U}, t) = -a_0 \sin u_1 + A_0 \sin \omega t$.

被动系统 (7.2.2) 的动力学方程变为

$$\dot{\boldsymbol{V}} = \boldsymbol{H}(\boldsymbol{V}, t), \tag{7.2.4}$$

其中 $\dot{v}_1 \equiv v_2,\ \dot{v}_2 = H_2(\boldsymbol{V}, t) = -\varepsilon(v_1^2 - 1)v_2 - v_1.$

在上述形式下, u_1, u_2 分别表示主动系统在相空间中的运动位移和速度, v_1, v_2 分别表示被动系统在相空间中的运动位移和速度.

在一般情况下, 假设两个振子间的同步状态约束条件为

$$\boldsymbol{\Phi}(\boldsymbol{U}, \boldsymbol{V}, \boldsymbol{\lambda}) = \boldsymbol{0}. \tag{7.2.5}$$

定义 7.2.1 如果在某时间区间 $t \in [t_1, t_2]$ 上, 主动系统 (7.2.1) 的流和被动系统 (7.2.2) 的流能够满足约束条件 (7.2.5), 则称被动系统的流在时间区间 $t \in [t_1, t_2]$ 上关于约束条件 (7.2.5) 与主动系统的流同步 (也简称为两个系统同步).

在考虑两个模型间的同步问题时, 可以根据实际问题中系统的具体要求来控制模型的运动使其呈现出不同类型的同步. 这些同步的类型可以通过模型间同步约束条件的不同设计形式来进行区分. 本节选取约束函数 $\boldsymbol{\Phi}$ 满足

$$\begin{aligned}
&\boldsymbol{\Phi}(\boldsymbol{U}, \boldsymbol{V}, \boldsymbol{\lambda}) = (\phi_1, \phi_2)^{\mathrm{T}}, \\
&\phi_1 = k_1 \operatorname{sgn}(v_1 - u_1), \\
&\phi_2 = k_2 \operatorname{sgn}(v_2 - u_2)
\end{aligned} \tag{7.2.6}$$

是非线性并且不连续的. 当给定的约束条件具有非线性不连续的特征时, 被动系统的动力学行为不是在一个连续的、光滑的向量场上发生, 而是变为在多个分别具有不同向量场的子域所组成的区域上发生. 而这些子域的划分就是通过取定的约束条件来实现的. 对于一般情况来说, 假设给出的约束条件为 $\boldsymbol{\Phi}(\boldsymbol{U}, \boldsymbol{V}, \boldsymbol{\lambda}) = \boldsymbol{0}$, 此时由于被动系统的运动状态要满足事先给定的限制要求, 因此其动力学行为就要受到约束条件的控制, 即两个个体的运动状态 $\boldsymbol{U}$ 和 $\boldsymbol{V}$ 应该满足 $\boldsymbol{\Phi}$ 所给出的要求. 在此控制下, 被动系统的动力学系统就满足以下形式

$$\dot{\boldsymbol{V}} = \boldsymbol{H}(\boldsymbol{V}, t) - \boldsymbol{\Phi}(\boldsymbol{U}, \boldsymbol{V}, \boldsymbol{\lambda}), \tag{7.2.7}$$

其中 $\boldsymbol{\Phi}(\boldsymbol{U}, \boldsymbol{V}, \boldsymbol{\lambda})$ 取 (7.2.6) 式中的形式.

为方便起见, 将被动系统系统的向量场写为向量形式

$$\boldsymbol{H}(\boldsymbol{V}, t) - \boldsymbol{\Phi}(\boldsymbol{U}, \boldsymbol{V}, \boldsymbol{\lambda}) = (h_1, h_2)^{\mathrm{T}}, \tag{7.2.8}$$

其中

$$\begin{aligned}
h_1 &= v_2 - k_1 \operatorname{sgn}(v_1 - u_1), \\
h_2 &= H_2(\boldsymbol{V}, t) - k_2 \operatorname{sgn}(v_2 - u_2).
\end{aligned} \tag{7.2.9}$$

当取定了上述的约束条件后, 由于被动系统的运动受约束条件的影响, 因此它的向量场是随主动系统运动的变化而发生变化的.

首先, 根据两个模型的运动位移的不同, 要通过判断 v_1 和 u_1 的大小来决定被动系统向量场的第一个分量. 同时, 还要判断 v_2 和 u_2 的大小来决第二个分量. 比如当 $v_1 > u_1$ 时, $\mathrm{sgn}(v_1 - u_1) = 1$, 所以有 $h_1 = v_2 - k_1$. 反之, 就得到 $\mathrm{sgn}(v_1 - u_1) = -1$, 此时有 $h_1 = v_2 + k_1$. 所以根据模型运动的位移与速度的差异, 可以将被动系统的向量场在控制条件下分成四种情况, 每种情况下所对应的运动场在不同区域内都是互不相同的, 而且在任意两个相邻区域边界两侧的向量场不是连续的. 被动系统的向量场分成以下形式:

(i) 当 $v_1 > u_1$ 和 $v_2 > u_2$ 成立时,

$$h_1(\boldsymbol{V}, t) = v_2 - k_1,$$
$$h_2(\boldsymbol{V}, t) = -\varepsilon(v_1^2 - 1)v_2 - v_1 - k_2;$$

(ii) 当 $v_1 > u_1$ 和 $v_2 < u_2$ 成立时,

$$h_1(\boldsymbol{V}, t) = v_2 - k_1,$$
$$h_2(\boldsymbol{V}, t) = -\varepsilon(v_1^2 - 1)v_2 - v_1 + k_2;$$

(iii) 当 $v_1 < u_1$ 和 $v_2 < u_2$ 成立时,

$$h_1(\boldsymbol{V}, t) = v_2 + k_1,$$
$$h_2(\boldsymbol{V}, t) = -\varepsilon(v_1^2 - 1)v_2 - v_1 + k_2;$$

(iv) 当 $v_1 < u_1$ 和 $v_2 > u_2$ 成立时,

$$h_1(\boldsymbol{V}, t) = v_2 + k_1,$$
$$h_2(\boldsymbol{V}, t) = -\varepsilon(v_1^2 - 1)v_2 - v_1 - k_2.$$

由上述四个子域的划分可以看出, 在每个子域内被动系统的向量场是连续的, 但是在不同子域上其向量场显然不再连续, 因为向量场中至少有一个分量发生变化, 并且这种变化是不连续的, 使得向量场在边界两侧有非常大的差异, 因此在整个区域上被动系统的向量场是不连续的. 不同的子域之间存在着一条边界, 这些边界有一个交点. 显然在此交点处, 两个模型的运动是按约束条件同步的.

根据以上分析, 被动系统在运动相空间中的向量场分成四个不同子域 $\Omega_\alpha (\alpha = 1, 2, 3, 4)$, 分别定义如下

$$\Omega_1 = \{(v_1, v_2) | v_1 - u_1(t) > 0, v_2 - u_2(t) > 0\},$$
$$\Omega_2 = \{(v_1, v_2) | v_1 - u_1(t) > 0, v_2 - u_2(t) < 0\},$$
$$\Omega_3 = \{(v_1, v_2) | v_1 - u_1(t) < 0, v_2 - u_2(t) < 0\},$$
$$\Omega_4 = \{(v_1, v_2) | v_1 - u_1(t) < 0, v_2 - u_2(t) > 0\}.$$

相应子域间的边界定义为

$$\partial\Omega_{12} = \{(v_1, v_2)|v_2 - u_2(t) = 0, v_1 - u_1(t) > 0\},$$
$$\partial\Omega_{23} = \{(v_1, v_2)|v_1 - u_1(t) = 0, v_2 - u_2(t) < 0\},$$
$$\partial\Omega_{34} = \{(v_1, v_2)|v_2 - u_2(t) = 0, v_1 - u_1(t) < 0\},$$
$$\partial\Omega_{14} = \{(v_1, v_2)|v_1 - u_1(t) = 0, v_2 - u_2(t) > 0\}.$$

相空间中各边界 $\partial\Omega_{\alpha\beta}(\alpha, \beta = 1, 2, 3, 4; \alpha \neq \beta)$ 的交点为

$$\angle\partial\Omega_{\alpha\beta} = \bigcap_{\alpha,\beta=1}^{4} \partial\Omega_{\alpha\beta}$$
$$= \{(v_1, v_2)|v_1 - u_1 = 0, v_2 - u_2 = 0\}.$$

各子域和边界如图 7.1、图 7.2 所示.

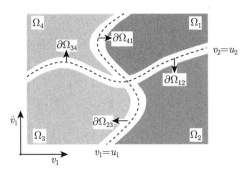

图 7.1 原坐标系中子域划分及子域间的边界

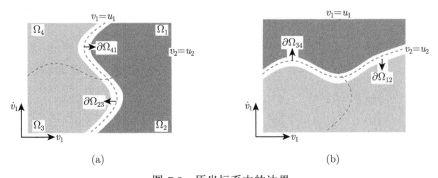

(a)   (b)

图 7.2 原坐标系中的边界

(a) 位移边界; (b) 速度边界

在图 7.1 中各个阴影表示的区域分别为在主动系统影响下被动系统向量场的四个子域, 在每个子域中其向量场都是连续的, 保持不变. 虚线表示的是各子域之

间的边界, 即速度相等边界和位移相等边界. 根据前面对约束条件作用的分析可知, 区域的边界是由主动系统的运动状态来决定的, 而主动系统的位移与速度都是随时间变化的, 因此边界也是随时间变化的. 按约束条件的限制, 被动系统的方向场受到了主动系统的影响, 因此向量场分成不同的四个随时间变化的子域. 图 7.2 中分别表示了以位移边界和速度边界为标准的划分形式. (a) 中以主动系统的位移为标准, 分成左右两个子域, 左边是 $v_1 < u_1$ 的情形, 右边是 $v_1 > u_1$ 的情形; (b) 中以主动系统的速度为标准分成上下两个子域, 上边是 $v_2 > u_2$ 的情形, 下边是 $v_2 < u_2$ 的情形.

根据上面对于四个区域的定义, 在每个子域 $\Omega_\alpha(\alpha \in 1, 2, 3, 4)$ 上, 被动系统的运动方程变为

$$\dot{\boldsymbol{V}}^{(\alpha)} = \boldsymbol{H}^{(\alpha)}(\boldsymbol{V}^{(\alpha)}, t), \tag{7.2.10}$$

其中

$$
\begin{aligned}
&h_1^{(\alpha)}(\boldsymbol{V}^{(\alpha)}, t) = v_2^{(\alpha)} - k_1, \text{对} \quad \alpha = 1, 2; \\
&h_1^{(\alpha)}(\boldsymbol{V}^{(\alpha)}, t) = v_2^{(\alpha)} + k_1, \text{对} \quad \alpha = 3, 4; \\
&h_2^{(\alpha)}(\boldsymbol{V}^{(\alpha)}, t) = -\varepsilon\left((v_1^{(\alpha)})^2 - 1\right)v_2^{(\alpha)} - v_1^{(\alpha)} - k_2, \text{对} \quad \alpha = 1, 4; \\
&h_2^{(\alpha)}(\boldsymbol{V}^{(\alpha)}, t) = -\varepsilon\left((v_1^{(\alpha)})^2 - 1\right)v_2^{(\alpha)} - v_1^{(\alpha)} + k_2, \text{对} \quad \alpha = 2, 3.
\end{aligned}
\tag{7.2.11}
$$

这里运动变量的上标 $\boldsymbol{V}^{(\alpha)}(\alpha \in \{1, 2, 3, 4\})$ 表示是在对应的子域 Ω_α 内所满足的运动状态.

同时根据所选取的约束条件, 在区域的划分过程中, 子域之间的边界是依赖于主动系统状态随时间变化的, 即边界是一种动态的边界. 于是, 在相应的边界上可以定义对应的子系统

$$
\begin{aligned}
&\dot{\boldsymbol{V}}^{(\alpha\beta)} = \boldsymbol{H}^{(\alpha\beta)}(\boldsymbol{V}^{(\alpha\beta)}, \boldsymbol{U}(t), t), \\
&\dot{\boldsymbol{U}} = \boldsymbol{\mathcal{H}}(\boldsymbol{U}, t),
\end{aligned}
\tag{7.2.12}
$$

其中

$$
\begin{aligned}
&\text{在} \partial\Omega_{\alpha\beta}((\alpha, \beta) = (2, 3), (1, 4))\text{上}, \ v_1^{(\alpha\beta)} = u_1(t), \qquad v_2^{(\alpha\beta)} = u_2(t); \\
&\text{在} \partial\Omega_{\alpha\beta}((\alpha, \beta) = (1, 2), (4, 3))\text{上}, \ v_1^{(\alpha\beta)} = u_1(t) + c, \ v_2^{(\alpha\beta)} = u_2(t).
\end{aligned}
\tag{7.2.13}
$$

在这里类似上面的表示, 运动变量 $\boldsymbol{V}^{(\alpha\beta)}$ 的上标表示变量满足的动力学方程是定义在对应边界 $\partial\Omega_{\alpha\beta}(\alpha \neq \beta, \alpha, \beta \in \{1, 2, 3, 4\})$ 上的, 而且由于边界是由主动系统的运动来确定的, 因此该子系统的运动是与 $\boldsymbol{U}(t)$ 有关, 而 $\boldsymbol{U}(t)$ 则应满足主动系统的动力学方程.

正是由于边界是动态的, 总是随时间而变, 在考虑边界附近两侧子域内动力学特征时总是与所取的时间点有关. 因此在绝对坐标表示形式下给出两个系统达到

同步的解析条件是非常困难的. 为更容易的给出所需要的解析条件, 下面采取用相对坐标的形式来对该问题进行讨论.

为此, 令

$$w_1 = v_1 - u_1 \text{ 及 } w_2 = v_2 - u_2.$$

于是, (7.2.1) 对于被动系统向量场所定义的四个不同子域, 用相对坐标表示为

$$\Omega_1(t) = \{(w_1, w_2)|w_1 > 0, w_2 > 0\},$$
$$\Omega_2(t) = \{(w_1, w_2)|w_1 > 0, w_2 < 0\},$$
$$\Omega_3(t) = \{(w_1, w_2)|w_1 < 0, w_2 < 0\},$$
$$\Omega_4(t) = \{(w_1, w_2)|w_1 < 0, w_2 > 0\}.$$

各区域间的边界表示形式变成

$$\partial\Omega_{12}(t) = \{(w_1, w_2)|w_2 = 0, w_1 > 0\},$$
$$\partial\Omega_{23}(t) = \{(w_1, w_2)|w_1 = 0, w_2 < 0\},$$
$$\partial\Omega_{34}(t) = \{(w_1, w_2)|w_2 = 0, w_1 < 0\},$$
$$\partial\Omega_{41}(t) = \{(w_1, w_2)|w_1 = 0, w_2 > 0\}.$$

(7.2.14)

各边界的交点变为

$$\angle\partial\Omega_{\alpha\beta}(t) = \bigcap_{\alpha,\beta=1}^{4} \partial\Omega_{\alpha\beta}(t) = \{(w_1, w_2)|w_1 = 0, w_2 = 0\}.$$

图 7.3 给出了在相对坐标下各子域及其边界的表示形式.

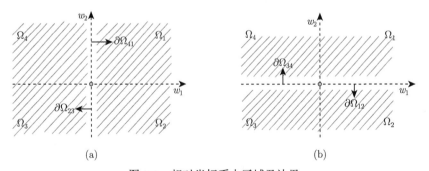

(a)   (b)

图 7.3 相对坐标系中子域及边界

(a) 相对位移边界; (b) 相对速度边界

相应的, 在上述表示中, w_1 表示被动系统相对于主动系统的相对位移, w_2 则表示被动系统相对于主动系统的相对速度, 因此 $\dot{w}_1 = w_2$.

令 $\boldsymbol{W} = (w_1, w_2)$, 那么在相对坐标下不同区域 $\Omega_\alpha (\alpha = 1, 2, 3, 4)$ 内, 被动系统的动力学方程记为

$$
\begin{aligned}
\dot{\boldsymbol{W}}^{(\alpha)} &= \boldsymbol{L}^{(\alpha)}(\boldsymbol{W}^{(\alpha)}, \boldsymbol{U}, t), \\
\dot{\boldsymbol{U}} &= \boldsymbol{\mathcal{H}}(\boldsymbol{U}, t),
\end{aligned} \tag{7.2.15}
$$

其中

$$
\begin{aligned}
\boldsymbol{L}^{(\alpha)} &= (l_1^{(\alpha)}, l_2^{(\alpha)}), \\
l_1^{(\alpha)}(\boldsymbol{W}^{(\alpha)}, \boldsymbol{U}, t) &= w_2^{(\alpha)} - k_1, \quad \alpha = 1, 2, \\
l_1^{(\alpha)}(\boldsymbol{W}^{(\alpha)}, \boldsymbol{U}, t) &= w_2^{(\alpha)} + k_1, \quad \alpha = 3, 4, \\
l_2^{(\alpha)}(\boldsymbol{W}^{(\alpha)}, \boldsymbol{U}, t) &= \mathcal{L}(\boldsymbol{W}^{(\alpha)}, \boldsymbol{U}, t) - k_2, \quad \alpha = 1, 4, \\
l_2^{(\alpha)}(\boldsymbol{W}^{(\alpha)}, \boldsymbol{U}, t) &= \mathcal{L}(\boldsymbol{W}^{(\alpha)}, \boldsymbol{U}, t) + k_2, \quad \alpha = 2, 3,
\end{aligned} \tag{7.2.16}
$$

以及

$$
\begin{aligned}
\mathcal{L}(\boldsymbol{W}^{(\alpha)}, \boldsymbol{U}, t) &= \dot{v}_2 - \dot{u}_2 \\
&= -\varepsilon \left((v_1^{(\alpha)})^2 - 1 \right) v_2^{(\alpha)} - v_1^{(\alpha)} + a_0 \sin u_1 - A_0 \sin \omega t \\
&= -\varepsilon \left((w_1^{(\alpha)} + u_1)^2 - 1 \right) (w_2^{(\alpha)} + u_2) - (w_1^{(\alpha)} + u_1) \\
&\quad + a_0 \sin u_1 - A_0 \sin \omega t.
\end{aligned} \tag{7.2.17}
$$

在各个边界 $\partial \Omega_{\alpha\beta}$ 上, 被动系统相应的动力学方程为

$$
\begin{aligned}
\dot{\boldsymbol{W}}^{(\alpha\beta)} &= \boldsymbol{L}^{(\alpha\beta)}(\boldsymbol{W}^{(\alpha\beta)}, \boldsymbol{U}, t), \\
\dot{\boldsymbol{U}} &= \boldsymbol{\mathcal{H}}(\boldsymbol{U}, t),
\end{aligned} \tag{7.2.18}
$$

其中

$$
\begin{aligned}
\boldsymbol{L}^{(\alpha\beta)} &= (l_1^{(\alpha\beta)}, l_2^{(\alpha\beta)}); \\
l_1^{(\alpha\beta)}(\boldsymbol{W}^{(\alpha\beta)}, \boldsymbol{U}, t) &= w_2 = 0, \\
l_2^{(\alpha\beta)}(\boldsymbol{W}^{(\alpha\beta)}, \boldsymbol{U}, t) &= 0,
\end{aligned} \tag{7.2.19}
$$

以及

$$
\begin{aligned}
w_1^{(\alpha\beta)} = 0 \ \text{和} \ w_2^{(\alpha\beta)} = 0 \ \text{在} \partial\Omega_{\alpha\beta}\big((\alpha, \beta) = (2,3), (1,4)\big) \text{上}; \\
w_1^{(\alpha\beta)} = c \ \text{和} \ w_2^{(\alpha\beta)} = 0 \ \text{在} \partial\Omega_{\alpha\beta}\big((\alpha, \beta) = (1,2), (4,3)\big) \text{上}.
\end{aligned} \tag{7.2.20}
$$

7.2.2 同步的解析条件

首先将不连续动力系统流转换理论的各种概念引入到所研究的模型, 给出相应具体的边界法方向量以及 G 函数的表达式, 为后面的讨论提供便利.

由 (2.1.5) 式可知, 当边界 $\partial\Omega_{ij}$ 的解析式为 $\varphi_{ij}(\boldsymbol{x}^{(0)}, t, \lambda) = 0$ 的时候, 流 $\boldsymbol{x}^{(0)}(t)$ 在时刻 t 在边界 $\partial\Omega_{ij}$ 上的对应法向量定义为

$$n_{\partial\Omega_{ij}}^t(\boldsymbol{x}^{(0)}, t, \boldsymbol{\lambda}) = \left(\frac{\partial\varphi_{ij}}{\partial x_1^{(0)}}, \frac{\partial\varphi_{ij}}{\partial x_2^{(0)}}, \cdots, \frac{\partial\varphi_{ij}}{\partial x_n^{(0)}} \right)^{\mathrm{T}} \Bigg|_{(t, \boldsymbol{x}^{(0)})}.$$

在相对坐标系下, 由 (7.2.14) 式的表示可以得到每条边界的解析表达式为

$$
\begin{aligned}
\partial\Omega_{12}(t) &= \{(w_1, w_2) | \varphi_{12}(\boldsymbol{W}, t) = w_2 = 0\}, \\
\partial\Omega_{23}(t) &= \{(w_1, w_2) | \varphi_{23}(\boldsymbol{W}, t) = w_1 = 0\}, \\
\partial\Omega_{34}(t) &= \{(w_1, w_2) | \varphi_{34}(\boldsymbol{W}, t) = w_2 = 0\}, \\
\partial\Omega_{41}(t) &= \{(w_1, w_2) | \varphi_{14}(\boldsymbol{W}, t) = w_1 = 0\}.
\end{aligned}
\tag{7.2.21}
$$

由此进一步的可以给出在相对坐标下, 每个边界上任一点处的法向量为

$$
\begin{aligned}
\boldsymbol{n}_{\partial\Omega_{12}}^{\mathrm{T}} &= \left(\frac{\partial\varphi_{12}}{\partial w_1}, \frac{\partial\varphi_{12}}{\partial w_2} \right) = (0, 1); \\
\boldsymbol{n}_{\partial\Omega_{23}}^{\mathrm{T}} &= \left(\frac{\partial\varphi_{23}}{\partial w_1}, \frac{\partial\varphi_{23}}{\partial w_2} \right) = (1, 0); \\
\boldsymbol{n}_{\partial\Omega_{34}}^{\mathrm{T}} &= \left(\frac{\partial\varphi_{34}}{\partial w_1}, \frac{\partial\varphi_{34}}{\partial w_2} \right) = (0, 1); \\
\boldsymbol{n}_{\partial\Omega_{41}}^{\mathrm{T}} &= \left(\frac{\partial\varphi_{41}}{\partial w_1}, \frac{\partial\varphi_{41}}{\partial w_2} \right) = (1, 0).
\end{aligned}
$$

由前面区域的划分可以得到在相对坐标形式下, 各边界都已变为两个模型相对位移和速度的边界, 即直角坐标的坐标轴, 不再随时间的变化而变化. 因此, 各边界上的法向量都已简化为常数向量, 记为

$$
\begin{aligned}
\boldsymbol{n}_{\partial\Omega_{12}} &= \boldsymbol{n}_{\partial\Omega_{34}} = (0, 1)^{\mathrm{T}}, \\
\boldsymbol{n}_{\partial\Omega_{23}} &= \boldsymbol{n}_{\partial\Omega_{41}} = (1, 0)^{\mathrm{T}}.
\end{aligned}
\tag{7.2.22}
$$

有了边界上任一点的法向量的表示, 按定义 2.2.1 和定义 2.2.2, 对上述模型定义相应的零阶 G 函数和一阶 G 函数.

定义 7.2.2 假设对任意的 $t = t_k$, $\boldsymbol{W}_k$ 是时刻 $t = t_k$ 在边界 $\partial\Omega_{mn}$ 上的点, 该点处相应的法向量用 $\boldsymbol{n}_{\partial\Omega_{mn}}^{\mathrm{T}}$ 表示. 那么, 子域 $\Omega_\alpha(\alpha \in \{m, n\})$ 内的运动轨迹在边界 $\partial\Omega_{mn}((m, n) \in \{(1, 2), (2, 3), (3, 4), (4, 1)\})$ 上的零阶 G 函数定义如下

$$G_{\partial\Omega_{mn}}^{(\alpha)}(\boldsymbol{W}_k, \boldsymbol{U}, t_{k\pm}) = \boldsymbol{n}_{\partial\Omega_{mn}}^{\mathrm{T}} \cdot [\boldsymbol{L}^{(\alpha)}(\boldsymbol{W}_k, \boldsymbol{U}, t_{k\pm}) - \boldsymbol{L}^{(mn)}(\boldsymbol{W}_k, \boldsymbol{U}, t_{k\pm})].$$

定义 7.2.3 假设对任意的 $t = t_k$, $\boldsymbol{W}_k$ 是时刻 $t = t_k$ 在边界 $\partial\Omega_{mn}$ 上的点, 该点处相应的法向量用 $\boldsymbol{n}_{\partial\Omega_{mn}}^{\mathrm{T}}$ 表示. 那么, 子域 $\Omega_\alpha(\alpha \in \{m, n\})$ 内的运动轨迹在边界 $\partial\Omega_{mn}((m, n) \in \{(1, 2), (4, 3), (1, 4), (2, 3)\})$ 上的一阶 G 函数定义如下

$$G_{\partial\Omega_{mn}}^{(1, \alpha)}(\boldsymbol{W}_k, \boldsymbol{U}, t_{k\pm}) = \boldsymbol{n}_{\partial\Omega_{mn}}^{\mathrm{T}} \cdot [D\boldsymbol{L}^{(\alpha)}(\boldsymbol{W}_k, \boldsymbol{U}, t_{k\pm}) - D\boldsymbol{L}^{(mn)}(\boldsymbol{W}_k, \boldsymbol{U}, t_{k\pm})].$$

这样, 将每条边界的法方向和各区域内个体的运动轨迹代入到定义 7.2.2 和定义 7.2.3, 可以得到在各边界上相应的 G 函数是

$$
\begin{aligned}
G^{(\alpha)}_{\partial\Omega_{12}}(\boldsymbol{W}_k,\boldsymbol{U},t_{k\pm}) &= G^{(\alpha)}_{\partial\Omega_{43}}(\boldsymbol{W}_k,\boldsymbol{U},t_{k\pm}) = l^{(\alpha)}_2(\boldsymbol{W}_k,\boldsymbol{U},t_{k\pm}); \\
G^{(\alpha)}_{\partial\Omega_{23}}(\boldsymbol{W}_k,\boldsymbol{U},t_{k\pm}) &= G^{(\alpha)}_{\partial\Omega_{14}}(\boldsymbol{W}_k,\boldsymbol{U},t_{k\pm}) = l^{(\alpha)}_1(\boldsymbol{W}_k,\boldsymbol{U},t_{k\pm});
\end{aligned}
\tag{7.2.23}
$$

$$
\begin{aligned}
G^{(1,\alpha)}_{\partial\Omega_{12}}(\boldsymbol{W}_k,\boldsymbol{U},t_{k\pm}) &= G^{(1,\alpha)}_{\partial\Omega_{43}}(\boldsymbol{W}_k,\boldsymbol{U},t_{k\pm}) = Dl^{(\alpha)}_2(\boldsymbol{W}_k,\boldsymbol{U},t_{k\pm}); \\
G^{(1,\alpha)}_{\partial\Omega_{23}}(\boldsymbol{W}_k,\boldsymbol{U},t_{k\pm}) &= G^{(1,\alpha)}_{\partial\Omega_{14}}(\boldsymbol{W}_k,\boldsymbol{U},t_{k\pm}) = Dl^{(\alpha)}_1(\boldsymbol{W}_k,\boldsymbol{U},t_{k\pm}),
\end{aligned}
\tag{7.2.24}
$$

其中 $\alpha = 1,2,3,4$;

$$
\begin{aligned}
Dl^{(\alpha)}_1(\boldsymbol{W}^{(\alpha)},\boldsymbol{U},t) &= \dot{w}_2 = \dot{v}^{(\alpha)}_2 - \dot{u}_2 \\
&= -\varepsilon\Big(\big(w^{(\alpha)}_1 + u_1\big)^2 - 1\Big)\big(w^{(\alpha)}_2 + u_2\big) - \big(w^{(\alpha)}_1 + u_1\big) \\
&\quad + a_0 \sin u_1 - A_0 \sin \omega t, \\
Dl^{(\alpha)}_2(\boldsymbol{W}^{(\alpha)},\boldsymbol{U},t) &= D\mathcal{L}(\boldsymbol{W}^{(\alpha)},\boldsymbol{U},t) \\
&= -\varepsilon[(w^{(\alpha)} + u_1)^2 - 1](\dot{w}^{(\alpha)}_2 + \dot{u}_2) \\
&\quad -2\varepsilon(w^{(\alpha)}_2 + u_2)(w^{(\alpha)}_1 + u_1)(w^{(\alpha)}_2 + u_2) \\
&\quad -(w^{(\alpha)}_2 + u_2) + a_0 u_2 \cos u_1 - A_0 \omega \cos \omega t.
\end{aligned}
$$

通过前面对于被动系统的动力学方程分析, 由 (7.2.16) 式可以写出各边界上各区域内运动轨迹的 G 函数分别为

$$
\begin{aligned}
G^{(1)}_{\partial\Omega_{12}}(\boldsymbol{W}_k,\boldsymbol{U},t_{k\pm}) &= \mathcal{L}(\boldsymbol{W}^{(\alpha)},\boldsymbol{U},t) - k_2; \\
G^{(2)}_{\partial\Omega_{12}}(\boldsymbol{W}_k,\boldsymbol{U},t_{k\pm}) &= \mathcal{L}(\boldsymbol{W}^{(\alpha)},\boldsymbol{U},t) + k_2; \\
G^{(2)}_{\partial\Omega_{23}}(\boldsymbol{W}_k,\boldsymbol{U},t_{k\pm}) &= w^{(\alpha)}_2 - k_1; \\
G^{(3)}_{\partial\Omega_{23}}(\boldsymbol{W}_k,\boldsymbol{U},t_{k\pm}) &= w^{(\alpha)}_2 + k_1; \\
G^{(3)}_{\partial\Omega_{43}}(\boldsymbol{W}_k,\boldsymbol{U},t_{k\pm}) &= \mathcal{L}(\boldsymbol{W}^{(\alpha)},\boldsymbol{U},t) + k_2; \\
G^{(4)}_{\partial\Omega_{43}}(\boldsymbol{W}_k,\boldsymbol{U},t_{k\pm}) &= \mathcal{L}(\boldsymbol{W}^{(\alpha)},\boldsymbol{U},t) - k_2; \\
G^{(4)}_{\partial\Omega_{14}}(\boldsymbol{W}_k,\boldsymbol{U},t_{k\pm}) &= w^{(\alpha)}_2 + k_1; \\
G^{(1)}_{\partial\Omega_{14}}(\boldsymbol{W}_k,\boldsymbol{U},t_{k\pm}) &= w^{(\alpha)}_2 - k_1.
\end{aligned}
$$

在研究个体运动状态的同步时, 要求其运动变量之间要满足给定的约束条件, 而上述分析就是通过这种约束条件作为边界对被动系统的运动空间进行相应的划分. 在不同的子域中, 由于相对于边界的位置关系不同, 因此被动系统的向量场就有显著的差异. 如果在某边界两侧的子域内, 子系统所对应的向量场都是具有趋于边界的特征时, 则由流转换理论可以判定, 被动系统的运动过程一旦到达边界就会

继续在边界上运动, 形成滑动流. 从而满足该边界的约束条件, 也就是达到了条件要求的同步. 如果要达到所有分量的同步, 就要在所有边界上都形成滑动流.

首先研究个体的运动什么时候开始出现同步和什么时候同步消失. 对此, 可以通过每个边界两侧相邻的小邻域内向量场的变化规律进行讨论. 当流由穿越流变为汇流时, 就能使流在边界上出现滑动流, 流到达边界即可形成同步, 这时就要讨论流的转换分支. 当流是由汇流变为可穿越流的时候, 流就会离开边界, 使得在边界上的滑动流消失, 从而同步消失. 这种情况要讨论滑模碎裂分支.

从上面的分析可以看出, 当研究的边界不同时, 两侧的子域是随之变化的, 这就导致 G 函数的具体表示也在跟着发生变化. 因此为讨论方便, 下面定义四个基本函数形式

$$在 \Omega_1, \Omega_2 中, \quad g_1(\boldsymbol{W}, \boldsymbol{U}, t) \equiv l_1^{(\alpha)} = w_2^{(\alpha)} - k_1;$$
$$在 \Omega_3, \Omega_4 中, \quad g_2(\boldsymbol{W}, \boldsymbol{U}, t) \equiv l_1^{(\alpha)} = w_2^{(\alpha)} + k_1;$$
$$在 \Omega_1, \Omega_4 中, \quad g_3(\boldsymbol{W}, \boldsymbol{U}, t) = l_2^{(\alpha)} = \mathcal{L}(\boldsymbol{W}^{(\alpha)}, \boldsymbol{U}, t) - k_2;$$
$$在 \Omega_2, \Omega_3 中, \quad g_4(\boldsymbol{W}, \boldsymbol{U}, t) = l_2^{(\alpha)} = \mathcal{L}(\boldsymbol{W}^{(\alpha)}, \boldsymbol{U}, t) + k_2.$$

下面利用定义 7.2.2 和定义 7.2.3 给出的 G 函数定义, 给出个体运动同步开始和同步消失的解析条件, 并通过条件判断个体运动在什么地方开始出现同步, 什么地方同步消失.

定理 7.2.1 对于相对坐标系下的系统 (7.2.15) 和 (7.2.18), 在相应的区域划分下, 关于边界 $\partial \Omega_{mn}$ 形成同步的充要条件是

当 $(m, n) = \{(1, 4), (2, 3)\}$ 时,

$$g_1(\boldsymbol{W}_k^{(m)}, \boldsymbol{U}, t_{k-}) < 0, \quad g_2(\boldsymbol{W}_k^{(n)}, \boldsymbol{U}, t_{k-}) > 0; \tag{7.2.25}$$

当 $(m, n) = \{(1, 2), (4, 3)\}$ 时,

$$g_3(\boldsymbol{W}_k^{(m)}, \boldsymbol{U}, t_{k-}) < 0, \quad g_4(\boldsymbol{W}_k^{(n)}, \boldsymbol{U}, t_{k-}) > 0. \tag{7.2.26}$$

证明 由引理 2.1.3, 相对于边界 $\partial \Omega_{mn}$ 形成滑动流的充要条件为

$$当 \boldsymbol{n}_{\partial \Omega_{ij}} \to \Omega_i 时, \quad \begin{cases} \boldsymbol{n}_{\partial \Omega_{ij}}^{\mathrm{T}} \cdot \boldsymbol{F}^{(i)}(t_{k-}) < 0, \\ \boldsymbol{n}_{\partial \Omega_{ij}}^{\mathrm{T}} \cdot \boldsymbol{F}^{(j)}(t_{k-}) > 0, \end{cases}$$

其中 $\boldsymbol{F}^{(i)}$ 表示子域 Ω_i 内子系统的向量场.

在相对坐标下对于边界的法向量由 (7.2.22) 式可知为

$$\boldsymbol{n}_{\partial \Omega_{12}} = \boldsymbol{n}_{\partial \Omega_{34}} = (0, 1)^{\mathrm{T}}, \quad \boldsymbol{n}_{\partial \Omega_{23}} = \boldsymbol{n}_{\partial \Omega_{14}} = (1, 0)^{\mathrm{T}}.$$

因此, 不妨取 $(m,n) = (1,4)$, 在此情况下 $\boldsymbol{n}_{\partial\Omega_{14}} = (1,0)^{\mathrm{T}}$, 是指向区域 Ω_1 的. 按定义 7.2.2 得到等价形式

$$G^{(1)}_{\partial\Omega_{14}}(\boldsymbol{W}_k, \boldsymbol{U}, t_{k-}) = \boldsymbol{n}^{\mathrm{T}}_{\partial\Omega_{14}} \cdot \boldsymbol{L}^{(1)}(t_{k-}) = l^{(1)}_1(\boldsymbol{W}_k, \boldsymbol{U}, t_{k-}) = g_1(\boldsymbol{W}_k, \boldsymbol{U}, t_{k-}) < 0,$$
$$G^{(4)}_{\partial\Omega_{14}}(\boldsymbol{W}_k, \boldsymbol{U}, t_{k-}) = \boldsymbol{n}^{\mathrm{T}}_{\partial\Omega_{14}} \cdot \boldsymbol{L}^{(4)}(t_{k-}) = l^{(4)}_1(\boldsymbol{W}_k, \boldsymbol{U}, t_{k-}) = g_2(\boldsymbol{W}_k, \boldsymbol{U}, t_{k-}) > 0.$$

由等价关系可知, 此时结论成立.

其他情形类似可证. □

定理 7.2.2　对于相对坐标系下的系统 (7.2.15) 和 (7.2.18), 在相应的区域划分下, 如果满足以下条件

当流在子域 Ω_1 内, $\boldsymbol{W}_k \in \partial\Omega_{12} \cap \partial\Omega_{14}$ 时, 有

$$\begin{cases} g_1(\boldsymbol{W}_k, \boldsymbol{U}, t_{k-}) < 0, \\ g_3(\boldsymbol{W}_k, \boldsymbol{U}, t_{k-}) < 0; \end{cases} \tag{7.2.27}$$

当流在子域 Ω_2 内, $\boldsymbol{W}_k \in \partial\Omega_{12} \cap \partial\Omega_{23}$ 时, 有

$$\begin{cases} g_1(\boldsymbol{W}_k, \boldsymbol{U}, t_{k-}) < 0, \\ g_4(\boldsymbol{W}_k, \boldsymbol{U}, t_{k-}) > 0; \end{cases} \tag{7.2.28}$$

当流在子域 Ω_3 内, $\boldsymbol{W}_k \in \partial\Omega_{23} \cap \partial\Omega_{34}$ 时, 有

$$\begin{cases} g_2(\boldsymbol{W}_k, \boldsymbol{U}, t_{k-}) > 0, \\ g_4(\boldsymbol{W}_k, \boldsymbol{U}, t_{k-}) > 0; \end{cases} \tag{7.2.29}$$

当流在子域 Ω_4 内, $\boldsymbol{W}_k \in \partial\Omega_{34} \cap \partial\Omega_{14}$ 时, 有

$$\begin{cases} g_2(\boldsymbol{W}_k, \boldsymbol{U}, t_{k-}) > 0, \\ g_3(\boldsymbol{W}_k, \boldsymbol{U}, t_{k-}) < 0, \end{cases} \tag{7.2.30}$$

则两个系统在 $\boldsymbol{W}_k = \boldsymbol{0}$ 是同步的.

证明　在相对坐标系下, 被动系统的运动空间被分成四个子域, 并且在每个子域内其向量场均不相同. 因此在不同子域内的运动情况要分别进行判断. 根据条件当系统的流在子域 Ω_1 内, $\boldsymbol{W}_k \in \partial\Omega_{12} \cap \partial\Omega_{14}$ 时有

$$g_1(\boldsymbol{W}_k, \boldsymbol{U}, t_{k-}) < 0, \quad g_3(\boldsymbol{W}_k, \boldsymbol{U}, t_{k-}) < 0.$$

由函数 g_i 的定义形式, 在区域 Ω_1 内有

$$g_1(\boldsymbol{W}_k, \boldsymbol{U}, t_{k-}) = G^{(1)}_{\partial\Omega_{14}}(\boldsymbol{W}_k, \boldsymbol{U}, t_{k-}) < 0,$$

即被动系统的向量场是与边界 $\partial\Omega_{14}$ 的法方向相反的, 于是向量场指向边界 $\partial\Omega_{14}$; 同时, 由函数 g_i 的定义, 在区域 Ω_1 内有

$$g_3(\boldsymbol{W}_k, \boldsymbol{U}, t_{k-}) = G^{(1)}_{\partial\Omega_{12}}(\boldsymbol{W}_k, \boldsymbol{U}, t_{k-}) < 0,$$

即被动系统的向量场也是与边界 $\partial\Omega_{12}$ 的法向量相反的, 于是向量场指向边界 $\partial\Omega_{12}$. 所以, 在区域 Ω_1 内被动系统流同时指向两个边界, 也就是指向两个边界的交点 $\boldsymbol{W}_k = \boldsymbol{0}$.

在其他子域的条件分析类似可得. 当上述条件都成立时, 对于被动系统无论在哪个子域中, 流的运动特征都是要指向原点. 一旦被动系统的流到达原点, 由于向量场的限制只能保持同步, 因此会在原点形成系统的同步.   □

定理 7.2.3   对于相对坐标下的系统 (7.2.15) 和 (7.2.18), 在相应的区域划分下, 假设以下条件成立 $\left(\boldsymbol{W}^{(\alpha)}(t_{k\pm}) = \boldsymbol{W}^{(\alpha)}_k, \alpha \subset [m,n]\right)$

(i) 对 $(m,n) = \{(1,4),(2,3)\}$:

当 $w_{1(k-\varepsilon)} = v_1 - u_1 > 0$ 时,

$$\begin{cases} g_1(\boldsymbol{W}^{(m)}_k, \boldsymbol{U}, t_{k\pm}) = 0, \\ Dg_1(\boldsymbol{W}^{(m)}_k, \boldsymbol{U}, t_{k\pm}) = \mathcal{L}(\boldsymbol{W}^{(m)}_k, \boldsymbol{U}, t_{k\pm}) > 0, \\ g_2(\boldsymbol{W}^{(n)}_k, \boldsymbol{U}, t_{k-}) > 0; \end{cases} \tag{7.2.31}$$

当 $w_{1(k-\varepsilon)} = v_1 - u_1 < 0$ 时,

$$\begin{cases} g_1(\boldsymbol{W}^{(m)}_k, \boldsymbol{U}, t_{k-}) < 0, \\ g_2(\boldsymbol{W}^{(n)}_k, \boldsymbol{U}, t_{k\pm}) = 0, \\ Dg_2(\boldsymbol{W}^{(n)}_k, \boldsymbol{U}, t_{k\pm}) = \mathcal{L}(\boldsymbol{W}^{(n)}_k, \boldsymbol{U}, t_{k\pm}) < 0. \end{cases} \tag{7.2.32}$$

(ii) 对 $(m,n) = \{(1,2),(4,3)\}$:

当 $\dot{w}_{1(k-\varepsilon)} = v_2 - u_2 > 0$ 时,

$$\begin{cases} g_3(\boldsymbol{W}^{(m)}_k, \boldsymbol{U}, t_{k\pm}) = 0, \\ Dg_3(\boldsymbol{W}^{(m)}_k, \boldsymbol{U}, t_{k\pm}) = D\mathcal{L}(\boldsymbol{W}^{(m)}_k, \boldsymbol{U}, t_{k\pm}) > 0, \\ g_4(\boldsymbol{W}^{(n)}_k, \boldsymbol{U}, t_{k-}) > 0; \end{cases} \tag{7.2.33}$$

当 $\dot{w}_{1(k-\varepsilon)} = v_2 - u_2 < 0$ 时,

$$\begin{cases} g_3(\boldsymbol{W}^{(m)}_k, \boldsymbol{U}, t_{k-}) < 0, \\ g_4(\boldsymbol{W}^{(n)}_k, \boldsymbol{U}, t_{k\pm}) = 0, \\ Dg_4(\boldsymbol{W}^{(n)}_k, \boldsymbol{U}, t_{k\pm}) = D\mathcal{L}(\boldsymbol{W}^{(n)}_k, \boldsymbol{U}, t_{k\pm}) < 0, \end{cases} \tag{7.2.34}$$

则两个系统将在该点开始同步.

证明   对于条件 (i) 中 $w_{1(k-\varepsilon)} > 0$ 的情形, 不妨取 $(m,n) = (1,4)$.

由条件 $g_2(\boldsymbol{W}_k, \boldsymbol{U}, t_{k-}) = G^{(4)}_{\partial\Omega_{14}}(\boldsymbol{W}_k, \boldsymbol{U}, t_{k-}) > 0$, 在边界 $\partial\Omega_{14}$ 左侧的子域 Ω_4 内向量场始终是指向边界的. 由条件 $w_{1(k-\varepsilon)} > 0$ 可知, 此时被动系统的流在子域 Ω_1 内.

由条件 $g_1(\boldsymbol{W}_k^{(m)}, \boldsymbol{U}, t_{k\pm}) = 0$ 可知, 在边界 $\partial\Omega_{14}$ 右侧的子域 Ω_1 内向量场恰好与边界形成相切, 这使得该点成为可能的临界点. 再利用条件 $Dg_1(\boldsymbol{W}_k^{(m)}, \boldsymbol{U}, t_{k\pm}) > 0$, 可以得出函数 g_1 的符号会发生变化, 即在先出现的 t_{k+} 情形下函数 g_1 符号为正, 这说明在子域 Ω_1 内子系统的向量场先是远离边界的, 形成的是穿越流. 而在 t_{k-} 情形下函数 g_1 符号为负, 说明子域 Ω_1 内子系统的向量场是也是指向边界的, 这样与子域 Ω_4 内一样向量场流向边界形成滑动流.

因此, 条件 (i), (ii) 给出了由穿越流变为滑动流的临界条件, 这也是滑动流开始的点, 所以满足上述条件说明两个系统的运动开始同步.

其他情况类似可证.   □

注 7.2.1   在定理 7.2.3 条件中出现的 $t_{k\pm}$ 中 "$\pm$" 除了表示时间的趋近外, 同时也表示流转换的顺序关系, 即先有 t_{k+} 的流, 经过转换后变为 t_{k-} 的流.

定理 7.2.4   对于相对坐标下的系统 (7.2.15) 和 (7.2.18), 在相应的区域划分下, 假设以下条件成立 $\left(\boldsymbol{W}^{(\alpha)}(t_{k\mp}) = \boldsymbol{W}_k^{(\alpha)}, \alpha \in \{m,n\}\right)$:

(i) 对 $(m,n) = \{(1,4), (2,3)\}$:

当 $w_{1(k+\varepsilon)} = v_1 - u_1 > 0$ 时,

$$\begin{cases} g_1(\boldsymbol{W}_k^{(m)}, \boldsymbol{U}, t_{k\mp}) = 0, \\ Dg_1(\boldsymbol{W}_k^{(m)}, \boldsymbol{U}, t_{k\mp}) = \mathcal{L}(\boldsymbol{W}_k^{(m)}, \boldsymbol{U}, t_{k\mp}) > 0, \\ g_2(\boldsymbol{W}_k^{(n)}, \boldsymbol{U}, t_{k-}) > 0; \end{cases} \tag{7.2.35}$$

当 $w_{1(k+\varepsilon)} = v_1 - u_1 < 0$ 时,

$$\begin{cases} g_1(\boldsymbol{W}_k^{(m)}, \boldsymbol{U}, t_{k-}) < 0, \\ g_2(\boldsymbol{W}_k^{(n)}, \boldsymbol{U}, t_{k\mp}) = 0, \\ Dg_2(\boldsymbol{W}_k^{(n)}, \boldsymbol{U}, t_{k\mp}) = \mathcal{L}(\boldsymbol{W}_k^{(n)}, \boldsymbol{U}, t_{k\mp}) < 0. \end{cases} \tag{7.2.36}$$

(ii) 对 $(m,n) = \{(1,2), (4,3)\}$:

当 $\dot{w}_{1(k+\varepsilon)} = v_2 - u_2 > 0$ 时,

$$\begin{cases} g_3(\boldsymbol{W}_k^{(m)}, \boldsymbol{U}, t_{k\mp}) = 0, \\ Dg_3(\boldsymbol{W}_k^{(m)}, \boldsymbol{U}, t_{k\mp}) = D\mathcal{L}(\boldsymbol{W}_k^{(m)}, \boldsymbol{U}, t_{k\mp}) > 0, \\ g_4(\boldsymbol{W}_k^{(n)}, \boldsymbol{U}, t_{k-}) > 0; \end{cases} \tag{7.2.37}$$

当 $\dot{w}_{1(k+\varepsilon)} = v_2 - u_2 < 0$ 时,

$$
\begin{cases}
g_3(\boldsymbol{W}_k^{(m)}, \boldsymbol{U}, t_{k-}) < 0, \\
g_4(\boldsymbol{W}_k^{(n)}, \boldsymbol{U}, t_{k\mp}) = 0, \\
Dg_4(\boldsymbol{W}_k^{(n)}, \boldsymbol{U}, t_{k\mp}) = D\mathcal{L}(\boldsymbol{W}_k^{(n)}, \boldsymbol{U}, t_{k\mp}) < 0,
\end{cases}
\tag{7.2.38}
$$

则两个系统的同步将在该点消失.

证明 对于条件 (i) 中 $w_{1(k+\varepsilon)} > 0$ 的情形, 不妨取 $(m,n) = (1,4)$.

由条件 $g_2(\boldsymbol{W}_k, \boldsymbol{U}, t_{k-}) = G_{\partial\Omega_{14}}^{(4)}(\boldsymbol{W}_k, \boldsymbol{U}, t_{k-}) > 0$, 在边界 $\partial\Omega_{14}$ 左侧的子域 Ω_4 内向量场始终是指向边界的. 从条件 $w_{1(k+\varepsilon)} > 0$ 可知, 此时被动系统的流是在子域 Ω_1 内的.

由条件 $g_1(\boldsymbol{W}_k^{(m)}, \boldsymbol{U}, t_{k\mp}) = 0$ 可知, 在边界 $\partial\Omega_{14}$ 右侧的子域 Ω_1 内向量场恰好与边界形成相切, 这使得该点成为可能的临界点. 再利用条件 $Dg_1(\boldsymbol{W}_k^{(m)}, \boldsymbol{U}, t_{k\mp}) > 0$, 可以得出函数 g_1 的符号会发生变化, 即在先出现的 t_{k-} 情形下函数 g_1 符号为负号, 这说明在子域 Ω_1 内子系统的向量场先是指向边界的, 形成的是滑动流. 而在 t_{k+} 情形下函数 g_1 符号为正号, 说明子域 Ω_1 内子系统的向量场是远离边界的. 这样与子域 Ω_4 内向量场指向边界, 而 Ω_1 内向量场远离边界形成穿越流.

因此, 条件 (i), (ii) 给出了由滑动流变为穿越流的临界条件, 这也是滑动流开始消失的点, 所以满足上述条件说明两个模型的同步运动开始消失.

其他的几种情况类似可以证明. □

注 7.2.2 定理 7.2.4 条件中 $t_{k\mp}$ 中 "$\mp$" 除了表示时间的趋近外, 也同时表示流转换的顺序关系, 即先有 t_{k-} 的流, 经过转换后变为 t_{k+} 的流.

在得到上述判定定理后, 可以看出在假设条件 $\boldsymbol{W}_k^{(\alpha)} = \boldsymbol{W}_k = \boldsymbol{0}$ 下, 两个系统能够达成同步的条件是

$$
\begin{aligned}
g_1(\boldsymbol{W}_k, \boldsymbol{U}, t_{k-}) &\equiv -k_1 < 0, \\
g_2(\boldsymbol{W}_k, \boldsymbol{U}, t_{k-}) &\equiv k_1 > 0, \\
g_3(\boldsymbol{W}_k, \boldsymbol{U}, t_{k-}) &= \mathcal{L}(\boldsymbol{0}, \boldsymbol{U}, t_{k-}) - k_2 < 0, \\
g_4(\boldsymbol{W}_k, \boldsymbol{U}, t_{k-}) &= \mathcal{L}(\boldsymbol{0}, \boldsymbol{U}, t_{k-}) + k_2 > 0,
\end{aligned}
\tag{7.2.39}
$$

其中 $\mathcal{L}$ 函数为

$$
\begin{aligned}
\mathcal{L}(\boldsymbol{W}^{(\alpha)}, \boldsymbol{U}, t) = &-\varepsilon\left((w_1^{(\alpha)} + u_1)^2 - 1\right)(w_2^{(\alpha)} + u_2) - (w_1^{(\alpha)} + u_1) \\
&+ a_0 \sin u_1 - A_0 \sin\omega t.
\end{aligned}
$$

由前面的分析可以知道, 两个系统同步状态的不变集可以由以下条件

$$
\begin{aligned}
-k_1 &< k_1, \\
-k_2 &< \mathcal{L}(\boldsymbol{0}, \boldsymbol{U}, t_{k-}) < k_2.
\end{aligned}
\tag{7.2.40}
$$

得到.

当 k_1, k_2 都是正数的时候, 上述条件的第一式显然成立, 所以两个系统能够达到同步的条件就是要保证 $-k_2 < \mathcal{L}(\boldsymbol{0}, \boldsymbol{U}, t_{k-}) < k_2$ 成立.

在 $\boldsymbol{W}_k = \boldsymbol{0}$ 的小邻域内, 使得 $\|\boldsymbol{W} - \boldsymbol{W}_k\| < \varepsilon$ 的吸引条件需要满足以下条件

(i) 当 $w_1 \in [0, +\infty)$ 在 Ω_1 中时, $\mathcal{L}(\boldsymbol{W}, \boldsymbol{U}, t) < k_2$ 以及 $0 \leqslant w_2 < k_1$;

(ii) 当 $w_1 \in [0, +\infty)$ 在 Ω_2 中时, $-k_2 < \mathcal{L}(\boldsymbol{W}, \boldsymbol{U}, t)$ 以及 $0 \leqslant w_2 < k_1$;

(iii) 当 $w_1 \in (-\infty, 0]$ 在 Ω_3 中时, $-k_2 < \mathcal{L}(\boldsymbol{W}, \boldsymbol{U}, t)$ 以及 $-k_1 < w_2 \leqslant 0$;

(iv) 当 $w_1 \in (-\infty, 0]$ 在 Ω_4 中时, $\mathcal{L}(\boldsymbol{W}, \boldsymbol{U}, t) < k_2$ 以及 $-k_1 < w_2 \leqslant 0$.

$$(7.2.41)$$

从上述吸引域的条件分析, 就可以得到使得相对坐标下两个系统保持同步的初始条件 w_1^*, w_2^*. 然后, 在绝对坐标形式下被动系统的初始条件即可由约束条件的要求来得到

$$v_1 = w_1^* + u_1, \quad v_2 = w_2^* + u_2.$$

当约束条件中选取的参数 k_1, k_2 满足上述条件时, 两个系统即可实现不同情况的运动同步性.

7.2.3　数值仿真

通过前面的分析, 给出了判断两个系统同步的解析条件. 下面通过数值模拟来进行展示. 对两个系统取参数: $\varepsilon = 1, a_0 = -1, A_0 = 0.23, \omega = 1.1879$, 初值条件取 $u_1 = v_1 \approx 1.276, u_2 = v_2 \approx 1.127$.

首先, 在系统中相应的参数取定的前提下, 当约束条件中的参数取为 $k_1 = 5, k_2 = 10$ 时, 可以通过条件 (7.2.40) 式给出主动系统在相空间中的不变集.

图 7.4 给出了上述参数下主动系统在相空间中的不变集. 当主动系统的变量 u_1 或 u_2 趋于无穷时, 不变集的范围也趋向于无穷. 若主动系统的运动轨线在不变集中, 当 $u(t) = v(t)$ 时被动系统就可能和主动系统达到运动同步.

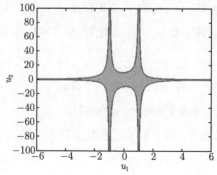

图 7.4　不变集 ($u_1 \in [-6, 6], u_2 \in [-100, 100]$)

图 7.5 是当 $u_1 \in [-3,3], u_2 \in [-12,12]$ 时, 放大后的不变集.

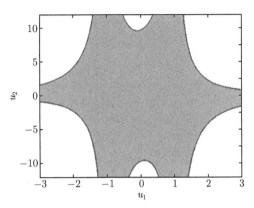

图 7.5 被动系统与主动系统同步的不变集 $(u_1 \in [-3,3], u_2 \in [-12,12])$

由于系统中个体所固有的非线性规律不同, 导致主动系统与被动系统运动是互不相关的, 因此它们的运动轨迹有着显著的差异. 图 7.6 中给出了在上述参数下两个模型固有的运动轨线, 其中 U 对应曲线表示的是主动系统在相空间中的轨线, V 对应曲线表示的是被动系统固有的运动轨线.

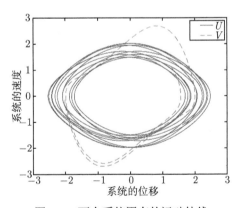

图 7.6 两个系统固有的运动轨线

如果要使得被动系统与主动系统达到运动同步, 就需要对被动系统的运动施加约束条件. 当取定上述约束条件中的参数 k_1 和 k_2 后, 可以通过前面得出的结论来判断系统的同步情况. 在图 7.7 中给出了主动系统轨线与不变集的关系, 说明主动系统的运动轨线落在不变集中, 只要有 $u_i = v_i (i = 1, 2)$ 就会出现系统的完全同步. 通过前面分析知道系统中个体运动达到同步的条件是定义的函数 $g_i (i = 1, 2, 3, 4)$ 满足 (7.2.39) 式的要求.

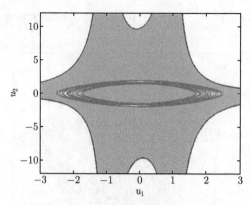

图 7.7　主动系统运动轨线与不变集

对于上述参数, 图 7.8 中给出了 g_i 的图像, 从图中可以看出 (7.2.39) 式显然是成立的, 这说明在整个时间段内没有切换点存在, 所以两个系统的运动可以在整个时间上到达完全同步.

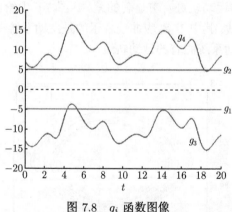

图 7.8　g_i 函数图像

图 7.9 和图 7.10 中分别展示了系统中模型之间位移和速度的同步关系, 其中实线表示的是主动系统的位移和速度, 圆圈表示的是被动系统的位移和速度.

当参数 $k_i (i = 1, 2)$ 的取值不同时, 系统中模型运动的同步就会出现不同的情形. 下面, 取参数 $k_1 = 5, k_2 = 4$ 来分析系统的同步性问题. 在新的参数下, 图 7.11 中给出了函数 $g_i (i = 1, 2, 3, 4)$ 的图像. 从图像中可以看出, 函数 g_3, g_4 不能在全部时间上满足系统的同步条件, 说明此时系统中振子的运动在某些时间上无法实现同步, 只能呈现出部分时间段上的同步.

根据主动系统与被动系统的运动规律, 以及前面的理论分析可以找出同步消失时的切换点, 然后在非同步时间内根据对应的子区域情形选择被动系统的向量场, 使其在满足同步开始的切换点条件时再次形成同步运动. 根据图 7.11 中的分析, 在

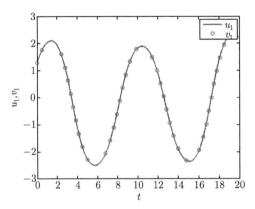

图 7.9 被动系统与主动系统位移的完全同步

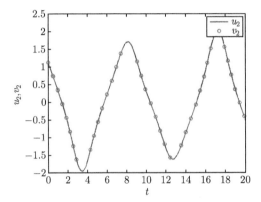

图 7.10 被动系统与主动系统速度的完全同步

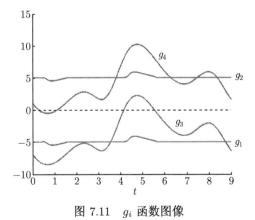

图 7.11 g_i 函数图像

图 7.12 中给出了被动系统与同步系统的部分时间段上关于速度的同步, 其中两条垂线之间的部分表示的是系统非同步运动的部分, 实心点表示同步开始或消失的

切换点, 虚线表示主动系统的运动速度随时间的变化规律, 点线表示的是被动系统运动速度的变化规律. 通过仿真可以看出, 当参数的值无法实现系统的完全同步时, 根据同步开始和消失的条件可以找出相应的切换点, 在同步消失后选择被动系统适当的受控方向场, 通过向量场的改变使其再达到与主动系统运动的同步.

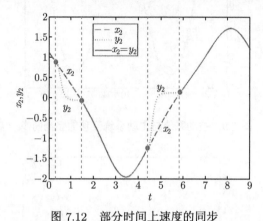

图 7.12   部分时间上速度的同步

7.3   具脉冲影响的动力系统的离散时间同步

动力系统所描述的个体运动一般会遵循本身固有的动力学特征, 但是当其运动受到外界环境影响和干扰的时候, 个体的运动状态会发生突然的改变. 比如鸟群在飞行过程中, 由于受外部因素的惊吓, 会突然改变飞行的方向和飞行速度来躲避可能的危险. 这种情况下就需要利用脉冲系统来描述个体的运动特征. 而脉冲现象的出现对个体运动的稳定性会产生相应的影响. 如何设计脉冲控制函数使得系统能够保证在运动过程中的特殊节点处达到同步就十分必要. 在这种情况下, 甚至可以对脉冲时刻之间个体的运动不做过多关注, 只关心在每次脉冲发生时刻处是否能够有运动的同步性就足够了, 所以可以把个体的运动过程当作是离散模型来进行研究.

7.3.1   系统模型及基本理论

近些年随着对脉冲现象认识的不断深入, 相关的理论逐步完善[15, 16], 并在许多实际的应用中展示了极其重要的作用. 特别是在动力系统的同步问题和控制方法研究中也引入了新的脉冲方法[17]. 对于脉冲控制方法来说, 它在混沌系统和复杂网络的同步研究中表现出来的有效性和鲁棒性已经说明了方法的实用性[18, 19]. 与之前的控制方法相比, 脉冲控制方法结构更简单, 更有效. 本节将利用不连续动力系统的映射动力学及脉冲控制来研究动力系统的同步问题[20].

考虑个体运动受脉冲影响的动力学方程具如下形式

$$\begin{cases} \dot{\boldsymbol{x}} = \boldsymbol{F}(t, \boldsymbol{x}, \boldsymbol{p}), & t \neq t_k, \\ \boldsymbol{x}(t_k) = \boldsymbol{I}(\boldsymbol{x}(t_{k-})), & t = t_k, \end{cases} \tag{7.3.1}$$

其中, $\boldsymbol{x} = (x_1, x_2, \cdots, x_n)^{\mathrm{T}} \in \mathbf{R}^n$, $\boldsymbol{F}$ 是 $[0, +\infty) \times \mathbf{R}^n \times \mathbf{R}^l \to \mathbf{R}^n$ 的 C^r 连续向量函数, $\boldsymbol{I}$ 是 $\mathbf{R}^n \to \mathbf{R}^n$ 的 C^r 连续向量函数, $t = t_k (k \in Z^+)$ 是脉冲时刻, $\boldsymbol{I}$ 是系统在时刻 $t = t_k$ 处的脉冲函数, $\boldsymbol{p} \in \mathbf{R}^l$ 是参数. 下面 $\boldsymbol{x}(t_k)$ 简记为 $\boldsymbol{x}_k$, $\boldsymbol{x}(t_{k\pm})$ 简记为 $\boldsymbol{x}_{k\pm}$.

在 $t \neq t_k$ 处, 个体的运动是通过 (7.3.1) 中微分方程来进行描述的, 但是在 $t = t_k$ 处受到脉冲函数 $\boldsymbol{I}$ 的控制, 个体的运动状态会发生改变.

对于上述脉冲系统 (7.3.1), 总假设在任意两个脉冲时刻 t_{k-1}, t_k 之间的连续解在脉冲时刻处 $t = t_k$ 是右连续的, 即 $\boldsymbol{x}_k = \boldsymbol{x}_{k+}$, 并且在时间段 $[t_k, t_{k+1})$ 内系统 (7.3.1) 中的微分方程满足解的存在唯一性条件. 那么, 以 $(t_k, \boldsymbol{x}_k)$ 为初始条件的方程的解记为 $\boldsymbol{x}(t) = \boldsymbol{x}(t; t_k, \boldsymbol{x}_k, \boldsymbol{p}), t \in [t_k, t_{k+1})$. 当 $t \to t_{k+1}$ 时, 该解 $\boldsymbol{x}(t)$ 的极限是存在的, 记为 $\boldsymbol{x}(t_{(k+1)-}) = \boldsymbol{x}_{(k+1)-}$. 由于 t_{k+1} 为脉冲时刻, 在脉冲函数的作用下, 可以得到系统 (7.3.1) 的解在时刻 t_{k+1} 的值为 $\boldsymbol{x}_{k+1} = \boldsymbol{I}(\boldsymbol{x}_{(k+1)-})$. 于是在下一个时间段 $[t_{k+1}, t_{k+2})$ 内, 系统 (7.3.1) 的解是以 $(t_{k+1}, \boldsymbol{x}_{k+1})$ 为初始条件的. 在系统的解从 t_k 时刻到达 t_{k+1} 时刻的过程中, 经历了两次映射关系, 一次是连续解从 t_k 到 $t_{(k+1)-}$ 的映射变换, 另一次是由脉冲函数从 $t_{(k+1)-}$ 到 t_{k+1} 的映射变换. 将上述两次映射分别表示为 $\boldsymbol{S}: \boldsymbol{x}_k \to \boldsymbol{x}_{(k+1)-}$ 和 $\boldsymbol{I}: \boldsymbol{x}_{(k+1)-} \to \boldsymbol{x}_{k+1}$. 研究离散时间下个体的运动规律主要是分析在不同脉冲时刻 t_k 处, 个体的运动所呈现出来的特征. 因此, 相邻脉冲时刻处个体的运动要把两次不同的映射合成到一起, 才能完整表示该系统的映射, 即 $\boldsymbol{x}_{k+1} = \boldsymbol{I}(\boldsymbol{S}(\boldsymbol{x}_k))$. 在不产生混淆时, 将上式记为 $\boldsymbol{T} = \boldsymbol{I} \circ \boldsymbol{S}$, 则 $\boldsymbol{T}: \boldsymbol{x}_k \to \boldsymbol{x}_{k+1}$. 这样就有下面形式的定义.

定义 7.3.1 设 H 是 $\mathbf{R}^n \times \mathbf{R}^n \times \mathbf{R}^l \to \mathbf{R}^n$ 上 C^r 连续的向量函数, 方程 (7.3.1) 通过其有以下形式的离散方程:

$$\begin{cases} \boldsymbol{H}(\boldsymbol{x}_k, \boldsymbol{x}_{(k+1)-}, \boldsymbol{p}) = \boldsymbol{0}, \\ \boldsymbol{x}_{k+1} = \boldsymbol{I}(\boldsymbol{x}_{(k+1)-}), \end{cases} \tag{7.3.2}$$

其中 $\boldsymbol{x}_k \in \mathbf{R}^n, k \in Z^+$, 整个方程确定的映射关系为上述分析中的 $\boldsymbol{T}$.

在初始点为 $\boldsymbol{x}_0$ 时, 上述离散方程的解满足以下关系

$$\boldsymbol{x}_k = \underbrace{\boldsymbol{T}(\boldsymbol{T}(\cdots(\boldsymbol{T}(\boldsymbol{x}_0, \boldsymbol{p}))))}_{k\text{次}}, \ \boldsymbol{x}_k \in \mathbf{R}^n, \ k \in Z^+.$$

如上形式具有初始条件的离散方程就称为一个离散动力系统, 向量函数 $\boldsymbol{T}(\boldsymbol{x}_k, \boldsymbol{p})$ 称为离散向量场, 对每个 $k \in Z^+$, 称 $\boldsymbol{x}_k$ 为离散动力系统的流, 对所有 $k \in Z^+$, 解

x_k 形成该离散系统的轨迹或相曲线, 定义为

$$\Gamma = \{x_k | x_{k+1} = T(x_k, p), k \in Z^+\}.$$

定义 7.3.2   对于 (7.3.2) 形式的离散动力系统, 根据系统流的迭代方向定义如下两种情况

(i) $\sum_+ = \{x_{k+i} | x_{k+i} \in \mathbf{R}^n, i \in Z^+\}$ 称为系统的正离散集;

(ii) $\sum_- = \{x_{k-i} | x_{k-i} \in \mathbf{R}^n, i \in Z^+\}$ 称为系统的负离散集.

将上述正、负离散集合在一起就得到了系统的离散集 $\sum = \sum_+ \cup \sum_-$.

定义 7.3.3   对于 (7.3.2) 形式的离散动力系统, 对应于正、负离散集, 定义如下映射

(i) $T_+ : \sum \to \sum_+$, 即 $T_+ : x_k \to x_{k+1}$, 称为系统 (7.3.2) 的正映射;

(ii) $T_- : \sum \to \sum_-$, 即 $T_- : x_k \to x_{k-1}$, 称为系统 (7.3.2)) 的负映射.

对正映射, 满足 $x_{k+1} = T_+(x_k)$. 对负映射, 满足 $x_{k-1} = T_-(x_k)$. 更进一步有

$$x_{k+n} = \underbrace{T_+(T_+(\cdots(T_+(x_k))))}_{n \text{项}} = T_{n+}(x_k),$$

其中 T_{0+} 为恒等映射.

类似有

$$x_{k-n} = \underbrace{T_-(T_-(\cdots(T_-(x_k))))}_{n \text{项}} = T_{n-}(x_k),$$

其中 T_{0-} 为恒等映射.

定义 7.3.4   对于向量函数 $T \in \mathbf{R}^n, T : \mathbf{R}^n \to \mathbf{R}^n$, 映射算子 T 的范数定义为

$$\|T\| = \sum_{i=1}^n \max_{\|x_k\| \leqslant 1} |T_i(x_k, p)|,$$

其中 $|T_i(x_k, p)|$ 表示的是向量函数 T 的第 $i(1 \leqslant i \leqslant n)$ 个分量的绝对值.

定义 7.3.5   若对于映射算子 $T : \mathbf{R}^n \to \mathbf{R}^n$, 其映射向量函数 $T(x_k, p)$ 满足

$$\lim_{\Delta x_k \to 0} \frac{T(x_k + \Delta x_k, p) - T(x_k, p)}{\Delta x_k}$$

存在, 则称向量函数 $T(x_k, p)$ 在 x_k 处是可微的, 并记为 $\left. \dfrac{\partial T(x_k, p)}{\partial x_k} \right|_{(x_k, p)}$.

$\dfrac{\partial T}{\partial x_k}$ 称为 $T(x_k, p)$ 在 x_k 处的空间导数, 并可通过 Jacobi 矩阵表示为

$$DT(x_k, p) = \frac{\partial T(x_k, p)}{\partial x_k} = \left(\frac{\partial T_i}{\partial x_{k(j)}} \right),$$

其中 T_i 和 $\boldsymbol{x}_{k(j)}$ 分别表示 $\boldsymbol{T}$ 的第 i 个分量和 $\boldsymbol{x}_k$ 的第 j 个分量.

由于映射 $\boldsymbol{T}$ 是由 $\boldsymbol{S}$ 和 $\boldsymbol{I}$ 复合而成, 因此在形如 (7.3.2) 的离散系统中

$$DT(\boldsymbol{x}_k, \boldsymbol{p}) = \frac{\partial \boldsymbol{T}(\boldsymbol{x}_k, \boldsymbol{p})}{\partial \boldsymbol{x}_k} = \frac{\partial \boldsymbol{I}(\boldsymbol{S}(\boldsymbol{x}_k, \boldsymbol{p}))}{\partial \boldsymbol{x}_k} = \frac{\partial \boldsymbol{I}(\boldsymbol{x}_{(k+1)-})}{\partial \boldsymbol{x}_{(k+1)-}} \cdot \frac{\partial \boldsymbol{S}(\boldsymbol{x}_k, \boldsymbol{p})}{\partial \boldsymbol{x}_k}.$$

定义 7.3.6 对于 (7.3.2) 形式的离散系统 $\boldsymbol{x}_{k+1} = \boldsymbol{T}(\boldsymbol{x}_k, \boldsymbol{p})$.

(i) 若存在点 $\boldsymbol{x}_k^*$, 满足对映射 $\boldsymbol{T}$ 总有 $\boldsymbol{x}_{k+1} = \boldsymbol{x}_k = \boldsymbol{x}_k^*$, 即 $\boldsymbol{x}_k^* = \boldsymbol{T}(\boldsymbol{x}_k^*, \boldsymbol{p})$, 则称该点为离散系统的不动点或周期$-1$ 点.

(ii) 由映射 $\boldsymbol{T}$ 的不动点组成的集合称为离散系统的不动点集或周期-1 点集.

假设 $\boldsymbol{x}_k^*$ 是非线性离散系统 (7.3.2) 的不动点, 那么在该点做系统 (7.3.2) 的线性化近似为

$$\boldsymbol{u}_{k+1} = DT(\boldsymbol{x}_k^*, \boldsymbol{p}) \cdot \boldsymbol{u}_k,$$

其中 $\boldsymbol{u}_k = \boldsymbol{x}_k - \boldsymbol{x}_k^*, \boldsymbol{u}_{k+1} = \boldsymbol{x}_{k+1} - \boldsymbol{x}_{k+1}^*, DT(\boldsymbol{x}_k^*, \boldsymbol{p})$ 为 $\boldsymbol{T}$ 在 $\boldsymbol{x}_k^*$ 的 Jacobi 矩阵.

定义 7.3.4 至定义 7.3.6 中的结论对于定义 7.3.3 中给出的正映射与负映射均适用, 只是形式上做相应变化即可, 不再详细列举.

7.3.2 离散同步的解析条件

有了上述关于离散动力系统的基本概念之后, 下面对于个体具有 (7.3.2) 形式的两个动力系统的同步进行研究. 假设两个系统分别有不同非线性的动力学方程和脉冲函数, 其中一个个体的运动方程离散化系统为 (7.3.2) 式, 另一个个体的运动方程为

$$\begin{cases} \dot{\boldsymbol{y}} = \boldsymbol{G}(t, \boldsymbol{y}, \boldsymbol{\lambda}), & t \neq t_k, \\ \boldsymbol{y}(t_k) = \boldsymbol{J}(\boldsymbol{y}(t_{k-})), & t = t_k, \end{cases} \tag{7.3.3}$$

其中 $\boldsymbol{y} \in \mathbf{R}^n, \boldsymbol{y} = (y_1, y_2, \cdots, y_n)^{\mathrm{T}}, \boldsymbol{G}$ 是 $[0, +\infty) \times \mathbf{R}^n \times \mathbf{R}^k \to \mathbf{R}^n$ 的 C^r 连续向量函数, $\boldsymbol{J}$ 是 $\mathbf{R}^n \to \mathbf{R}^n$ 的 C^r 连续向量函数, $\boldsymbol{J}$ 是系统在时刻 $t = t_k$ 处的脉冲函数, $\boldsymbol{\lambda} \in R^k$ 是参数. 将上述系统离散化为

$$\begin{cases} \boldsymbol{h}(\boldsymbol{y}_k, \boldsymbol{y}_{(k+1)-}, \boldsymbol{\lambda}) = \boldsymbol{0}, \\ \boldsymbol{y}_{k+1} = \boldsymbol{J}(\boldsymbol{y}_{(k+1)-}), \end{cases} \tag{7.3.4}$$

其中 $\boldsymbol{h}$ 是 $\mathbf{R}^n \times \mathbf{R}^n \times \mathbf{R}^l$ 上 C^r 连续的向量函数.

离散系统 (7.3.2) 和 (7.3.4) 所确定的映射关系分别表示为 $\boldsymbol{T}^F = \boldsymbol{I} \circ \boldsymbol{S}^F$ 和 $\boldsymbol{T}^G = \boldsymbol{J} \circ \boldsymbol{S}^G$, 其中 $\boldsymbol{S}^F, \boldsymbol{S}^G$ 分别为两个微分系统在相邻脉冲时刻点的映射关系. $\boldsymbol{T}_\pm^F$ 表示系统 (7.3.2) 的正、负映射, $\boldsymbol{T}_\pm^G$ 表示系统 (7.3.4) 的正、负映射.

下面给出离散系统同步的定义. 假设两个系统都定义在 R^n 中的一个开集 Ω 上.

定义 7.3.7　对于离散系统 (7.3.2) 和 (7.3.4), 设 $\Omega \in \mathbf{R}^n$, $x_k, y_k \in \Omega$, x_{k+1}, $y_{k+1} \in \Omega$, 并且有一个可微的向量函数 $\phi(x, y, q) = (\varphi_1, \varphi_2, \cdots, \varphi_l)^{\mathrm{T}} \in \mathbf{R}^l$. 当 $\phi(x_k, y_k, q) = \mathbf{0}$ 时,

(i) 若

$$\|\phi(x_{k+j}, y_{k+j}, q)\| = 0, \quad j = 1, 2, \cdots, N \tag{7.3.5}$$

成立, 则称两个系统在约束条件 ϕ 下是有限运动同步的.

(ii) 若

$$\|\phi(x_{k+j}, y_{k+j}, q)\| = 0, \quad j = 1, 2, \cdots \tag{7.3.6}$$

成立, 则称两个系统在约束条件 ϕ 下是绝对运动同步的.

下面假设两个系统的初始状态满足约束条件 $\phi(x_k, y_k, q) = \mathbf{0}$.

对于正映射, 在映射作用下 $x_{k+1} = T_+^F(x_k, p)$, $y_{k+1} = T_+^G(y_k, p)$, 此时要达到正迭代后运动的同步, 需要满足条件 $\phi(x_{k+1}, y_{k+1}, q) = \mathbf{0}$.

同样, 对于负映射, 在映射作用下 $x_{k-1} = T_-^F(x_k, p)$, $y_{k-1} = T_-^G(y_k, p)$, 此时要达到负迭代后运动的同步, 需要满足条件 $\phi(x_{k-1}, y_{k-1}, q) = \mathbf{0}$.

对约束条件 $\phi(x_k, y_k, q) = \mathbf{0}$, 将上述关系用映射 T^ϕ 进行表示, 并且记 $T_+^\phi : x_k \to y_k$, $T_-^\phi : y_k \to x_k$.

当两个系统的运动同步时, 意味着初始状态中的 x_k 在经过映射 $I \circ S^F$ 后的 x_{k+1} 与 y_k 经过映射 $J \circ S^G$ 的值 y_{k+1} 满足约束条件 $\phi(x_{k+1}, y_{k+1}, q) = \mathbf{0}$, 同时初始状态满足 $\phi(x_k, y_k, q) = \mathbf{0}$. 这些映射关系可具体的表示为

$$
\begin{aligned}
x_{(k+1)-} &= S_+^F(x_k), & x_{k+1} &= I_+(x_{(k+1)-}), \\
y_{(k+1)-} &= S_+^G(y_k), & y_{k+1} &= J_+(y_{(k+1)-}), \\
y_{k+1} &= T_+^\phi(x_{k+1}), & y_k &= T_+^\phi(x_k),
\end{aligned}
\tag{7.3.7}
$$

以及

$$
\begin{aligned}
x_{(k+1)-} &= I_-(x_{k+1}), & x_k &= S_-^F(x_{(k+1)-}), \\
y_{(k+1)-} &= J_-(y_{k+1}), & y_k &= S_-^G(y_{(k+1)-}), \\
x_{k+1} &= T_-^\phi(y_{k+1}), & x_k &= T_-^\phi(y_k).
\end{aligned}
\tag{7.3.8}
$$

通过上面的映射关系可以知道, 从 x_k 映射到 $x_{(k+1)-}$, 再到 x_{k+1}, 根据约束条件有 $y_{k+1} = T_+^\phi(x_{k+1})$, 而 y_{k+1} 是 y_k 的映射值, 同时还有 $x_k = T_-^\phi(y_k)$, 因此, 当个体运动在一次映射下同步时要满足

$$x_k = T_-^\phi \circ S_-^G \circ J_- \circ T_+^\phi \circ I_+ \circ S_+^F(x_k). \tag{7.3.9}$$

于是, 通过上面的分析得到了一次迭代过程中的一个合成映射

$$T_-^\phi \circ S_-^G \circ J_- \circ T_+^\phi \circ I_+ \circ S_+^F.$$

不妨将其记为 T. 对于该映射的一般关系为 $x_k' = T(x_k)$. 这种合成映射可以判定个体的运动是否能达到同步及能否保持. 若 $x_k' \neq x_k$, 则说明个体的运动在一次迭代中不能形成同步. 只有该映射的不动点存在时, 即有 $x_k' = x_k$ 时, 才说明个体在约束条件下达到了一次迭代的同步. 也就是说, 合成映射要有不动点, 而且不动点必须是稳定的. 因此, 对于个体运动的同步研究就转换成了对合成映射不动点的稳定性研究.

为了研究上述合成映射 $T = \boldsymbol{T}_-^{\phi} \circ \boldsymbol{S}_-^{G} \circ \boldsymbol{J}_- \circ \boldsymbol{T}_+^{\phi} \circ \boldsymbol{I}_+ \circ \boldsymbol{S}_+^{F}$ 的不动点的稳定性, 可以将其在不动点附近做线性化近似. 对于合成映射 $x_{k+1} = T(x_k)$, 设 x^* 是它的不动点, 则有 $x^* = T(x^*)$. 当不动点 x^* 有小的扰动时, $\Delta x_{k+1} = x_{k+1} - x^*$, $\Delta x_k = x_k - x^*$. 那么合成映射 T 在不动点 x^* 处的线性化映射为 $\Delta x_{k+1} = DT(x^*) \cdot \Delta x_k$, 其中 $DT(x^*) = \dfrac{\partial x_{k+1}}{\partial x_k}\Big|_{x^*}$ 对于该不动点来说是稳定的, 就是要保证随着迭代的进行, Δx_k 要趋于零, 这时就会有迭代值 x_{k+1} 趋于不动点 x^*, 并保持下去.

为判断映射迭代值在相空间中是否趋于不动点 x^*, 可以通过映射 DT 在 x^* 处相空间中生成流形的具体情况进行分析. 若相空间中只存在稳定流形, 则说明迭代值一定会收敛于不动点 x^*; 若相空间中有不稳定流形, 则在该不稳定流形上迭代值会远离不动点 x^*, 从而形成不稳定的流; 若相空间中有不变流形, 则在该子空间内的迭代值既不远离不动点, 也不趋于不动点, 只在该流形上不断迭代. 相空间中的各种流形是由线性化映射 DT 的特征向量来张成的. 所以, 有以下形式.

对矩阵 DT 有实特征值的情形: 特征值是 λ_j, 对应的特征向量是 r_j, 则

$$
\begin{aligned}
S^w &= \mathrm{span}\{r_j | (DT(x^*) - \lambda_j I) r_j = 0, |\lambda_j| < 1, j \in \{1, 2, \cdots, n\}\}, \\
S^u &= \mathrm{span}\{r_j | (DT(x^*) - \lambda_j I) r_j = 0, |\lambda_j| > 1, j \in \{1, 2, \cdots, n\}\}, \quad (7.3.10) \\
S^i &= \mathrm{span}\{r_j | (DT(x^*) - \lambda_j I) r_j = 0, |\lambda_j| = 1, j \in \{1, 2, \cdots, n\}\}.
\end{aligned}
$$

对矩阵 DT 有复特征值的情形: 特征值是 $\lambda_j = a_j + \mathrm{i}b_j (\mathrm{i} = \sqrt{-1}, a_j, b_j \in R)$, 对应的特征向量为 $r_j = u_j + \mathrm{i}v_j (u_j, v_j \in \mathbf{R}^n)$, 则

$$
\begin{aligned}
S^w &= \mathrm{span}\{r_j | (DT(x^*) - (a_j + \mathrm{i}b_j)I) r_j = 0, \sqrt{a_j^2 + b_j^2} < 1\}, \\
S^u &= \mathrm{span}\{r_j | (DT(x^*) - (a_j + \mathrm{i}b_j)I) r_j = 0, \sqrt{a_j^2 + b_j^2} > 1\}, \quad (7.3.11) \\
S^c &= \mathrm{span}\{r_j | (DT(x^*) - (a_j + \mathrm{i}b_j)I) r_j = 0, \sqrt{a_j^2 + b_j^2} = 1\}.
\end{aligned}
$$

通过各种流形的定义形式可知, 当 $DT(x^*)$ 特征值的绝对值 (模) 小于 1 时, 相空间只有稳定流形, 说明不动点是稳定的; 当相空间中有不稳定流形存在时, 至少有一个（对）特征值的绝对值（模）大于 1, 此时不动点是不稳定的; 当相空间中有不变流形或中心流形时, 不动点的稳定性处于稳定与不稳定的临界状态, 此时会产

生不同的分支情况. 由此, 可以得到以下的相关结论. 首先对于实特征值的情形进行分析.

定理 7.3.1　对于 (7.3.2) 和 (7.3.4) 形式的离散动力学模型, 考虑上述得到的合成映射 T: $T^\phi_- \circ S^G_- \circ J_- \circ T^\phi_+ \circ I_+ \circ S^F_+$, 使得 $x'_k = T(x_k)$, 并且 $DT(x^*) = DT^\phi_-(y^*_k) \cdot DS^G_-(y^*_{(k+1)-}) \cdot DJ_-(y^*_{k+1}) \cdot DT^\phi_+(x^*_{k+1}) \cdot DI_+(x^*_{(k+1)-}) \cdot DS^F_+(x^*_k)$, 则两个个体离散化模型的运动有一次迭代的同步当且仅当合成映射下相空间中只有稳定流形 S^w. 其中, $DT(x^*) = \left.\dfrac{\partial x'_k}{\partial x_k}\right|_{x^*_k}$, $DT^\phi_-(y^*_k) = \left.\dfrac{\partial x'_k}{\partial y_k}\right|_{y^*_k}$, $DS^G_-(y^*_{(k+1)-}) = \left.\dfrac{\partial y_k}{\partial y_{(k+1)-}}\right|_{y^*_{(k+1)-}}$, $DJ_-(y^*_{k+1}) = \left.\dfrac{\partial y^*_{(k+1)-}}{\partial y_{k+1}}\right|_{y^*_{k+1}}$, $DT^\phi_+(x^*_{k+1})) = \left.\dfrac{\partial y_{k+1}}{\partial x_{k+1}}\right|_{x^*_{k+1}}$, $DI_+(x^*_{(k+1)-}) = \left.\dfrac{\partial x_{k+1}}{\partial x_{(k+1)-}}\right|_{x^*_{(k+1)-}}$, $DS^F_+(x^*_k) = \left.\dfrac{\partial x_{(k+1)-}}{\partial x_k}\right|_{x^*_k}$.

证明　必要性: 如果两个个体的运动在一次迭代中能形成同步, 即要求

$$\phi(x_k, y_k, q) = 0 \text{ 且 } \phi(x_{k+1}, y_{k+1}, q) = 0.$$

因此对于每次迭代过程中形成的合成映射 T, 总有 $x^*_k = T(x^*_k)$ 是不动点, 且不动点必定是稳定的.

所以, 在相空间中, 在任何给定方向上不动点 x^*_k 处的线性映射 $\Delta x_{k+1} = DT(x^*_k) \cdot \Delta x_k$ 的不动点是稳定的.

对于线性化映射, 其相空间中的流形是由特征向量来生成的, 也就说明对稳定不动点来说, 在各个特征方向上都是稳定的.

假设 λ_j 是 $DT(x^*_k)$ 的任一个特征值, 它对应的特征向量记为 r_j. 下面令 $z_k = r^T_j \cdot (x_k - x^*_k)$, 那么迭代值与不动点的位置差在该特征方向 r_j 上的分量为

$$(x_k - x^*_k)^j = \frac{z_k}{\|r_j\|^2} \cdot r_j. \tag{7.3.12}$$

因此, x_k 可以看作以 z_k 为变量的形式. 由于在该方向上不动点是稳定的, 于是

$$\|(x_{k+1} - x^*_k)^j\| < \|(x_k - x^*_k)^j\|, \tag{7.3.13}$$

即

$$\left\| \frac{z_{k+1}}{\|r_j\|^2} \cdot r_j \right\| < \left\| \frac{z_k}{\|r_j\|^2} \cdot r_j \right\|, \tag{7.3.14}$$

化简后即为

$$|z_{k+1}| < |z_k|. \tag{7.3.15}$$

下面将 z_{k+1} 在 $z_k = 0$ 点处 (即 $\boldsymbol{x}_k = \boldsymbol{x}_k^*$ 处) 作 Taylor 展开,

$$
\begin{aligned}
z_{k+1} &= \boldsymbol{r}_j^{\mathrm{T}} \cdot (\boldsymbol{x}_{k+1} - \boldsymbol{x}_k^*) \\
&= \boldsymbol{r}_j^{\mathrm{T}} \cdot (T(\boldsymbol{x}_k) - \boldsymbol{x}^*) \\
&= \boldsymbol{r}_j^{\mathrm{T}} \cdot \boldsymbol{x}_k^* + \boldsymbol{r}_j^{\mathrm{T}} \cdot D_{z_k} T(\boldsymbol{x}_k^*) \cdot z_k + o(z_k) - \boldsymbol{r}_j^{\mathrm{T}} \cdot \boldsymbol{x}_k^* \\
&= \boldsymbol{r}_j^{\mathrm{T}} \cdot D_{\boldsymbol{x}_k} T(\boldsymbol{x}_k^*) \cdot \frac{\partial \boldsymbol{x}_k^j}{\partial \boldsymbol{x}_k} \cdot z_k + o(z_k) \\
&= \boldsymbol{r}_j^{\mathrm{T}} \cdot DT(\boldsymbol{x}_k^*) \cdot \frac{1}{\|\boldsymbol{r}_j\|^2} \cdot \boldsymbol{r}_j \cdot z_k \\
&= \frac{1}{\|\boldsymbol{r}_j\|^2} \boldsymbol{r}_j^{\mathrm{T}} \cdot DT(\boldsymbol{x}_k^*) \cdot \boldsymbol{r}_j \cdot z_k \\
&= \frac{1}{\|\boldsymbol{r}_j\|^2} \boldsymbol{r}_j^{\mathrm{T}} \cdot \lambda_j \cdot \boldsymbol{r}_j \cdot z_k \\
&= \lambda_j z_k.
\end{aligned}
\tag{7.3.16}
$$

所以由 $|z_{k+1}| < |z_k|$ 可知

$$
|\lambda_j z_k| = |\lambda_j| \cdot |z_k| < |z_k|,
$$

即

$$
|\lambda_j| < 1. \tag{7.3.17}
$$

在各个特征方向上总有上述性质成立, 这就得到了所有特征值 λ_j 都满足 $|\lambda_j| < 1$, 因此这时由所有特征向量张成的流形是稳定流形.

将上述的证明过程反推, 即可得到充分性证明. □

从定理 7.3.1 可以看出, 对于两个个体在离散时间上运动的同步问题就等价地换成了讨论由两个离散脉冲模型所产生的合成映射特征值的绝对值问题. 这给问题的研究带了很大的便利. 在两个个体的运动模型给定的情况下, 可以通过上述结论来研究模型中的脉冲函数如何适当选取能保证两个个体的运动会出现一次迭代的同步, 并进一步得到有限同步和绝对同步.

定理 7.3.2 对于 (7.3.2) 和 (7.3.4) 形式的离散动力学模型, 存在定理 7.3.1 中合成映射 T 并满足 T 的性质, 则两个个体离散化模型的运动不出现同步或只有瞬时同步的充要条件是合成映射下相空间中一定有不稳定流形 S^u 存在.

证明 充分性: 如果相空间中出现了不稳定流形, 则有

$$
S^u = \mathrm{span}\{\boldsymbol{r}_j | (DT(\boldsymbol{x}^*) - \lambda_j I)\boldsymbol{r}_j = 0, |\lambda_j| > 1, j \in \{1, 2, \cdots, n\}\} \neq \varnothing.
$$

这说明 $DT(\boldsymbol{x}^*)$ 的特征值中至少有一个的绝对值是大于 1 的. 不妨设 λ_i 是满足绝对值大于 1 的 $DT(\boldsymbol{x}^*)$ 的特征值, 其对应的特征向量记为 $\boldsymbol{r}_i$, 因此有

$$\left(DT(\boldsymbol{x}^*) - \lambda_i I\right)\boldsymbol{r}_i = 0.$$

下面令 $z_k = \boldsymbol{r}_i^{\mathrm{T}} \cdot (\boldsymbol{x}_k - \boldsymbol{x}_k^*)$, 设迭代点与不动点的位置差在该特征方向上的分量为

$$(\boldsymbol{x}_k - \boldsymbol{x}_k^*)^i = \rho \cdot \boldsymbol{r}_i, \quad (\rho\text{为实数}).$$

那么

$$\begin{aligned}
z_k &= \boldsymbol{r}_i^{\mathrm{T}} \cdot (\boldsymbol{x}_k - \boldsymbol{x}_k^*) = \|\boldsymbol{r}_i\| \cdot \|\boldsymbol{x}_k - \boldsymbol{x}_k^*\| \cos\theta \\
&= \rho \cdot \|\boldsymbol{r}_i\| \cdot \|\boldsymbol{r}_i\| \\
&= \rho \cdot \|\boldsymbol{r}_i\|^2.
\end{aligned} \tag{7.3.18}$$

其中 θ 是 $\boldsymbol{r}_i$ 与 $\boldsymbol{x}_k - \boldsymbol{x}_k^*$ 的夹角. 于是有 $\rho = \dfrac{z_k}{\|\boldsymbol{r}_i\|^2}$. 将 ρ 代入上式得到

$$(\boldsymbol{x}_k - \boldsymbol{x}_k^*)^i = \frac{z_k}{\|\boldsymbol{r}_i\|^2} \cdot \boldsymbol{r}_i. \tag{7.3.19}$$

因此可以将 $\boldsymbol{x}_k$ 看作是 z_k 的函数. 类似定理 7.3.1 中的 Talor 展开, 可得到

$$\begin{aligned}
z_{k+1} &= \boldsymbol{r}_i^{\mathrm{T}} \cdot (\boldsymbol{x}_{k+1} - \boldsymbol{x}_k^*) \\
&= \boldsymbol{r}_i^{\mathrm{T}} \cdot DT(\boldsymbol{x}_k^*) \cdot \frac{1}{\|\boldsymbol{r}_i\|^2} \cdot \boldsymbol{r}_i \cdot z_k \\
&= \frac{1}{\|\boldsymbol{r}_i\|^2} \boldsymbol{r}_i^{\mathrm{T}} \cdot \lambda_i \cdot \boldsymbol{r}_i \cdot z_k \\
&= \lambda_i z_k.
\end{aligned} \tag{7.3.20}$$

由已知条件知道 $|\lambda_i| > 1$, 可以推知

$$|z_{k+1}| = |\lambda_i| \cdot |z_k| > |z_k|.$$

说明在方向 $\boldsymbol{r}_i$ 上, 不动点是不稳定的, 也就是随着迭代的进行, 迭代点至少在方向 $\boldsymbol{r}_i$ 上是越来越远离不动点的, 从而不会出现迭代过程中两个个体运动的同步. 即使个体的状态在某点满足了约束条件的要求, 随着运动的进行, 同步也会消失.

上述证明过程反之也是成立的, 可得必要性证明.   □

通过前面两个定理可以得出, 个体运动在脉冲函数的影响下能否达到一次迭代的同步等价于对合成映射在不动点处线性化映射特征值问题. 当所有特征值的绝对值小于 1 时, 运动可以达到同步, 反之亦然. 如果存在特征值的绝对值大于 1 就不会出现同步, 反之亦然. 这样一来, 特征值的绝对值从小于 1 到大于 1 的临界情形对于同步的影响也需要进行讨论.

定理 7.3.3 对于 (7.3.2) 和 (7.3.4) 形式的离散动力学模型, 存在定理 7.3.1 中合成映射 T 并满足 T 的性质, 则两个个体离散化模型的同步运动消失当且仅当合成映射下相空间中在某个方向生成不变流形 S^i, 而其他方向生成稳定流形 S^w.

证明 充分性: 如果相空间中在某个方向上生成不变流形, 假设该向量为 $\boldsymbol{r}_m(m \in \{1, 2, \cdots, n\})$, 对应的特征值为 λ_m, 则有 $|\lambda_m| = 1$. 而在其他的方向上生成稳定流形, 其他的特征方向记为 $\boldsymbol{r}_j(j = 1, 2, \cdots, n, \text{且} j \neq m)$, 对应特征值分别为 λ_j, 则有 $|\lambda_m| < 1$.

由定理 7.3.1 可以得到, 在稳定子流形上, 两个个体的同步是成立的. 因此, 在整个相空间中个体的运动能否达到同步主要取决于在不变流形上的运动特征. 由于 $|\lambda_m| = 1$, 所以 $\lambda_m = \pm 1$, $\left(DT(\boldsymbol{x}_k^*) - (\pm)I\right)\boldsymbol{r}_m = 0$. 同样考虑合成映射迭代点与不动点的位置差在 $\boldsymbol{r}_m$ 方向上的变化情况. 令 $z_k = \boldsymbol{r}_m^{\mathrm{T}} \cdot (\boldsymbol{x}_k - \boldsymbol{x}_k^*)$, 类似定理 7.3.1 中化简过程, 可以得到 $z_{k+1} = \lambda_m \cdot z_k = \pm z_k$. 因此, 分别来讨论这两种情况.

当 $\lambda_m = 1$ 时, 在合成映射 T 作用下, 迭代一次后的 $\boldsymbol{x}_{k+1}$ 与 $\boldsymbol{x}_k^*$ 在方向 $\boldsymbol{r}_m$ 上的分量为

$$(\boldsymbol{x}_{k+1} - \boldsymbol{x}_k^*)^m = \frac{z_{k+1}}{\|\boldsymbol{r}_m\|^2} \cdot \boldsymbol{r}_m,$$

迭代前 $\boldsymbol{x}_k$ 与 $\boldsymbol{x}_k^*$ 在方向 $\boldsymbol{r}_m$ 上的分量为

$$(\boldsymbol{x}_k - \boldsymbol{x}_k^*)^m = \frac{z_k}{\|\boldsymbol{r}_m\|^2} \cdot \boldsymbol{r}_m.$$

由 $z_{k+1} = z_k$ 可以推知,

$$(\boldsymbol{x}_{k+1} - \boldsymbol{x}_k^*)^m = (\boldsymbol{x}_k - \boldsymbol{x}_k^*)^m.$$

这说明在方向 $\boldsymbol{r}_m$ 上迭代前后位置差向量没有发生改变, 也就是在方向上合成映射迭代始终在对应的 $\frac{z_k}{\|\boldsymbol{r}_m\|^2} \cdot \boldsymbol{r}_m$ 点处, 从而形成一个异于 $\boldsymbol{x}_k^*$ 的迭代不动点, 而迭代点在方向 $\boldsymbol{r}_m$ 上也不再渐近趋于 $\boldsymbol{x}_k^*$. 这说明此时映射发生了鞍-结分支. 正是由于鞍-结分支的出现, 使原不动点不再稳定, 在该方向上无法实现两个个体运动的同步. 这种情况是由鞍-结分支导致的一次迭代下同步的消失.

当 $\lambda_m = -1$ 时, 由 $z_{k+1} = -z_k$ 可知, 迭代后在 $\boldsymbol{r}_m$ 方向上有

$$(\boldsymbol{x}_{k+1} - \boldsymbol{x}_k^*)^m = -(\boldsymbol{x}_k - \boldsymbol{x}_k^*)^m.$$

这意味着在该方向上迭代前后位置差向量方向相反, 但范数是相等的. 对于该映射再做一次迭代, 则有

$$z_{k+2} = -z_{k+1} = z_k.$$

这说明此时的合成映射在该方向上两个点处反复迭代, 得到的 $\boldsymbol{r}_m$ 上的这两个点都

是映射的周期 -2 点, 而原不动点则变为不稳定的, 这说明此时映射出现了倍周期分支. 倍周期分支的出现, 就会导致个体运动同步的消失, 这是由倍周期分支导致的同步消失.

综上两种情况, 无论是哪种出现, 总会使个体运动同步的消失.

反之, 必要性也是成立的.　　　　　　　　　　　　　　　　　　　　　　　□

对于矩阵有复特征值时, 复特征值总是成对出现的. 假设 $a_j \pm ib_j (\mathrm{i} = \sqrt{-1}, a_j, b_j \in R)$ 是 $DT(\boldsymbol{x}_k^*)$ 的一对复特征值, 其对应的特征向量为 $\boldsymbol{u}_j \pm \mathrm{i}\boldsymbol{v}_j (\boldsymbol{u}_j, \boldsymbol{v}_j \in \mathbf{R}^n)$. 此时要研究不动点的稳定性就要在 $\boldsymbol{u}_j, \boldsymbol{v}_j$ 所生成的平面上进行讨论. 对于该平面的任意一个向量总可以用 $\boldsymbol{u}_j$ 和 $\boldsymbol{v}_j$ 的线性组合表示. 因此对迭代点 $\boldsymbol{x}_k$ 与不动点 $\boldsymbol{x}_k^*$ 的位置差在 $(\boldsymbol{u}_j, \boldsymbol{v}_j)$ 平面上的分量可以表示成 $\boldsymbol{r}_k = c_k \boldsymbol{u}_j + d_k \boldsymbol{v}_j, \boldsymbol{r}_{k+1} = c_{k+1} \boldsymbol{u}_j + d_{k+1} \boldsymbol{v}_j$, 其中 $c_k, d_k \in R$ 可通过在 $\boldsymbol{u}_j, \boldsymbol{v}_j$ 方向上的分解进行表示.

下面将 $\boldsymbol{r}_k$ 用极坐标表示为 $(\|\boldsymbol{r}_k\|, \theta_k)$, 其中

$$\|\boldsymbol{r}_k\| = \sqrt{c_k^2 + d_k^2}, \quad \theta_k = \arctan \frac{d_k}{c_k}. \tag{7.3.21}$$

同样

$$\|\boldsymbol{r}_{k+1}\| = \sqrt{c_{k+1}^2 + d_{k+1}^2}, \quad \theta_{k+1} = \arctan \frac{d_{k+1}}{c_{k+1}}. \tag{7.3.22}$$

在极坐标形式下, 通过化简可以用 $\|\boldsymbol{r}_k\|, \theta_k$ 来表示 $\|\boldsymbol{r}_{k+1}\|, \theta_{k+1}$. 对 $\|\boldsymbol{r}_{k+1}\|, \theta_{k+1}$ 分别作相应的 Taylor 展开并化简可得到以下关系:

$$\|\boldsymbol{r}_{k+1}\| = \sqrt{a_j^2 + b_j^2}\|\boldsymbol{r}_k\| + o(\|\boldsymbol{r}_k\|), \quad \theta_{k+1} = \theta_k - \arctan \frac{b_j}{a_j} + o(\|\boldsymbol{r}_k\|). \tag{7.3.23}$$

当 $\|\boldsymbol{r}_k\|$ 远小于 1 并且趋于 0 时, 即有

$$\|\boldsymbol{r}_{k+1}\| = \sqrt{a_j^2 + b_j^2}\|\boldsymbol{r}_k\|, \quad \theta_{k+1} = \theta_k - \arctan \frac{b_j}{a_j}. \tag{7.3.24}$$

于是通过上述关系可以得到以下结论.

定理 7.3.4　对于 (7.3.2) 和 (7.3.4) 形式的离散动力学模型, 存在定理 7.3.1 中合成映射 T 并满足 T 的性质, 则两个个体离散化模型在 $(\boldsymbol{u}_j, \boldsymbol{v}_j)$ 平面上的运动出现同步的充要条件是 $DT(\boldsymbol{x}_k^*)$ 有一对复值特征根 $a_j \pm ib_j$, 对应特征向量为 $\boldsymbol{u}_j \pm \mathrm{i}\boldsymbol{v}_j$, 且 $\boldsymbol{u}_j, \boldsymbol{v}_j$ 生成稳定流形 S^w.

证明　如果 $(\boldsymbol{u}_j, \boldsymbol{v}_j)$ 生成的是稳定流形, 等价于 $\boldsymbol{u}_j \pm \mathrm{i}\boldsymbol{v}_j$ 对应的特征值的模小于 1, 也等价于 $\|\boldsymbol{r}_{k+1}\| < \|\boldsymbol{r}_k\|$, 等价于不动点是稳定的, 即迭代在 $(\boldsymbol{u}_j, \boldsymbol{v}_j)$ 中出现运动同步.　　　　　　　　　　　　　　　　　　　　　　　□

定理 7.3.5　对于 (7.3.2) 和 (7.3.4) 形式的离散动力学模型, 存在定理 7.3.1 中合成映射 T 并满足 T 的性质, 则两个个体离散化模型在 $(\boldsymbol{u}_j, \boldsymbol{v}_j)$ 平面上运动不出

现同步的充要条件是 $DT(x_k^*)$ 有一对复值特征根 $a_j \pm \mathrm{i}b_j$, 对应特征向量为 $u_j \pm \mathrm{i}v_j$, 且 u_j, v_j 生成不稳定流形 S^u.

证明 类似定理 7.3.4 的证明即可得证. □

同样在合成映射的相空间中出现从稳定流形到不稳定流形的临界状态时, 也会使得一次迭代中的同步发生变化.

定理 7.3.6 对于 (7.3.2) 和 (7.3.4) 形式的离散动力学模型, 存在定理 7.3.1 中合成映射 T 并满足 T 的性质, 则两个个体离散化模型在 (u_j, v_j) 平面上运动一致性开始消失的充要条件是 $DT(x_k^*)$ 有一对复值特征根 $a_j \pm \mathrm{i}b_j$, 对应特征向量为 $u_j \pm \mathrm{i}v_j$, 且 u_j, v_j 生成中心流形 S^c, 而其他特征值对应的特征向量生成稳定流形 S^w.

证明 充分性: 若合成映射存在一对复特征值 $a_j \pm \mathrm{i}b_j$, 其对应的特征向量是 $u_j \pm \mathrm{i}v_j$, 并且 u_j, v_j 生成的是中心流形, 则说明特征值满足 $\sqrt{a_j^2 + b_j^2} = 1$. 于是由前面讨论的结论可以得到在 (u_j, v_j) 平面上, 迭代点与不动点之间的位置差的范数满足

$$\|r_{k+1}\| = \sqrt{a_j^2 + b_j^2} \|r_k\| = \|r_k\|.$$

此时, 在该平面上迭代前后的点分布在以不动点为圆心的圆上, 即在不动点附近产生了一个闭不变曲线. 当特征值的模 $\sqrt{a_j^2 + b_j^2} < 1$ 时, 不动点是稳定的; 当特征值的模 $\sqrt{a_j^2 + b_j^2} > 1$ 时, 不动点是不稳定的. 特征值的模从小于 1 变化到大于 1 时, 不动点稳定性质发生了改变. 这说明此时映射产生了 Neimark-Sacker(NS) 分支. 一旦出现 NS 分支, 不动点的稳定性会发生变化, 导致在 (u_j, v_j) 平面上个体的运动的同步开始消失, 这就是由 NS 分支导致的同步消失.

在 (u_j, v_j) 平面上出现 NS 分支, 在该平面上由稳定而变成不稳定的, 但其他特征值对应的特征向量生成的还是稳定流形, 因此对于整个相空间中个体运动来说仍然是同步开始消失.

反之也成立. □

7.3.3 数值仿真

通过前面的分析, 对于受脉冲影响系统的同步给出了相应的解析条件. 下面通过一个例子及数值模拟来展示系统的同步. 为方便起见, 研究对象为两个系统组成, 其中一个运动方程不受脉冲影响, 而另一个运动有脉冲影响, 分别如下:

$$\begin{cases} \dot{x}_1 = x_2, \\ \dot{x}_2 = -w^2 x_1 + \sin rt, \end{cases} \tag{7.3.25}$$

其中 w, r 是常数且 $w \neq r$.

$$\begin{cases} \dot{y_1} = y_2, & t \neq t_k, \\ \dot{y_2} = -w^2 y_1 + \sin wt, & t \neq t_k, \\ y_1(t_k) = \lambda y_1(t_{k-}) + \dfrac{\lambda \pi}{w}, & t = t_k, \\ y_2(t_k) = \rho y_2(t_{k-}), & t = t_k, \end{cases} \tag{7.3.26}$$

其中脉冲条件中的参数 λ, ρ 为实数.

首先, 系统 (7.3.25) 的解为

$$\begin{cases} x_1(t) = c_1 \cos wt + c_2 \sin wt + \dfrac{1}{w^2 - r^2} \sin rt, \\ x_2(t) = -c_1 w \sin wt + c_2 w \cos wt + \dfrac{r}{w^2 - r^2} \cos rt. \end{cases} \tag{7.3.27}$$

系统 (7.3.26) 的解为

$$\begin{cases} y_1(t) = c_1 \cos wt + c_2 \sin wt - \dfrac{t}{2w} \cos wt, \\ y_2(t) = -c_1 w \sin wt + c_2 w \cos wt + \dfrac{t}{2} \sin wt - \dfrac{1}{2w} \cos wt. \end{cases} \tag{7.3.28}$$

由于系统 (7.3.26) 受到脉冲影响, 脉冲时刻为 $t_k (k = 1, 2, \cdots)$, 因此在脉冲点之间的每个连续区间 $[t_k, t_{k+1})$ 上以 $(y_1(t_k), y_2(t_k)) = (y_{1k}, y_{2k})$ 为初值的系统 (7.3.26) 的解可以写成如下形式

$$\begin{cases} y_1(t) = y_{1k} \cos w(t - t_k) + \left(\dfrac{1}{2w^2} + \dfrac{y_{2k}}{w} \right) \sin w(t - t_k) - \dfrac{t - t_k}{2w} \cos w(t - t_k), \\ y_2(t) = -y_{1k} w \sin w(t - t_k) + \left(\dfrac{1}{2w} + y_{2k} \right) \cos w(t - t_k) \\ \qquad\quad + \dfrac{t - t_k}{2} \sin w(t - t_k) - \dfrac{1}{2w} \cos w(t - t_k). \end{cases} \tag{7.3.29}$$

同样将系统 (7.3.25) 在区间 $[t_k, t_{k+1})$ 上的解表示为

$$\begin{cases} x_1(t) = x_{1k} \cos w(t - t_k) + \left(\dfrac{x_{2k}}{w} - \dfrac{r}{w(w^2 - r^2)} \right) \sin w(t - t_k) \\ \qquad\quad + \dfrac{1}{w^2 - r^2} \sin r(t - t_k), \\ x_2(t) = -x_{1k} w \sin w(t - t_k) + \left(x_{2k} - \dfrac{r}{w^2 - r^2} \right) \cos w(t - t_k) \\ \qquad\quad + \dfrac{r}{w^2 - r^2} \cos r(t - t_k). \end{cases} \tag{7.3.30}$$

根据 (7.3.7) 式中的映射关系及 (7.3.29) 式和 (7.3.30) 式可以定义相应的 $\boldsymbol{S^F}$, $\boldsymbol{S^G}, \boldsymbol{J}$. 由于系统 (7.3.25) 没有脉冲影响, 所以映射 $\boldsymbol{I}$ 不存在.

$$
\left\{
\begin{aligned}
x_{1(k+1)} &= \boldsymbol{S_+^F}(x_{1k}) = x_{1k}\cos w(t_{k+1}-t_k) + \left(\frac{x_{2k}}{w} - \frac{r}{w(w^2-r^2)}\right)\sin w(t_{k+1}-t_k) \\
&\quad + \frac{1}{w^2-r^2}\sin r(t_{k+1}-t_k), \\
x_{2(k+1)} &= \boldsymbol{S_+^F}(x_{2k}) = -x_{1k}w\sin w(t_{k+1}-t_k) + \left(x_{2k} - \frac{r}{w^2-r^2}\right)\cos w(t_{k+1}-t_k) \\
&\quad + \frac{r}{w^2-r^2}\cos r(t_{k+1}-t_k).
\end{aligned}
\right.
$$
$$(7.3.31)$$

$$
\left\{
\begin{aligned}
y_{1(k+1)-} &= \boldsymbol{S_+^G}(y_{1k}) = y_{1k}\cos w(t_{k+1}-t_k) + \left(\frac{1}{2w^2} + \frac{y_{2k}}{w}\right)\sin w(t_{k+1}-t_k) \\
&\quad - \frac{t_{k+1}-t_k}{2w}\cos w(t_{k+1}-t_k), \\
y_{2(k+1)-} &= \boldsymbol{S_+^G}(y_{2k}) = -y_{1k}w\sin w(t_{k+1}-t_k) + \left(\frac{1}{2w} + y_{2k}\right)\cos w(t_{k+1}-t_k) \\
&\quad + \frac{t_{k+1}-t_k}{2}\sin w(t_{k+1}-t_k) - \frac{1}{2w}\cos w(t_{k+1}-t_k).
\end{aligned}
\right.
$$
$$(7.3.32)$$

$$y_{1(k+1)} = \boldsymbol{J_+}(y_{1(k+1)-}) = \lambda y_{1(k+1)-} + \frac{\lambda\pi}{w}, \ y_{2(k+1)} - \rho y_{2(k+1)-}. \tag{7.3.33}$$

在研究系统同步时, 约束条件为 $\phi(\boldsymbol{x}_k, \boldsymbol{y}_k) = \boldsymbol{y}_k - \boldsymbol{x}_k = 0$, $\boldsymbol{x}_k = (x_{1k}, x_{2k})$, $\boldsymbol{y}_k = (y_{1k}, y_{2k})$, 所以映射 $\boldsymbol{T^\phi}$ 为

$$\boldsymbol{y}_k = \boldsymbol{T_+^\phi}(x_k), \quad \boldsymbol{x}_k = \boldsymbol{T_-^\phi}(\boldsymbol{y}_k). \tag{7.3.34}$$

通过上面的映射可以得到合成映射为

$$\boldsymbol{x}_k' = \boldsymbol{T_-^\phi} \circ \boldsymbol{S_-^G} \circ \boldsymbol{J_-} \circ \boldsymbol{T_+^\phi} \circ \boldsymbol{S_+^F}(\boldsymbol{x}_k). \tag{7.3.35}$$

下面对于两个系统取初值条件为 $x_1(0) = y_1(0) = 0, x_2(0) = y_2(0) = 0$, 系统中的参数分别取为 $w = 1, r = 2$, 脉冲条件中的参数 λ, ρ 待定. 那么可以得到各个子映射的 Jacobi 矩阵为

$$
D\boldsymbol{S_+^F}(\boldsymbol{x}_k) = \frac{\partial \boldsymbol{x}_{k+1}}{\partial \boldsymbol{x}_k} =
\begin{pmatrix}
\cos w(t-t_k) & \dfrac{\sin w(t-t_k)}{w} \\
-w\sin w(t-t_k) & \cos w(t-t_k)
\end{pmatrix},
$$

$$
D\boldsymbol{T_+^\phi}(\boldsymbol{x}_{k+1}) =
\begin{pmatrix}
1 & 0 \\
0 & 1
\end{pmatrix},
$$

$$DJ_-(\boldsymbol{y}^*_{k+1}) = \begin{pmatrix} \dfrac{1}{\lambda} & 0 \\ 0 & \dfrac{1}{\rho} \end{pmatrix},$$

$$DS^{\boldsymbol{G}}_-(\boldsymbol{y}^*_{(k+1)-}) = \begin{pmatrix} \cos w(t-t_k) & -\dfrac{\sin w(t-t_k)}{w} \\ w\sin w(t-t_k) & \cos w(t-t_k) \end{pmatrix},$$

$$DT^{\phi}_-(\boldsymbol{y}^*_k) = \begin{pmatrix} 1 & 0 \\ 0 & 1 \end{pmatrix}.$$

由上面的矩阵表示形式, 可以得到合成映射的 Jacobi 矩阵为

$$DT(\boldsymbol{x}_k) = DT^{\phi}_-(\boldsymbol{y}_k) \cdot DS^{\boldsymbol{G}}_-(\boldsymbol{y}_{(k+1)-}) \cdot DJ_-(\boldsymbol{y}_{k+1}) \cdot DT^{\phi}_+(\boldsymbol{x}_{k+1}) \cdot DS^{\boldsymbol{F}}_+(\boldsymbol{x}_k)\Big|_{\boldsymbol{x}_k}$$

$$= \begin{pmatrix} 1 & 0 \\ 0 & 1 \end{pmatrix} \cdot \begin{pmatrix} \cos w(t-t_k) & -\dfrac{\sin w(t-t_k)}{w} \\ w\sin w(t-t_k) & \cos w(t-t_k) \end{pmatrix} \cdot \begin{pmatrix} \dfrac{1}{\lambda} & 0 \\ 0 & \dfrac{1}{\rho} \end{pmatrix}$$

$$\cdot \begin{pmatrix} 1 & 0 \\ 0 & 1 \end{pmatrix} \cdot \begin{pmatrix} \cos w(t-t_k) & \dfrac{\sin w(t-t_k)}{w} \\ -w\sin w(t-t_k) & \cos w(t-t_k) \end{pmatrix}\Bigg|_{\boldsymbol{x}_k}$$

$$= \begin{pmatrix} \dfrac{1}{\lambda} & 0 \\ 0 & \dfrac{1}{\rho} \end{pmatrix}.$$

从上式可以计算出合成映射 Jacobi 矩阵的特征值分别是 $\dfrac{1}{\lambda}, \dfrac{1}{\rho}$. 由定理 7.3.1 可以知道, 个体运动出现同步的充要条件是相空间中只有稳定流形存在. 当合成映射的特征值 $\dfrac{1}{\lambda}, \dfrac{1}{\rho}$ 绝对值都小于 1 时, 即 λ 和 ρ 的绝对值大于 1 时, 相空间中形成的是稳定流形. 所以, 下面取参数 $\lambda = 2, \rho = 3$, 脉冲时刻取为 $t_k = 2k\pi$. 本章主要考察的是系统 (7.3.25) 和系统 (7.3.26) 在脉冲时刻处的同步, 所以脉冲时刻之间的运动不做过多关注. 图 7.13(a) 中给出了在上述参数条件下两个系统位移在脉冲时刻的同步. 图中实线表示的是系统 (7.3.25) 的位移随时间变化的图像, 虚线表示的是系统 (7.3.26) 的位移随时间变化的图像, 脉冲函数对于系统 (7.3.26) 位移的影响是明显的. 图中实心圆点表示的是两个系统在 $t_k (k = 1, 2, \cdots)$ 处位移重合的点, 说明在该时刻处两个系统达到了运动的同步.

图 7.13(b) 给出的是系统 (7.3.25) 和系统 (7.3.26) 的速度函数曲线之间的关系. 显然, 也可以使得速度函数在脉冲点处也出现了运动的同步.

图 7.14 给出了两个系统在相空间中轨线之间的关系, 两个系统的运动在脉冲函数的作用下都呈现出周期性运动, 并且在所有脉冲点处都保证运动是具有同步的.

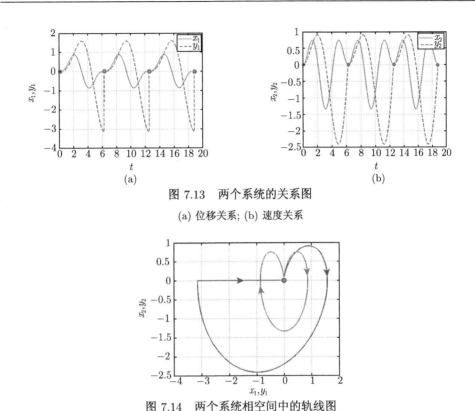

图 7.13 两个系统的关系图

(a) 位移关系; (b) 速度关系

图 7.14 两个系统相空间中的轨线图

　　本章利用不连续动力系统理论研究了两个不同动力系统间特殊的互动问题, 分别用流转换理论和映射动力学研究了动力系统间的时间连续同步和时间离散同步问题. 首先, 对异质的二阶不连续系统研究了有限时间内的同步问题, 利用流转换理论建立了判断系统同步开始出现和同步消失的切换条件, 并进一步给出了系统出现同步的解析条件. 不同于渐近性质下的同步, 此理论可研究有限时间内系统的完全同步和部分时间同步, 并建立转换条件. 然后对离散时间同步问题, 利用映射动力学通过建立系统中个体运动的合成映射, 研究了系统能够形成同步的充要条件, 并且利用合成映射的分支情形给出了系统同步开始和同步消失的解析判定条件. 通过给出的解析条件, 在实际问题中能够对参数进行更方便、更合理的选择, 并通过理论分析使得系统能够达到所需的同步状态.

附　　注

　　本章中 7.1 节的内容主要引自文献 [21]; 7.2 节的内容主要引自文献 [20]; 7.3 节的内容是新的, 结论 7.3.1 至 7.3.6 引自文献 [20]; 定义 7.3.1 至定义 7.3.7 引自文献 [22].

参 考 文 献

[1]　Hugenii C. Horoloquium Oscilatorium. Apud F. Muguet, Parisiis, 1673.

[2]　Fujisaka H, Yamada T. Stability theory of synchronized motion in coupled-oscillator systems. Progress of Theoretical Physics, 1983, 70(1): 32-47.

[3]　Afraimovich V S, Verichev N N, Rabinovich M I. Stochastic synchronization of oscillation in dissipative systems, Radiophysics & Quantum Electronics. 1986, 29(9): 795-803.

[4]　Pecora L M, Carroll T L. Synchronizing in chaotic systems. Physical Review Letters, 1990, 64: 821-824.

[5]　Rosenblum M G, Pikovsky A S, Kurths J. Phase synchronization of chaotic oscillators. Physical Review Letters, 1966, 76(11): 1804-1807.

[6]　Rosa E R, Ott E, Hess M H. Transition to phase synchronization of chaos. Physical Review Letters, 1998, 80(80): 1642-1645.

[7]　Rosenblum M G, Pikovsky A S, Kurths J. From phase to lag synchronization in coupled chaotic oscillators. Physical Review Letters, 1997, 44(78): 4193-4196.

[8]　Rulkov N F, Abarbanel H D I, Generalized synchronization of chaos in directionally coupled chaotic systems. Physical Review E, 1995, 51(2): 980-994.

[9]　Kocarev L, Parlitz U. Generalized synchronization, predictability, and equivalence of unidirectionally coupled dynamical systems. Physical Review Letters, 1996, 76(11): 1816-1819.

[10]　Boccaletti S, Valladares D L. Characterization of intermittent lag synchronization. Physical Review E, 2000, 62(5): 7497-7500.

[11]　Zaks M A, Park E H, Rosenblum M G, Kurths R. Alternating Locking Ratios in Imperfect Phase Synchronization. Physical Review Letters, 1999, 82(21): 4228-4231.

[12]　Femat R, Solis-Perales G. On the chaos synchronization phenomena. Physics Letters A, 1999, 262(1): 50-60.

[13]　Sun Xiaohui, Fu Xilin. Synchronizaiton of two different dynamical systems under sinusoidal constraint. Journal of Applied Mathematics, 2014: 1-9.

[14]　Sun Xiaohui, Fu Xilin. Generalized projective synchronization of two chaotic systems. WIT Transactions on Engineering Sciences, 2014(99): 747-757.

[15]　傅希林, 闫宝强, 刘衍胜. 脉冲微分系统引论. 北京: 科学出版社, 2005.

[16]　傅希林, 闫宝强, 刘衍胜. 非线性脉冲微分系统. 北京: 科学出版社, 2008.

[17]　Guan Zhihong, Liu Zhiwei, Feng Gang, Wang Yanwu . Synchronnization of complex dynamical networks with time-varying delays via impulsive distributed control. IEEE Transactions on Circuits and Systems-I, 2010, 57(8): 2182-2195.

[18]　Zhang Qunjiao, Lu Junan, Zhao Junchan. Impulsive synchronization of general continuous and discrete-time complex dynamical networks. Communications in Nonlinear Science and Numerical Simulation, 2010, 15(4): 1063-1070.

[19] Zhang Qunjiao, Chen Juan, Wan Li. Impulsive generalized function synchronization of complex dynamical networks. Physics Letters A, 2013, 377(39): 2754-2760.

[20] 孙晓辉, 基于流转换理论的多自主体一致性及动力学行为研究. 山东师范大学博士学位论文, 2015.

[21] Luo A C J. Discontinuous dynamical systems on time-varying domains. Beijing: Higher Education Press, 2009.

[22] Luo A C J. Dynamical System Synchronization. New York: Springer, 2012.

索　引